"十二五"职业教育国家规划教材
经全国职业教育教材审定委员会审定

兽药制剂工艺

第 2 版

崔耀明　主编

U0218798

中国农业大学出版社
·北京·

内 容 简 介

《兽药制剂工艺》是高职高专"十二五"职业教育国家规划教材,是顺应了21世纪生物技术在动物医药发展上对高技能型人才的培养需求而编写的,可以基本满足兽医医药、生物制药、兽药生产与营销等专业的需要。本教材以制剂生产的工艺路线为轴线,将相关理论分为基础知识和知识拓展,力求够用为度;将实际操作分为工作步骤、制备举例、巩固训练来达到技能应用性要求。且在内容中贯穿了过程管理和药品安全意识。也可为兽药生产和应用的相关人员提供参考。

全书除前两章节外,其余内容按项目导向、任务驱动的模式来叙述,共分为十三个项目,将液体制剂、固体制剂、新技术制剂以理论与实际相结合的方式进行了全面论述。在作为相关专业的教材参考外,也可供生产、科研、营销等从事相关工作者参考使用。

图书在版编目(CIP)数据

兽药制剂工艺/崔耀明主编.—2版.—北京:中国农业大学出版社,2014.12
ISBN 978-7-5655-0954-4

Ⅰ.①兽…　Ⅱ.①崔…　Ⅲ.①兽医学-制剂学-教材　Ⅳ.①S859.5

中国版本图书馆 CIP 数据核字(2014)第 089484 号

书　　名	兽药制剂工艺　第2版		
作　　者	崔耀明　主编		
策划编辑	康昊婷　伍　斌	责任编辑	田树君
封面设计	郑　川	责任校对	陈　莹　王晓凤
出版发行	中国农业大学出版社		
社　　址	北京市海淀区圆明园西路2号	邮政编码	100193
电　　话	发行部 010-62818525,8625	读者服务部	010-62732336
	编辑部 010-62732617,2618	出　版　部	010-62733440
网　　址	http://www.cau.edu.cn/caup	e-mail	cbsszs @ cau.edu.cn
经　　销	新华书店		
印　　刷	涿州市星河印刷有限公司		
版　　次	2014年12月第2版　2014年12月第1次印刷		
规　　格	787×1 092　16开本　16.75印张　415千字		
定　　价	36.00元		

图书如有质量问题本社发行部负责调换

中国农业大学出版社
"十二五"职业教育国家规划教材
建设指导委员会专家名单
（按姓氏拼音排列）

◆◆◆◆◆ 编 写 人 员

主　编　崔耀明　（河南牧业经济学院）

副主编　刘红煜　（黑龙江生物科技职业学院）

　　　　　李继红　（辽宁农业职业技术学院）

　　　　　汤法银　（河南牧业经济学院）

参　编　林　莉　（河南普尔泰动物药业有限公司）

　　　　　何　敏　（信阳农林学院）

　　　　　张玉仙　（北京农业职业学院）

　　　　　郭永刚　（河南牧业经济学院）

　　　　　高　睿　（杨凌职业技术学院）

　　　　　赵玉丝　（河南牧业经济学院）

　　　　　张春辉　（河南牧业经济学院）

前　言

　　本书为"十二五"职业教育国家规划教材,是兽医医药专业、生物制药专业等高等职业学生的教材用书。兽医医药产品的安全生产与应用关系到动物性食品的安全,也影响到畜牧养殖生产的安全化、规模化、标准化的推进,因此安全、有效、稳定、可控成为兽医医药产品的最基本要求,通过生产过程的控制来满足这四个基本要素,是我们推进兽医医药产品健康发展的共识。

　　《兽药制剂工艺》是高职高专兽医医药专业、生物制药专业等相关专业的一门重要的专业课之一,技术应用性强,涉及的知识范围广。要求在掌握必要的基础理论和专业知识的基础上,从应用的角度学习制剂生产的基本理论和综合知识,重点掌握从事兽药制剂生产与管理的基本能力和职业技能,以适应兽药制剂生产与管理的第一线岗位的需要。基于以上背景和高职高专教材突出应用性和技能性的指导原则,我们经过较长时间的准备,充分酝酿,周密计划,编写了本教材。

　　编写中本着突出针对性和技能应用性,以基本知识必需、够用为原则,以讲清概念,强化专业技术应用能力和基本知识为宗旨,满足采用以项目导向,任务驱动的教学模式,将全书中除前两章外,其余章节按项目来下设任务,再将任务分为基础知识、工作步骤、制备实例、巩固训练、知识拓展等部分,力求将基本理论与实际应用紧密联系,突出完成此项技术任务的过程和操作要领的控制,从感性认识逐渐过渡到动手应用,体现职业教育的特点。

　　本教材的编写规划是首次将项目导向、任务驱动的模式应用于《兽药制剂工艺》课程的教学中,是一次新的尝试,力求适应当前高职高专兽药药学教育的要求,体现高技能培养的特色:

　　1.体系划分上将制剂技术与基本理论结合在一起论述。用基本知识与知识拓展学习必要够用的基本理论,用制备实例观摩操作过程,用巩固训练强化基本技能,也将技能和技术管理融入到工作步骤之中,突出了学习、操作、理解、实践的教学互动,体现了工科课程的职业化特色,使其教与学更加具有了针对性。

　　2.药物剂型和制剂生产是《兽药制剂工艺》的核心内容,在剂型和制剂生产的有关项目中,重点论述剂型工艺制备与过程控制等的关键技术。以大量实例揭示了制剂处方和生产工艺的知识性和复杂性。

　　3.结合实际论述了目前兽药制剂生产中重要剂型的生产工艺和相关知识等内容,对于那些在兽医临床有应用但兽药生产企业基本不生产的剂型和制剂类型进行了取舍,另外介绍了一些有实用性和推广性的剂型如滴丸、涂膜剂、烟熏剂等。

　　4.制剂生产中的工艺过程和关键的机械设备,尽量以示意图的方式表示出来,做到直观和易于理解,并在实践教学中强化机械设备的操作技能。

5.选择了针对性强的实践教学内容，重点进行基本、关键、单项、综合技术与技能的训练，培养职业素养，通过课堂实验、课程实习、专业实训的教学环节来强化掌握。

本教材编写人员为近年来参加高等职业教育教学改革的学校一线专职和兼职教师，其教学经验丰富，对行业了解，实践能力强，特别是在本专业领域具有一定的社会影响。参编单位和人员有：河南牧业经济学院崔耀明、汤法银、郭永刚、赵玉丛、张春辉，黑龙江生物科技职业学院刘红煜副教授，辽宁农业职业院李继红，北京农业职业学院张玉仙，杨凌职业技术学院高睿，信阳农林学院何敏、河南普尔泰动物药业有限公司研发中心林莉。由于本教材的编写是首次采用了新的写作模式，参考了相关工科工艺课程的有关内容，通过多次讨论，结合教学和生产实践经验，也还任然是一次探索，难免有不妥和错误之处，恳请实用者批评指正。

河南农业大学兽医药理学研究生导师胡功政教授参与审稿。

编　者

2014 年 4 月

目　录

兽药制剂工艺绪论

一、相关概念

兽药制剂工艺是一门研究兽医药物制剂生产的基本理论、处方设计、制备工艺、质量控制和合理应用的综合性应用技术。

兽医药物是用来预防、治疗、诊断动物疾病的一类化合物质,如天然药材、化学原料、抗生素、生化物质、血清疫苗等,可起到调节动物机体(或病原体)生理功能的作用。但这些物质不能直接应用于动物机体,必须制成具有一定性状和功能的一种形式即剂型,来方便使用,且能更好地发挥药物效果、减少毒副作用。如粉散剂、颗粒剂、片剂、注射剂、溶液剂、乳剂、混悬剂等。某种药物应用的具体形式则称为制剂,是根据药典、药品标准或其他适当处方,将原料药物按某种剂型制成具有一定规格的药剂,如磺胺嘧啶钠注射液。研究制剂生产工艺和理论的科学称为制剂学。兽药制剂是特殊商品,在其包装标签上及其说明书中须详细注明:药品监督管理部门批准文号、品名、规格、成分、含量(保密品种除外)、应用范围、适应症、用法、用量、禁忌症、不良反应、注意事项等,以便利使用和指导用药。生产药品所加赋型剂与附加剂称之为辅料。

二、制剂设计与临床需要

原料药物必须制成制剂形式才能应用于临床,是因为剂型对药效的发挥十分重要:①剂型可改变药物的作用性质,如硫酸镁内服可做泻下药,而硫酸镁注射剂能抑制大脑中枢神经,有镇静、解痉作用。②剂型能调节药物作用速率,如注射剂、吸入剂等药效发挥迅速,粉散剂、溶液剂次之,有些油性注射剂则可发挥长效作用,因此可根据临床需要制成不同的剂型。③改变剂型可降低或消除药物的毒副作用,如水合氯醛内服有刺激性,易造成消化道的损伤,可制成注射剂后用于静脉注射避免毒副作用。④剂型可影响到用药的方式和用药量,如通过内服的同一个药物,在饮水中的用量是在饲料中的一半。⑤剂型可直接影响药物的吸收,不同的剂型显然有明显差异,在同一剂型特别是固体剂型中,药物的分散形式和药物晶型都可直接影响药物的释放,进而影响药物的吸收速度和程度,即生物利用度。

所以在设计药物剂型时,除了要满足治疗、预防的需要和药物性质的要求外,同时需对药物制剂的稳定性、生物利用度、质量控制及生产、贮存、运输、使用方法等方面加以全面考虑,以达到安全、有效、稳定、可控的目的。

三、兽药制剂的剂型

(一)按形态分类

药物剂型按形态可分为液体剂型(如芳香水剂、溶液剂、注射剂等)、固体剂型(如粉散剂、滴丸剂、片剂、颗粒剂等)、半固体剂型(如软膏剂、糊剂等)、气体剂型(如烟熏剂等)。

由于形态相同的剂型,制备特点比较相近,比如液体剂型制备时多采用溶解法、分散法;固体剂型多需粉碎、混合、成型法等;半固体剂型多用熔化和研和法。通常剂型的形态不同,药物发挥作用的速度也不同,如口服给药时液体剂型发挥作用快,固体剂型则较慢,半固体剂型多外用。

(二)按分散系统分类

1. 溶液型

药物分散在适宜分散介质中形成的均匀分散体系,药物以分子或离子状态存在(直径小于1 nm),也称低分子溶液。如芳香水剂、溶液剂、注射剂等。

2. 胶体溶液型

高分子药物分散在介质中形成的均匀分散体系称为高分子溶液或亲水胶体溶液,如胃蛋白酶合剂、聚维酮碘消毒液等。

3. 乳剂型

互不相溶或极微溶解的两相液体,一相以微小液滴(粒径在 $0.1\sim10\ \mu m$)分散在另一相中形成相对稳定的非均匀分散体系称为乳浊液,也称乳剂,如生物疫苗。

4. 混悬型

固体药物以微粒状态(粒径在 $0.5\sim10\ \mu m$)分散在分散介质中形成的非均匀分散体系,如磺胺合剂、混悬剂等。

5. 气体分散型

液体或固体药物以微粒状态分散在气体分散介质中形成的分散体系,如烟熏剂、气雾剂、吸入剂等。

6. 固体分散型

固体药物以聚集体状态存在的体系,如粉散剂、颗粒剂、片剂、粉针剂等。

(三)按给药途径分类

1. 经胃肠道给药剂型

药物制剂除经口服药剂型如溶液剂、乳剂、粉散剂、片剂等,还包括经直肠给药的剂型如栓剂、灌肠剂等,进入胃肠道后,经胃肠吸收发挥药效。此给药方法简单,但易受胃肠道的破坏而降低药效甚至失效的药物不能经口给药。

2. 非经胃肠道给药剂型

指除口服给药以外的全部给药途径。①注射给药。如注射剂,包括静脉注射、肌内注射、皮下注射、皮内注射、穴位注射等几种注射途径。②呼吸道给药。如烟熏剂、气雾剂、吸入剂等,利用吸入给药于呼吸道。③皮肤给药。如外用溶液剂、透皮制剂在局部起作用或经皮吸收发挥全身作用。④腔道给药。如软膏剂、栓剂、气雾剂等,用于直肠、阴道、鼻腔、耳道等。腔道给药可起局部作用或吸收发挥全身作用。

3. 体表与环境给药剂型

如各种形式的体表杀虫剂、环境消毒剂等。

4. 其他

如水产、养蜂剂型。

此分类方法与临床使用密切结合,并能反映给药途径与应用方法对剂型制备的特殊要求。但由于给药途径和应用方法不同,一种制剂可能在不同给药途径的剂型中出现,如溶液剂可在内服、皮肤、黏膜、直肠等多种给药途径出现。

四、兽药的应用与发展

(一)兽药应用与发展简况

我国关于兽药及其方剂的记载,可以追溯到公元 2 世纪的药学著作《神农本草经》以及明代李时珍的《本草纲目》等。在古籍兽医论著中如唐代的《司牧安骥集》和明代《元亨疗马集》等,对医治牛、马六畜的兽药及其方剂也有着丰富的载述。汤、丸、散、膏、酒等剂型在兽医临床上沿用至今。

我国早在公元前 18—12 世纪,于《黄帝内经》中就记载了药物及其方剂的早期应用,比西方各国奉为药剂学鼻祖的格林(Galen,公元 131—201 年)的相关著作还要早千余年。我国晋代葛洪(公元 281—341 年)著《肘后备急方》,将兽用药剂列为专章进行了论述。现代药物制剂工艺研究和应用起源于西方发达国家 19 世纪以来的第一次、第二次产业革命,科学和工业技术的蓬勃发展。由于制药机械的发明,药剂生产的机械化、自动化也在此时期得到迅速发展。从出现了片剂和注射剂以后,到 20 世纪药剂科技已形成一门系统的科学。特别是 20 世纪 90年代以来,药剂技术更跨入了应用高科技、新理论与新工艺的"药剂传递系统"(DDS)的时代。生物药剂学的应用,把药物与机体之间相互关系的研究,引入到分子与基因的水平。人们不但认识而且能有目的地应用药剂科技来改变或提高药物疗效,并制出了控释制剂(controlled release preparations)、靶向制剂(靶向给药系统,targeting delivery system)、纳米粒制剂、透皮吸收制剂等新剂型,使药剂技术向控释、缓释、靶向、经皮给药、高生物利用度发展;固体分散体、包合物、薄膜包衣和微囊化等新技术也在动物饲料添加剂中发挥了应用;与此同时,新的药剂机械设备和新的技术手段,如高速自动控制压片机、注射剂生产联动设备、净化技术以及精密检测仪器等,在提高量化生产的同时也保证了药剂产品的质量,且促进了药物应用向着"高效、速效、长效"和"用量小、毒性小、副作用小"的方向发展。

(二)学科的发展与兽药制剂的发展

从 20 世纪 90 年代初,畜牧养殖业的迅猛普及,推动了兽医药剂生产的蓬勃发展,形成了新的产业群,随之关于兽药的科研、教学等相继建立,与之相关的政策也相继制定,行政管理更趋于科学化、规范化、合理化。与此同时,生物基因技术在开发新药中的应用,把兽医药剂科技推向了生物高科技的水平。目前,我国的一些兽医科研机构已成功通过基因重组进行了生长激素以及干扰素的研制生产,基因工程疫苗的研发和应用已具有了国际水平。

兽药学高等教育自 1991 年正式创办以来,带动了兽药新学科的积极发展,相继在部分农业大学和高等职业学院设立了兽医医药、兽医生物制药等专业,开设了兽药制剂工艺、兽药分析与检验技术、生物制药技术等课程,且提升到了研究生教育(如新兽药研发等)阶段。

兽医基础药理学、兽医药物代谢动力学、兽医生物药剂学及临床药学研究的发展,促进了兽药新制剂与新剂型的研发与应用,如兽用脂质体制剂、牛羊瘤胃控释剂、犬猫释药颈圈、透皮驱虫剂、维生素微囊剂、注射用缓释剂、超微粉制剂、多糖及氨基酸-微量元素螯合剂、微生态制剂、饲用酶制剂、基因技术药品等。《中国兽药杂志》《兽药与饲料添加剂》《动物保健品信息》等专业期刊,为兽药的科学研究提供了广阔的交流天地。所有这些使兽药步入了科学发展的轨道,也使兽药制剂工艺建立了初步的学科体系。

(三)药典、兽药典与兽药标准

药典是一个国家记载药品规格、标准的法典。由国家食品药品监督管理局组织的药典委员会编写,并由国务院食品药品监督管理局颁布施行,具有法律约束力。药典中收载药效确切、副作用小、质量稳定的常用药物及其制剂,规定其质量标准、制备要求、鉴别、杂质检查与含量测定等,作为药品生产、检验、供应与使用的依据。一个国家的药典在一定程度上反映了这个国家药品生产、医疗和科学技术水平。药典在保证人民用药安全有效,促进药物研究和生产上起到重大作用。《中国兽药典》是由农业部组织兽药典委员会编写,与《中国药典》具有同样效力,作为兽医药品生产、检验、供应与使用的依据。

我国早于唐显庆四年(公元 659 年)颁布了《新修本草》,又称《唐本草》,这是我国最早的药典,实际上也是世界上最早出现的一部全国性药典,比欧洲于公元 1542 年出版的地区性药典《佛洛伦斯药典》(Valerlus Cordus)还早 800 多年,《新修本草》全书共 54 卷,共收载药物 850种。《太平惠民和剂局方》是我国第一部官方颁布的成方规范。

自我国农业部 1978 年编制《兽药规范》(第一版),1992 年颁布《兽药规范》(第二版),2000年首次出版《中华人民共和国兽药典》(简称《中国兽药典》),到目前使用的 2010 年版《中华人民共和国兽药典》以及配套使用的《兽药使用指南》化学药品卷和生物制品卷,有效地促进了兽药制品的生产发展,初步形成了我国动物药品(或动物保健品)的工业体系。

《农业部兽药质量标准》是对《中国兽药典》的补充,收载了《中国兽药典》中没有收载的制剂或制剂品种,可以申请批准文号,但需要继续收集和总结其在临床应用中的新用途和不良反应以及发现新危害。收载范围:①国家兽医药品管理部门审批的国内创新的品种,国内生产的新兽药以及麻醉药品、中药人工合成品、激素和促生长药品等;②前版典典收载,而现行版未列入的但疗效肯定,国内仍在生产、使用并需要修订标准的药品;③疗效肯定,但质量标准需进一步改进的新兽药。目前使用的《农业部兽药质量标准》是 2013 年颁布的,《兽用生物制品质量标准》是 2000 年版。

(四)兽药处方

兽药处方不同于兽医处方,它是进行制剂生产的指令性文件,其中规定了相应制剂的各种组分与用量,规定了工艺生产过程和关键技术要求,制剂中的主要药物与组成以及溶剂、辅料等要与《中国兽药典》、《兽药质量标准》中对该制剂的要求相同。

新制剂的处方在确定前,要尽可能多的获取兽药(或新兽药)的相关理化参数与动力学特征,还要确切地了解与处方有关的物理性质、药物与辅料间的相互作用等信息,没有的资料要进行实验测定,只有这样才能保证药物制剂的安全性、有效性、稳定性、可控性,使得最终产品是合格的。

五、兽药 GMP

GMP(Good Manufacture Practice),即药品生产质量管理规范。

兽药品的生产及其质量的控制,必须按照兽药 GMP 进行管理。兽药品作为特殊商品,直接用于动物,且主要是畜禽,可间接与人的健康、疾病和生命发生关系,所以在它的生产和使用过程中,不得有丝毫差错。药品质量又不是能通过外观就能判断出来的,它必须依靠药品的生产全过程,用科学的、合理的、系统的、规范化的条件和方法来保证生产优良药品。通过认证检查是否达到 GMP 被看成是药品质量有无保证的必要条件,实施 GMP 是保障药品生产全过程的质量和用药安全、有效的可靠措施。我国兽药 GMP 是 2002 年 6 月 19 日开始实施,共 14 章 95 条,涉及人员、机构、管理、生产、检验、销售等 12 项细则。到目前为止,全国通过兽药 GMP 人证的兽药企业已超过 1000 家,呈现出蓬勃发展的态势。

其他法规,如由中华人民共和国国务院颁布,于 2004 年 11 月 1 日起施行的《兽药管理条例》;由农业部发布,于 2005 年 11 月 1 日起施行的《新兽药研制管理办法》等充分保证了兽药的安全生产。兽药 GSP(Good Supply Practice,意思为"良好的供应规范")。GSP 是通过控制兽药在流通环节中所有可能发生质量事故的因素,从而防止质量事故发生的一整套管理程序,为加强兽药经营质量管理,保证用药安全提供了保障。

六、兽药制剂工艺的任务

(一)研究兽药制剂工艺的基本理论

兽药制剂工艺基本理论的研究对提高兽药制剂的生产技术水平,制备安全、有效、稳定、可控的制剂具有十分重要的意义。例如,把化学动力学基本理论与药物制剂稳定性相结合,预测药物制剂有效期,对提高药物制剂质量有着重要意义;表面活性剂形成胶束理论,在药剂学中增加药物溶解度有着广泛的应用。

(二)研究和开发兽药新剂型

粉散剂、溶液剂、片剂、注射剂等普通制剂是兽药的传统剂型。目前畜禽养殖的规模化以及生产需要的多样性,促使我们要积极发展新剂型、新制剂,满足高效、速效、低毒、低副作用、可控等多方面的要求。因此,要积极研究和开发药物的新剂型、新制剂,如缓释制剂、控释制剂、经皮给药制剂、气雾剂、透皮制剂等。

(三)应用和研发兽药制剂新技术

积极借鉴固体分散技术、包含物技术、微囊化技术、脂质体技术、透皮技术、生物技术等研发兽药新制剂,使之更适合在临床上发挥有效作用,促进兽药制剂工艺的进步。

（四）发现和研究应用新辅料

辅料是制剂制备的必需，要有效利用现有的药物辅料，及时跟踪辅料科技的发展，积极引用有价值的新辅料，能够结合兽药制剂的需要有目的的提出研究新辅料的设想。

（五）发展兽用中药新剂型

中药现称天然药物，如何通过制剂技术更有效地利用其有效成分，发挥天然药物的独特作用，是一项艰巨而伟大的任务。我国的中医药宝库非常丰富，积极运用现代科学技术和方法，在继承、整理、发展和提高中药传统剂型的同时，研制开发大量中药新剂型，提高中药剂型疗效，完善质量标准。

兽医药物制剂的稳定性与安全性

一、概述

(一)研究药物制剂稳定性的意义

药物制剂稳定性是指药物制剂从制备到使用期间保持稳定的程度,通常指药物制剂的体外稳定性。药物制剂从生产、贮存到使用必须符合同一质量标准。药物制剂的基本要求是安全、有效、稳定,而药物制剂在生产、贮存、使用过程中,会因各种因素的影响发生分解变质,从而导致药物疗效降低或副作用增加,有些药物甚至产生有毒物质,也可能造成较大的经济损失,因此对药物制剂稳定性的研究相当必要。通过考察影响药物制剂稳定性的因素及增加稳定性的各种措施,预测药物制剂的有效期,从而既能保证制剂产品的质量,又可减少由于制剂不稳定而导致的经济损失;此外,在新兽药研发时,科学地进行处方设计,提高制剂质量,保证用药的安全、有效也是十分必要的。

(二)药物制剂稳定性研究的范围

药物制剂稳定性通常有化学、物理、生物学三个方面。药物制剂的化学稳定性是本节主要叙述的内容。

1. 物理方面

物理稳定性是指由于温度、湿度等的影响,药物制剂的物理性能发生改变,导致原有质量下降,甚至不合格,如混悬液的颗粒结块、结晶生长,乳浊液的转相、破裂,胶体溶液的老化,片剂的崩解度、溶出速度降低,散剂的结块变色等。一般物理变化引起的不稳定,主要是制剂的外观质量受到影响而主药的化学结构不变,但经常会影响制剂使用的方便性。

2. 化学方面

化学稳定性是指药物由于水解、氧化等化学降解反应,使药物含量(或效价)、色泽产生变化,包括药物与药物之间,药物与溶媒、附加剂、杂质、容器、外界物质(空气、光线、水分等)之间,产生化学反应而导致制剂中药物的分解变质,从而影响制剂外观、破坏药品的内在质量,甚至增大药品的毒性等。

3. 生物学方面

生物学稳定性是指药物制剂由于微生物污染、滋长、繁殖而产生的药品变质、腐败。尤其是含有蛋白质、氨基酸、多糖、脂肪等营养成分的制剂更容易发生此类问题。如糖浆剂的腐败、乳剂的酸败、霉变等。

(三)化学动力学概述

化学动力学是研究在一定条件下化学反应的速度规律、反应条件(浓度、压力、温度、介质、催化剂等)对反应速度与方向的影响以及化学反应的机理等。化学动力学在制药工业中有着广泛的应用,如在药物制备中,可用于计算或估计反应进行到某种程度所需要的时间,或计算单位时间的产量,还能用于选择制备药物的最佳工艺路线;在药物制剂的制备、贮存、使用过程中,可用于研究药物在体外反应速度及其影响因素,研究药物的体内过程及其影响因素,预测一定条件下药物的贮存期等。

1. 反应级数

研究药物制剂的稳定性即药物降解的速度,首先要考虑浓度对反应速度的影响。反应速度是以单位时间内在单位体积中反应物的消耗量或产物的生成量来表示。反应物浓度与反应速度之间的关系用反应级数表示。反应级数有零级反应、一级反应、伪一级反应、二级反应、分数级反应。大部分药物及其制剂的降解反应都可以按照零级反应、一级反应、伪一级反应处理。部分反应速度方程的积分式及相应的半衰期($t_{1/2}$)、降解 10% 的时间($t_{0.9}$)为:

零级反应 $C = -kt + C_0$,$t_{1/2} = C_0/2k$,$t_{0.9} = 0.1C_0/k$

一级反应 $\lg C = -kt/2.303 + \lg C_0$,$t_{1/2} = 0.693/k$,$t_{0.9} = 0.105\ 4/k$

二级反应(两种反应物的初浓度相同)$1/C = kt + 1/C_0$,$t_{1/2} = 1C_0k$,$t_{0.9} = 1/9C_0k$

式中,C_0 是时间 $t = 0$ 时的反应物浓度;C 是 t 时间反应物的浓度;k 是速度常数。

2. 温度对反应速率的影响与药物稳定性预测

除光化反应外,药物的化学降解反应大多遵循 Arrhenius 公式:

$$k = Ae^{-E/RT}$$

$$\lg k = -\frac{E}{2.303RT} + \lg A$$

式中,k 为降解反应的速率常数;A 为常数,称为频率因子;E 为反应活化能;R 为摩尔气体常数;T 为热力学温度。

从 Arrhenius 公式可以看出,药物的降解反应的速率常数大小与温度有关,反应温度越高,药物的降解速率也就越快,根据 vant Hoff 规则,温度每升高 $10℃$,反应速率增加 $2\sim4$ 倍。因此,药物制剂的灭菌、加热溶解、干燥、贮存和运输中选择适宜温度,减少受热时间,对保证药物的稳定性甚为重要。

二、制剂中药物化学降解的途径

药物化学结构不同,其降解反应也不同。药物的化学降解反应包括药物的水解、氧化、异构化、脱羧、聚合等,但以水解和氧化反应为最主要的降解反应。

(一)水解

酯类、内酯类、酰胺类、内酰胺类药物最易引起水解反应。这里的水解主要是指分子型水解,水解后使分子结构发生变化,反应速度一般比较缓慢,但在 H^+ 或 OH^- 催化下反应速度加快,并趋于完全。

1. 酯类药物的水解

酯类药物在水溶液中易水解,在 H^+、OH^- 或广义酸碱的催化下,水解反应会加快。此类药物的水解一般符合一级或伪一级反应。盐酸普鲁卡因水解速度较为缓慢,在偏酸性条件下较为稳定,在 pH 为 3.4~3.6 时最稳定;在碱性条件下水解,生成对氨基苯甲酸和二乙胺基乙醇失去药效。这类药物还有盐酸丁卡因、盐酸可卡因、普鲁苯辛、华法林钠、阿托品、硝酸毛果芸香碱、氢溴酸后马托品等,都含有内酯结构,在碱性条件下易水解。

2. 酰胺类药物的水解

酰胺类药物的水解一般比酯类药物水解难,但在一定条件下,也可水解生成相应的酸和氨基化合物。这类药物有青霉素、氯霉素、头孢菌素类、巴比妥类、利多卡因、对乙酰氨基酚等。酰脲和内酰脲、肟类药物、酰肼类药物也能被水解。

氯霉素的干燥粉末很稳定,可密闭保持两年而不失效;但其水溶液易水解,在 pH 为 7.0以下,主要为酰胺水解;在 pH 为 6.0 时最稳定,pH 小于 2.0 或大于 8.0 皆能加速水解反应;磷酸盐、枸橼酸盐、醋酸盐等缓冲液能促进其水解,故配制滴眼剂时,选用硼酸缓冲液为宜。

巴比妥类本身较稳定,不易水解;但其钠盐的水溶液可与空气中二氧化碳作用生成巴比妥酸的沉淀,生成无效的烃乙酰脲沉淀。10%苯巴比妥钠水溶液用安瓿灌装,在室温下贮存有效期为 47 d;用 80%丙二醇为溶剂制成的水溶液有效期可达 3 年,但刺激性增加。

3. 其他药物的水解

从结构上看,酰脲和内酰脲、酰肼类、肟类药物等也能被水解。维生素 B、安定、碘苷等的降解主要是水解。

(二)氧化

药物制剂暴露在空气中,常温下受空气中氧气的氧化而发生降解反应,为自氧化反应;氧化过程通常比较复杂,受热、光、微量金属离子等影响较大,有时多种反应同时存在。氧化降解的结果,不仅降低药效,还可能发生颜色变化或析出沉淀,使澄明度不合格,甚至产生有毒物质。容易被氧化的药物通常包括酚类、芳胺类、烯醇类、噻嗪类、吡唑酮类等。

1. 酚类药物的氧化

酚类药物分子中具有酚羟基,如肾上腺素、左旋多巴、吗啡、去水吗啡、水杨酸钠等药物。在氧气、金属离子、光线、温度等的影响下,酚类药物均易氧化变色。如苯酚变成玫瑰红色。肾上腺素氧化先形成肾上腺素红,后成为棕红色聚合物或黑色素,左旋多巴氧化先得有色物质后为黑色素。

2. 烯醇类药物的氧化

烯醇类药物的分子中均含有烯醇基,极易氧化且过程复杂。代表药物是维生素 C,在有氧和无氧条件下均易氧化。金属离子对维生素 C 的氧化有明显的催化作用,2×10^{-4} mol/L 的铜离子,就能使氧化反应速度增大 10 000 倍。维生素 C 溶液最稳定的 pH 为 5.8~6.2。所以,在制剂中加入抗氧剂,如焦亚硫酸钠、金属离子络合剂依地酸二钠等对稳定性有利。

3. 其他药物的氧化

吡唑酮类药物,如氨基比林、安乃近等,由于吡唑酮环上的不饱和键而易被氧化;噻嗪类药物,磺胺类钠盐、对氨基水杨酸钠等,在水分、光线、金属离子、氧气等的影响下,极易氧化变色;维生素 A、维生素 D 等含碳碳双键的药物,都易氧化,生成有色物质,并常伴有特殊嗅味。此外,如奎宁、氯喹、氯仿、乙醚等都易氧化降解。

(三)其他反应

1. 异构化反应

异构化通常分几何异构化和光学异构化两种。几何异构化包括反式异构体和顺式异构体;光学异构化又分为外消旋化作用和差向异构化。异构化的发生会影响药物的生物学活性,甚至产生有毒物质。如麦角新碱、毛果芸香碱、维生素 A 等因发生异构化反应而导致生理活性下降甚至完全丧失;四环素在酸性条件下,4 位上的碳原子发生差向异构化形成 4-差向四环素,其生理活性比四环素低,且毒性增加。

2. 聚合反应

聚合反应是指两个或多个分子结合在一起形成的复杂分子。某些药物由于发生聚合而产生沉淀或变色。如甲醛溶液在长期贮存时会产生聚甲醛沉淀;葡萄糖溶液受热分解后,分解产物 5-羟甲基糠醛发生聚合,使溶液颜色变深;氨苄青霉素水溶液在贮存中会发生聚合反应,所生成的聚合物可诱发氨苄青霉素过敏反应。

3. 脱羧反应

如对氨基水杨酸钠在光、热、水等因素的影响下,容易发生脱羧反应,生成有毒的间氨基酚,并且可继续氧化变色;普鲁卡因水解产物对氨基苯甲酸也可慢慢脱羧,生成有毒性的苯胺。

4. 光解反应

光解反应是指在光的作用下化合物发生的降解反应。硝苯吡啶类、喹诺酮类等许多药物对光均不稳定。

三、影响药物制剂降解的因素及稳定化方法

影响药物制剂降解的因素很多,可从处方因素和外界因素进行分析。

(一)处方因素对药物制剂稳定性的影响及解决方法

制剂的处方组成比较复杂,除主药外,还加入各种辅料。辅料的合适与否,对制剂的稳定性影响较大,尤其是对注射剂等液体制剂,溶液的 pH、缓冲溶液、溶剂、离子强度、表面活性剂以及处方中的其他辅料均可能影响主药的稳定性。

1. pH 的影响

许多药物的降解受 H^+ 或 OH^- 催化,降解速度很大程度上受 pH 的影响。pH 较低时主要是 H^+ 催化,pH 较高时主要是 OH^- 催化,pH 中等时为 H^+ 与 OH^- 共同催化或与 pH 无关。

酯类和酰胺类的很多药物常受 H^+ 与 OH^- 催化水解,这种催化作用又称专属酸碱催化,该类药物的水解速度主要取决于 pH。

很多药物的降解反应都可受 H^+ 或 OH^- 催化,其溶液的稳定只是在一定的 pH 范围内,所以,在配制药物溶液,特别是配制注射液时,就要慎重考虑 pH 的调节问题,以延缓药物水解、氧化等,增加药物的稳定性。一般是通过查找资料或通过实验弄清药物最稳定的 pH,再用适当的试剂和方法将溶液调节到最稳定的 pH。

pH 调节剂一般是盐酸和氢氧化钠,也常用与药物本身相同的酸或碱,也有为了保持药液中 pH 的相对恒定,采用各种缓冲液,如磷酸盐缓冲液、枸橼酸盐缓冲液等。但要注意缓冲溶液对药物的催化作用,应通过实验选择合适的缓冲溶液浓度,以减小催化作用。一般缓冲溶液的浓度越大,催化速度也越快,故应使缓冲溶液保持在尽可能低的浓度。

2. 广义的酸碱催化的影响

根据酸碱理论,可给出质子的物质即为广义的酸,可接受质子的物质即为广义的碱。一些药物能被广义的酸碱催化水解,可称为广义的酸碱催化或一般酸碱催化。磷酸盐、枸橼酸盐、醋酸盐、硼酸盐等常用的缓冲液都是广义的酸碱,因此要注意它们对药物的催化作用,宜尽量选用没有催化作用的缓冲系统或低浓度缓冲液。

综上所述,所有药物均有最适 pH 范围,无论易水解药物还是易氧化药物,必须调节 pH 至一定范围,以确保药物的稳定。调节 pH 应注意综合考虑稳定性、溶解度、药效 3 个方面的因素。如多数生物碱在弱酸环境下稳定,因此其注射剂偏酸;而其滴眼剂 pH 在偏中性范围内,以减少刺激,提高疗效。

3. 溶剂的影响

根据溶剂和药物的性质,溶剂可能由于溶剂化、解离、改变反应活化能等而对药物制剂的稳定性产生显著的影响。对于易水解的药物,有时可用乙醇、丙二醇、甘油等极性小,介电常数低的非水溶剂来延缓药物的水解,以提高其稳定性,如非水溶剂苯巴比妥注射液就避免了苯巴比妥水溶液受 OH^- 催化水解。溶剂对稳定性的影响比较复杂,对具体药物应通过实验来选择溶剂。

4. 离子强度的影响

制剂处方中,为了调节等渗、抗氧、调节 pH 等,常加入电解质,从而改变药液中的离子强度。离子强度的增大会导致介质极性的增大,因此对降解速度也会有影响。

5. 表面活性剂的影响

表面活性剂可增加某些易水解药物制剂的稳定性,这是由于表面活性剂在溶液中形成的胶束形成屏障作用,防止了催化基团(如 H^+、OH^-)的攻击。如苯佐卡因易受 OH^- 催化水解,当加入 5% 月桂醇硫酸钠后,使其半衰期增加 18 倍。但也有一些表面活性剂使某些药物的分解加快,如吐温-80 使维生素 D_3 稳定性下降。故应通过实验来正确选择表面活性剂。

6. 处方中基质或辅形剂的影响

制剂处方中基质、辅形剂、pH 调节剂、抗氧剂、等渗调节剂、盐等物质的加入均可能对药物的稳定性造成影响。赋形剂中的水分、微量金属离子有时也能对药物的稳定性产生间接的影响。

如使用硬脂酸钙或硬脂酸镁为阿司匹林片的润滑剂,则可致乙酰水杨酸溶解度增加、分解加速。

(二)外界因素对药物制剂稳定性的影响及解决方法

外界因素即环境因素,包括温度、湿度与水分、光线、空气、金属离子、包装材料等。其中温度、光线、空气、金属离子主要影响氧化反应,固体制剂主要受湿度、水分的影响,各种产品均应考虑的问题是包装材料。制剂对外界因素的稳定性将决定药物制剂的储运条件和包装条件,同时也是确定药物有效期的重要依据。

1. 温度的影响

温度是影响制剂稳定性的最重要因素,对各种降解途径均有影响。根据 vant Hoff 规则,每升高 10℃反应速度约加快 2~4 倍。温度对反应速度常数的影响,可通过 Arrhenius 指数定律来定量描述。

温度越高,药物的降解反应越快。药物制剂的制备过程中,常有干燥、加热溶解、灭菌等操作,应制订合理的工艺条件,减少温度对药物制剂稳定性的影响。特别是生物制品、抗生素等一些对热特别敏感的药物,应依其性质设计处方及生产工艺,如降低温度、减少受热时间、采用固体剂型,使用冷冻干燥和无菌操作,产品低温贮存等,以保证质量。

2. 光线的影响

光是一种辐射能,光波越短能量越大,所以紫外线易激发氧化反应,加速药物的分解,这种反应叫光化降解,其速度与化学结构有关,与系统的温度无关。易被光降解的物质称光敏感物质。对于因光线而易氧化变质的药物在生产过程和贮存过程中,都应尽量避免光线的照射,并合理设计处方工艺,如在处方中加入抗氧剂、在包衣材料中加入遮光剂、在包装上使用棕色玻璃瓶或容器内衬垫黑纸等避光技术,以提高稳定性。光敏感药物有氯丙嗪、异丙嗪、叶酸、维生素 A、维生素 B、核黄素、氢化可的松、强的松、辅酶 Q_{10} 等。

3. 空气(氧气)的影响

空气中的氧气是药物制剂不稳定的重要因素。特别是对于一些易氧化的药物,氧气会加速药物的氧化降解。氧气可溶解在水中以及存在于药物容器空间和固体颗粒的任何间隙中,所以药物制剂几乎都有可能与氧气接触。

消除氧气对药物制剂稳定性影响的根本措施是除去氧气。生产上一般在溶液中和容器中通入二氧化碳或氮气等惰性气体以置换其中的氧气。选择气体应视药物的性质而定,二氧化碳溶于水中呈酸性,使 pH 改变,并使某些药物如钙盐,产生 $CaCO_3$ 沉淀,这时选用氮气为好。固体药物制剂可采用真空包装以及加入抗氧剂和协同剂(酒石酸、枸橼酸、磷酸)的方法。抗氧剂可提高药物对氧的稳定性,协同剂可明显增强抗氧剂的效果。

抗氧剂可分为水溶性和油溶性两类。前者包括亚硫酸钠、亚硫酸氢钠、硫代硫酸钠、焦亚硫酸钠、硫脲、巯基乙酸、二巯基丙醇、半胱氨酸、蛋氨酸、抗坏血酸等;后者包括没食子酸丙酯、氢醌、去甲双氢愈创木酸、对羟基叔丁基茴香醚(HBA)、二叔丁基对甲苯酚(BHT)和维生素 A。

4. 金属离子的影响

制剂中金属离子的来源主要是原辅料、溶媒、容器及生产操作中使用的工具、机械。金属离子的引入对制剂的稳定性有较大的影响。为了消除金属离子对药物氧化反应的催化作用,首先应注意防止这些离子的引入,其次可通过加入掩蔽剂(螯合剂)与金属离子络合以降低金属离子在溶液中的浓度。常用的金属离子络合剂有依地酸二钠(EDTA-2Na)、依地酸钙钠和柠檬酸等有机酸。

5. 湿度和水分的影响

湿度和水分是影响固体药物制剂稳定性的重要因素。水为化学反应的媒介,固体药物吸附水分后,其表面形成液膜,降解反应就在膜中发生。微量的水即能加快水解反应或氧化反应的进行。如维生素 C 片、乙酰水杨酸片、维生素 B_{12} 片、青霉素盐类粉针、硫酸亚铁片等。药物是否容易吸湿,取决于其临界相对湿度(CRH)的大小。

一般固体药物受水分影响的降解速度与相对湿度成正比,相对湿度越大,反应越快。所以在药物制剂的生产过程和贮存过程中应多考虑湿度和水分影响,采用适当的包装材料。

6. 包装材料的影响

药物制剂在室温下贮存,主要受光、热、水汽和空气等因素的影响。包装设计的重要目的就是既要防止这些因素的影响又要避免包装材料与药物制剂间的相互作用。故在给产品选择包装材料时,必须以实验结果和实践经验为依据,通过"装样试验",确定合适的包装材料。常用的包装材料有玻璃、塑料、橡胶和某些金属。

玻璃是应用最广的容器,性质较稳定,不与药物及空气中氧气、二氧化碳等作用,棕色玻璃还能阻挡波长小于 470 nm 的光线透过,尤其适合包装光敏感性药物。玻璃的缺点是能释放碱性物质以及脱落不溶性碎片,这是注射剂应特别重视的问题。

塑料是聚氯乙烯、聚苯乙烯、聚乙烯、聚丙烯、聚酯、聚碳酸酯等一类高分子聚合物的总称,具有质轻、价廉、易成型的优点。塑料的缺点是因其有透气性、透湿性、吸着性,而使药物制剂中的气体或液体可以和大气或周围环境进行物质交换,同时塑料中的物质能迁移进入溶液、溶液中的物质也能被塑料吸着,这些都会影响其稳定性。甚至有些药物能与塑料中的附加剂发生理化作用,或药液黏附在容器中。因此在选用塑料时应经过必要的试验,确认该塑料对药物制剂无影响才能使用。

橡胶是制备塞子、垫圈、滴头等的主要材料。缺点是能吸附主药和抑菌剂,其成型时加入的附加剂,如硫化剂、填充剂、防老剂等能被药物溶液浸出而致污染,这对于大输液制剂尤其应该重视。

金属具有牢固、密封性好,药物不易受污染等优点。但易被氧化剂、酸性物质腐蚀,选用时注意表面要涂布环氧树脂层,以耐腐蚀。

(三)药物制剂稳定化的其他方法

1. 改进药物剂型或生产工艺

对遇水不稳定的药物可考虑制成固体剂型,供口服的有片剂、胶囊剂、颗粒剂等;供注射的有注射用无菌粉末制剂。如易挥发的硝酸甘油制成片剂时,发生内迁移,影响药物的含量均匀度;盐酸氯丙嗪、对氨基水杨酸钠制成包衣片,可避免氧化;乙酰水杨酸直接压片可避免水解;制成膜剂后,成膜材料对药物有物理包裹作用,避免内迁移。

2. 制成难溶性盐

将易水解的药物制成难溶性盐或难溶性酯类衍生物,再制成混悬液,以增加药物的稳定性。这是由于混悬液中药物的降解一般只受溶液中药物浓度的影响,而与产品中药物的总浓度无关。例如,苄星青霉素 G 混悬液(水中溶解度为 1∶6 000)的稳定性比普鲁卡因青霉素 G 混悬液(水中溶解度为 1∶250)更好。

3. 制成包含物

某些药物制成微囊可增加药物的稳定性。例如,易氧化的 β-胡萝卜素、维生素 C、硫酸亚铁、吸潮易降解的阿司匹林等药物制成微囊,防止氧化和水解,稳定性有很大提高。有些药物可制成环糊精包合物可明显提高稳定性。例如,苯佐卡因制成 β-环糊精包合物后,减小了水解速度,提高了稳定性。

四、药物制剂的稳定性试验方法

药物制剂的稳定性研究是保证药品质量的重要手段,药物制剂的稳定性试验方法主要为《中华人民共和国兽药典》所载药物稳定性试验指导原则中的内容及方法。

(一)影响因素试验

此项试验目的是探讨药物的固有稳定性、了解影响其稳定性的因素以及可能的降解途径与降解产物,为制剂生产工艺、包装、贮存条件和建立降解产物的分析方法提供科学的依据,同时也可为新兽药申报临床研究与申报生产提供必要的资料。

1. 高温试验

开口的供试品置适宜洁净密封的容器中,60℃温度下放置 10 d。分别于第 5 天和第 10 天取样,按稳定性重点考察项目进行检测。同时准确称量试验前后供试品的重量,以考察供试品风化失重的情况。若供试品在 60℃无明显变化,不再进行试验;若有明显变化(如含量下降5%),则在 40℃条件下同法进行试验。

2. 高湿度试验

开口供试品置密闭恒湿容器中,在25℃分别于相对湿度 90%±5%条件下放置 10 d。于第 5 天和第 10 天取样,按稳定性重点考察项目要求检测,同时准确称量试验前后供试品的重量,以考察供试品的吸湿潮解性能。若吸湿增重 5%以上,则在相对湿度 75%±5%条件下,同法进行试验;若吸湿增重 5%以下,且其他考察项目符合要求,则不再进行此项试验。恒湿条件可在密闭容器中放置饱和盐溶液创造,氯化钠饱和溶液(相对湿度 75%±1%、15.5~60℃),硝酸钾饱和溶液(相对湿度 92.5%)。

3. 强光照射试验

开口供试品放在有适宜光照的装置内,在光照强度为(4 500±500)lx 条件下放置 10 d,于第 5 天和第 10 天取样,按稳定性重点考察项目进行检测,特别要注意供试品的外观变化。

对于药物制剂稳定性的研究,应先查阅与原料药稳定性相关的资料,了解温度、湿度、光线等因素对原料药稳定性的影响,并在处方筛选与工艺设计过程中,根据主要性质进行必要的稳定性影响因素试验,并同时考察包装条件。

(二)加速试验

加速试验是利用在超常条件下,药物降解加速的原理,在短时间内考察药物的稳定性,为药品审评、包装、运输及贮存提供必要的资料。加速试验有温度加速试验、光加速试验、湿度加速试验等。供试品要求 3 批,按市售包装,在温度(40±2)℃,相对湿度 75%±5%的条件下放置 6 个月。所用设备应能控制温度±2℃,相对湿度±5%,并能对真实温度与湿度进行监测。在试验期间第 1、2、3、6 个月末取样一次,按稳定性重点考查项目检测。加速试验 3 个月数据可用于新药申报临床试验,6 个月数据可用于申报生产。在上述条件下,如 6 个月内供试品经检测不符合制订的质量标准,则应在中间条件[即温度(30±2)℃,相对湿度 60%±5%的情况]下进行加速试验,为期 6 个月。溶液、注射剂、混悬剂、乳剂可不要求相对湿度。试验所用设备与原料药相同。

对温度特别敏感的药物制剂,预计只能在冰箱(4~8℃)内保存使用,此类药物制剂的加速试验,可在温度(25±2)℃,相对湿度60%±10%的条件下进行,为期6个月。

乳剂、混悬剂、眼膏、栓剂、软膏、气雾剂、泡腾片及泡腾颗粒宜直接采用温度(30±2)℃,相对湿度60%±5%的条件进行试验,其他要求与上述相同。

对于包装在半透性容器的药物制剂,如塑料袋溶液,塑料瓶装滴眼剂、滴鼻剂等,则应在相对湿度20%±2%的条件(可用$CH_3COOK \cdot 1.5H_2O$饱和溶液,25℃,相对湿度22.5%)进行试验。

加速试验3个月的数据可用于新药申报临床试验,6个月的数据可用于申报生产。加速试验的方法主要有:

1. 温度加速试验

通过加速药物的物理或化学反应,探讨药物的稳定性,以指导筛选处方、确立工艺和预测有效期,可及时发现问题并予以解决。包括常规实验法、经典恒温法、活化能估算法、自由变温法、台阶变温法、线性变温法、温度系数法、单点法、初均速法等。

2. 湿度加速试验

主要考察药物及其制剂和包装材料的抗湿性能,为处方设计、包装材料、运输、贮存提供必要的资料。与温度加速试验配合,可对有效期进行预测。包括去包装湿度加速实验、带包装湿度加速实验、平衡吸湿量与临界相对湿度的测定等。

3. 光加速试验

是为药物制剂包装贮存条件提供依据。取供试品3批装入透明容器内(光不稳定药物制剂应使用遮光包装),放置在适宜的光照仪器内在照度(4 500±500)lx条件下放置10 d,在第5天、第10天定时取样,按稳定性重点考察项目进行检测。

加速试验测定的有效期为暂时有效期,应与留样观察的结果对照,才能确定产品实际的有效期。

(三)长期试验

长期试验又称留样观察法,在接近药品的实际贮存条件下进行,其目的是为制订药物的有效期提供依据。本法确定的药品有效期,应在药品标签和说明书中指明保存温度。该法可准确反映制剂稳定性的情况,但耗时长,不易及时发现和纠正问题。

市售包装供试品要求3批,在温度(25±2)℃,相对湿度60%±10%的条件下放置12个月。每3个月取样一次,分别于0个月、3个月、6个月、9个月、12个月,按稳定性重点考察项目进行检测。12个月后继续考察,分别于18个月、24个月、36个月取样进行检测。将结果与0个月比较以确定药品的有效期。由于实测数据的分散性,一般应按95%可信限进行统计分析,得出合理的有效期。有时试验未取得足够数据(如只有18个月),也可用统计分析,以确定药品的有效期。如3批统计分析结果差别较小,则取其平均值为有效期;若差别较大,则取其最短的为有效期。数据表明很稳定的药品,不作统计分析。

对温度特别敏感的药品,长期试验可在温度(6±2)℃的条件下放置12个月,按上述时间要求进行检测,12个月以后,仍需按规定继续考察,制订在低温条件下的有效期。

长期试验6个月数据可用于新药申报临床研究,12个月数据可用于申报生产。

(四)稳定性重点考察项目

见《中华人民共和国兽药典》2005 年版的规定。

(五)有效期统计分析

采用统计软件 SPSS 进行有效期的统计分析。

在确定有效期的统计分析过程中,一般选择定量指标进行处理,通常根据药物含量的变化进行计算统计。

(六)经典恒温法

经典恒温法,特别对水溶液的药物制剂,预测结果有一定参考价值。本法的理论依据是 Arrhenius 指数定律。

$$\lg k = -\frac{E}{2.303RT} + \lg A$$

将 $\lg k$ 对 $1/T$ 作图得一直线,此图为 Arrhenius 图,直线斜率为 $E/2.303R$,据此求出活化能 E,进而可求出室温时的速度常数 $k_{25℃}$,最后可求出室温贮藏一段时间后剩余药物的浓度或药物制剂的有效期,即降解 10% 所需要的时间 $(t_{0.9})$。使用本法应该进行预试,以便大致了解药物的稳定性,寻找适宜的尽量接近 25℃ 的试验温度,以减少误差。

项目1

溶液型液体制剂的制备工艺

❧ 学习目标

1. 理解均相和非均相液体的区别、分散度与疗效的关系、防腐的意义、高分子溶液的性质。

2. 熟悉常用溶剂的性能。

3. 掌握溶液剂的制备的原理。

❧ 技能目标

1. 会选择应用溶剂。

2. 熟练溶液剂的制备的方法。

3. 会完成溶液剂的处方与工艺的初步设计。

基础知识

一、相关概念

(1)液体制剂是指药物分散在适宜的分散介质中制成的液体形态的制剂,可供内服或外用。

(2)溶液型液体制剂是指药物以小分子或离子状态分散在溶剂中形成的均匀分散的液体制剂。可经口服用,也可外用。

二、液体制剂的特点与质量要求

1. 液体制剂的特点

液体制剂是临床上被广泛应用的一类剂型,具有以下优点:

①药物以分子或微粒状态分散在介质中,比相应的固体制剂的分散度大,故吸收快,作用迅速,有利于提高生物利用度。

②可减少某些药物的刺激性。某些固体药物,如溴化物、碘化物、水合氯醛等经口服用后,由于局部浓度过高,对胃肠道产生刺激性。制成液体制剂后易于控制浓度而减少刺激性。

③给药途径广泛。既可用于经口服用,如溶液剂、饮水剂;也可外用于皮肤、黏膜或深入腔

道,如浇泼剂、乳房注入剂、灌肠剂、滴剂等。

④便于分取剂量,使用方便。

⑤油或油性药物制成乳剂后易于服用,吸收效果好。

液体制剂存在的缺点是:

①水性液体制剂易霉变,需加入防腐剂,非水溶剂具有一定药理作用,成本高。

②药物稳定性问题。药物分散度大,同时受分散介质影响,易引起药物分解失效,故化学性质不稳定的药物不宜制成液体制剂;非均相液体制剂中药物的分散度大,具有较大的表面积和表面能,存在不稳定倾向。

③携带、运输、贮存不方便,成本高等。

2. 液体制剂的质量要求

均相液体制剂应是澄明溶液;非均相液体制剂分散相粒子细小而均匀,混悬剂振摇时易于均匀分散;药物稳定、无刺激性,剂量准确;具有一定的防腐能力,贮藏和使用过程中不得发生霉变;分散介质以水为首选,其次为乙醇、甘油、植物油等;经口给药液体制剂应外观良好,适口性要适宜,包装容器应符合有关规定,方便临床使用等。

三、分散度与疗效的关系

在液体制剂中,药物的分散度关系着它的吸收速度与疗效。以溶液型吸收最快,其他依次是胶体型、乳剂型、混悬型。药物的分散度以在真溶液(直径在 1 nm 以下)中为最大,其总表面积也最大,与机体的接触面也最大。故其作用和疗效也比同一药物的混悬液或乳浊液快而高。但某些药物溶解度很小,即使以分子或离子状态分散成饱和溶液,也达不到有效浓度,起不到应有的疗效。所以需添加增溶剂或助溶剂,以增大其浓度。有些药物难以吸收,增大其分散度后可使吸收增加。

四、液体制剂的分类

(一)按分散系统分类

1. 均相液体制剂

为均相分散系统,制剂中的固体或液体药物均以分子或离子形式分散于液体分散介质中,又称真溶液,其中的溶质称为分散相,溶剂称为分散介质。根据分散相分子或离子大小不同,又可分为低分子溶液剂和高分子溶液剂。

2. 非均相液体制剂

为多相分散系统,药剂中的固体或液体药物以分子聚集体形式分散于分散介质中。根据分散相粒子的不同,又可分为溶胶剂、混悬剂和乳剂。见表1-1。

表1-1　不同分散体系中微粒大小及其特点

液体制剂类型		粒子大小/nm	特　点
均相	低分子溶液剂	<1	又称溶液剂(溶液型液体制剂),是由低分子或离子药物分散在分散介质中形成的
	高分子溶液剂	1~100	由高分子化合物分散在分散介质中形成的溶液

续表 1-1

液体制剂类型		粒子大小/nm	特　　点
非均相	溶胶剂	1～100	又称疏液胶体,药物以胶粒形态(分子聚集体)分散在分散介质中所形成的溶液
	混悬剂	>500	是难溶性固体药物以微粒形式分散在液体分散介质中形成的溶液
	乳剂	>100	是由不溶性液体药物以液滴的形式分散在分散介质中形成的溶液

(二)按给药途径和应用方法分类

液体制剂具有多种给药途径与应用方法,可被分为:

1. 经口服用液体制剂

如溶液剂、饮水剂、乳剂、混悬剂、合剂等。

2. 外用液体制剂

(1)皮肤用液体制剂。如洗剂、擦剂、涂剂、浇泼剂、乳头浸剂、透皮剂等。

(2)五官科用液体制剂。如滴鼻剂、滴眼剂、洗眼剂、滴耳剂等。

(3)直肠、阴道、尿道用液体制剂。如灌肠剂、灌洗剂、乳房注入剂等。

五、液体制剂的常用溶剂和附加剂

(一)液体制剂的常用溶剂

液体制剂的溶剂对药物起溶解和分散作用,对液体制剂的性质和质量具有很大影响。故制备液体制剂时应选择优良的溶剂。优良溶剂的条件是:对药物具有良好的溶解性和分散性;无毒、无刺激性,无不适的臭味;化学性质稳定,不与药物或附加剂发生反应;不影响药物的疗效和含量测定;具防腐性且成本低。但完全符合这些条件的溶剂很少,应试药物的性质及用途等因素选择适宜的溶剂,尤其应注意混合溶剂的应用。

1. 极性溶剂

(1)水。水是最常用的溶剂,因常水中含有较多杂质,配制水性液体制剂时应使用纯化水。水能与乙醇、甘油、丙二醇等溶剂以任意比例混合,能溶解大多数无机盐、极性大的有机物、糖、蛋白质、黏液质、酸类、鞣质及某些色素。但许多药物在水中不稳定,尤其是易水解、易氧化的药物;水性制剂易霉变,不宜长期贮存。

如诺氟沙星溶液,由诺氟沙星与醋酸和水配制而成。溶液为浅黄色澄清液体,有醋酸的特臭。用于革兰氏阴性菌感染,防治雏鸡白痢,仔猪黄白痢。

(2)甘油(丙三醇)。甘油也是常用溶剂,无色澄明、高沸点黏稠性液体,有吸湿性,无臭,味甜(相当于蔗糖甜度 0.6 倍),毒性小,相对密度 1.256。能与水、乙醇、丙二醇等任意比例混合,对苯酚、鞣酸、硼酸的溶解比水大,常作为这些药物的溶剂。甘油既可内服,又可外用,尤其是外用制剂应用较多。在外用液体制剂中,甘油常作为黏膜、皮肤用药物的溶剂,如碘甘油、硼酸甘油等。甘油对皮肤有保湿、滋润、增稠、润滑及延长药物局部药效等作用,但无水甘油对皮肤有脱水和刺激作用,含水 10% 甘油对皮肤和黏膜无刺激性。甘油对某些药物的刺激性具有缓和作用。在内服液体制剂中含甘油 12%（g/mL）以上时，使制剂带有甜味并能防止鞣质的析出，含甘油 30% 以上有防腐作用。

如碘甘油溶液，由碘 10.0 g、碘化钾 10.0 g、水 10.0 mL、甘油适量配制而成。

（3）二甲基亚砜（DMSO）。本品为澄明液体，具有强吸湿性，密度 1.1 g/mL，具有大蒜臭味，能与水、乙醇、丙二醇等药物相混溶。溶解范围广，有"万能溶剂"之称，目前主要用于皮肤药剂中，略有止痒、消炎和抗风湿作用，还具有良好的防冻作用，但有轻度刺激性，是一种常用的透皮促进剂。如驱蛔搽剂，由左旋咪唑 0.7 g，用适量二甲基亚砜和乙醇溶解，加水至 100 mL 配制而成。

（4）二甲基甲酰胺（DMF）。无色澄明的液体，有弱氨臭。相对密度 0.945。能与水、乙醇、氯仿、丙酮、乙醚相混合，属低毒性，其蒸气对皮肤黏膜有中度刺激性，长期吸入可出现肝、肾损害，水液有溶血作用。主要用途作为溶剂，是非缔合性极性溶剂，能溶解一些高聚物。透皮吸收促进剂，但作用不如 DMSO 强。与此相似的有二甲基乙酰胺（DMAC）。

如地克珠利溶液，由地克珠利与二甲基甲酰胺等溶剂配制而成，采用混饮方式，用于预防鸡球虫病。

2. 半极性溶剂

（1）乙醇。我国药典收载的乙醇是指 95%（体积分数）的乙醇。乙醇的溶解范围很广，可与水、甘油、丙二醇等溶剂任意比例混合，能溶解多种有机药物和药材中有效成分，如生物碱、苷类、挥发油、树脂、色素等均能溶于乙醇。20% 以上的稀乙醇即有防腐作用，40% 以上乙醇可延缓某些药物的水解。

有些药物在水中溶解度低，可用适当浓度的乙醇作溶剂。但乙醇有一定的生理活性，且有易挥发，易燃烧，成本高等缺点。为防止乙醇挥发，其制剂应密闭贮存。乙醇与水混合时，产生热效应而使体积缩小，故在配制稀醇液时应凉至室温（20℃）后再调整至规定浓度。

如碘酊溶液，由碘 20.0 g、碘化钾 15.0 g、乙醇 500.0 mL、水适量配制而成。

（2）丙二醇。药用丙二醇为 1,2-丙二醇，为无色透明的黏稠液体，性质基本上与甘油相似，但黏度、毒性和刺激性均较甘油小，可作为内服及肌内注射用药的溶剂。其溶解性能好，能溶解很多药物，如磺胺类药、局部麻醉药、维生素 A、维生素 D、性激素等。一定比例的丙二醇和水的混合液能延缓某些药物的水解，增加其稳定性。丙二醇的水溶液具有促进药物经皮肤或黏膜吸收的作用。但本品价格较贵，而且有辛辣味，经口服用受到限制。

如癸甲溴铵溶液，有癸甲溴铵的丙二醇溶液配制而成。

（3）聚乙二醇（PEG）。其通式为 $H(OCH_2CH_2)_nOH, n \geqslant 4$。聚乙二醇相对分子质量在 1 000 以下者为液体，液体制剂中常用的为聚乙二醇 300～600。本品为无色澄明黏性液体，有轻微的特殊臭味，理化性质稳定，不易水解破坏，有强亲水性，能与水、乙醇、甘油、丙二醇等溶剂混溶，增加药物的溶解度，并能溶解许多水溶性的无机盐和水不溶性的有机物，对一些易水解药物有一定的稳定作用。在外用制剂中能增加皮肤的柔润性，具有一定的保湿作用。

如妥曲珠利溶液，由甲苯三嗪酮的三乙醇胺和聚乙二醇溶液配制而成，为无色或浅黄色黏稠澄清溶液。抗球虫药，用于防治鸡球虫病。

3. 非极性溶剂

（1）脂肪油。它是指一些药典收载的植物油，如麻油、花生油、豆油、橄榄油及棉籽油等。植物油不能与极性溶剂混合，而能与非极性溶剂混合。能溶解油溶性药物，如激素、挥发油、游离生物碱和许多芳香族药物,多用于外用制剂,如洗剂、擦剂、滴鼻剂等。也用作内服制剂维生素 A 和维生素 D 的溶液剂。脂肪油容易氧化酸败,也易与碱性物质发生皂化反应而影响制剂的质量。

(2)液状石蜡。它是从石油产品中分离得到的液态饱和烃的混合物,为无色无臭无味的黏性液体,有轻质和重质两种,前者密度 0.818~0.880 g/mL,多用于外用液体药剂,后者密度 0.845~0.905 g/mL,多用于软膏剂中。本品化学性质稳定,能与非极性溶剂混合,能溶解生物碱、挥发油等药物。液状石蜡在肠道中不分解也不吸收,有润肠通便作用,可做口服制剂和擦剂的溶剂。

(3)醋酸乙酯。无色或淡黄色微臭油状液体,是甾族化合物及其他油溶性药物的常用溶剂,相对密度(20℃)为 0.897~0.906 g/mL。具有挥发性和可燃性,在空气中易被氧化,故使用时常加入抗氧化剂。常作为搽剂的溶剂。

(4)肉豆蔻酸异丙酯。由异丙醇和肉豆蔻酸经酯化而制得。为无色澄明易流动的油状液体,相对密度为 0.846~0.855 g/mL。本品化学性质稳定,不易氧化和水解,不易酸败,不溶于水、甘油和丙二醇,但可溶于醋酸乙酯、丙酮、矿物油和乙醇,可溶解甾体药物和挥发油,本品无刺激性、过敏性,易于被皮肤吸收,常作为外用药物的溶剂和渗透促进剂。

(5)氮酮。无色或淡黄色,无臭的澄清油状液体。不溶于水,能与醇、酮、烃类等多数有机溶剂相混溶。用于亲水性或疏水性药物透皮吸收促进剂,其作用比 DMF、DMA 及 DMSO 强得多。本品 1% 的透皮增强作用比 50%DMF 强 13 倍。常用浓度 0.5%~2.0%。本品能增强乙醇的抑菌作用;少量凡士林会消除本品的作用。

如阿维菌素透皮溶液,由阿维菌素与氮酮等配制而成的溶液,含氮酮不得少于 3.0%,通过浇注或涂擦,用于治疗畜禽的线虫病、螨病和寄生性昆虫病。

(二)液体制剂的常用附加剂

1. 防腐剂

(1)防腐的重要性。液体制剂尤其是以水为溶剂的液体制剂,容易被微生物污染而变质,特别是含有营养成分如糖类、蛋白质等的液体制剂,更易引起微生物的滋长与繁殖。即使是含有抗生素类或磺胺类药物的液体制剂,由于这些药物对它们的抗菌谱以外的微生物不起抑菌作用,微生物也能生长和繁殖。被微生物污染的液体制剂会导致理化性质发生变化而严重影响制剂的质量。《中华人民共和国兽药典》2005 年版规定了微生物的限度标准:口服溶液剂、糖浆剂、混悬剂、乳剂每 1 mL 含细菌数不得超过 100 个,霉菌、酵母菌数不得过 100 个,不得检出大肠杆菌。按微生物限度标准,对液体制剂进行微生物限度检查,对提高液体制剂的质量,保证用药的安全、有效具有重要意义。

(2)防腐措施。

①防止污染。防止微生物污染是防腐的首要措施。防腐的措施包括加强生产环境的管理,清除周围环境的污染源,保持优良生产环境,以利于防止污染;加强操作室的环境管理,保持操作室空气净化的效果,注意经常检查净化设备,使洁净度符合要求;用具和设备必须按规定要求进行卫生管理和清洁处理;加强生产过程的规范化管理,尽量缩短生产周期;加强操作人员的卫生管理和教育,因操作人员是直接接触药剂的操作者,是微生物污染的重要来源;定期检查操作人员的健康和个人卫生状况,工作服应标准化,严格执行操作室的规

章制度等。

②添加防腐剂。优良防腐剂的条件：在抑菌浓度范围内对机体无害，无刺激性，用于内服者无恶劣嗅味；在水中有较大溶解度，可达到所需的有效浓度；不影响药剂中药物的理化性质和药效的发挥；防腐剂也不受药剂中药物及附加剂的影响，对广泛的微生物有抑制作用；防腐剂本身性质稳定，不易受热和药剂 pH 的变化而影响其防腐效果，长期贮存不分解失效。

防腐剂的作用：能破坏和杀灭微生物的物质称杀菌剂，能抑制微生物生长发育的物质称防腐剂。杀菌剂能迅速杀微生物。防腐剂对微生物繁殖体有杀灭作用，但对芽孢则使其不能发育为繁殖体而逐渐死亡。不同防腐剂的作用机理不完全相同，如醇类能使病原微生物蛋白质变性；苯甲酸、尼泊金类等防腐剂能与病原微生物酶系统结合，竞争其辅酶；阳离子型表面活性剂类防腐剂有降低表面张力作用，增加菌体细胞膜的通透性，使细胞膜破裂、溶解。

防腐剂的分类：防腐剂可分为四类。①酸碱及其盐类：苯酚、甲酚、氯甲酚、麝香草酚、羟苯酯类、苯甲酸及其盐类、山梨酸及其盐、硼酸及其盐类、丙酸、脱氢醋酸、甲醛、戊二醛等；②中性化合物类：苯甲醇、苯乙醇、三氯叔丁醇、氯仿、氯己定、氯己定碘、聚维酮碘、挥发油等；③汞化合物类：硫柳汞等；④季铵化合物类：氯化苯甲烃铵等。

（3）常用防腐剂。

①对羟基苯甲酸酯类。又称尼泊金类。对羟基苯甲酸酯类有甲酯、乙酯、丙酯和丁酯，是一类优良的防腐剂，无毒、无味、无臭、不挥发、化学性质稳定。在酸性、中性溶液中均有效，但在酸性溶液中作用最强，而在弱碱性溶液中作用减弱，是由于酚羟基解离所致。本品的抑菌作用随着甲、乙、丙、丁酯的碳原子数增加而增强，但在水中的溶解度却依次减小。本品对霉菌和酵母菌作用强，而对细菌作用较弱，广泛用于内服液体制剂中。几种酯联合应用可产生协同作用，防腐效果更好。以乙、丙酯（1∶1）或乙、丁酯（4∶1）合用时最多，其浓度均为 0.01％～0.25％。另外，本类防腐剂遇铁变色，在弱碱、强酸溶液中易水解。丁酯较甲酯易被塑料吸附。

②苯甲酸和苯甲酸钠。它是有效防腐剂，对霉菌和细菌均有抑制作用，可内服也可外用。苯甲酸在水中的溶解度为 0.29％（20℃），乙醇中为 43％（20℃），多配成 20％醇溶液备用，用量一般为 0.03％～0.1％。苯甲酸的防腐作用是靠未解离的分子，而其离子无作用。因此，溶液的 pH 影响其防腐力。苯甲酸 $pK_a = 4.2$，故溶液的 pH 在 4 以下抑菌效果好（pH＝4 时最佳）。苯甲酸钠在水中溶解为 55％，在乙醇中微溶（1∶80），常用量为 0.1％～0.25％。其抑菌机理及 pH 对抑菌作用的影响同苯甲酸。苯甲酸防霉作用较尼泊金为弱，而抗发酵能力则较尼泊金强。苯甲酸 0.25％和尼泊金 0.05％～0.1％联合应用对防止发霉和发酵最为理想，特别适用于中药液体制剂。

③山梨酸。它为白色或乳白色针晶或结晶性粉末，有微弱特异臭。熔点 134.5℃，对光热稳定，但长期露置空气中，易被氧化变色。微溶于水（约 0.2％，20℃），溶于乙醇（12.9％，20℃），甘油（0.31％），丙二醇（5.5％）。本品对霉菌和酵母菌作用强，毒性较苯甲酸低，常用浓度为 0.05％～0.3％。山梨酸的防腐作用基于其未解离的分子，在酸性溶液中效果好，pH 4.5 时最佳。本品在水溶液中易被氧化，可加苯酚保护，在塑料容器内活性也会降低。山梨酸与其他抗菌剂或乙二醇联合使用产生协同作用。

山梨酸钾、山梨酸钙作用与山梨酸相同，水中溶解度更大，需在酸性溶液中使用。

④苯扎溴胺。又称新洁尔灭，系阳离子表面活性剂。无色或淡黄色液体，有芳香气，似杏

仁,味极苦。极易溶于水,溶于乙醇。水溶液呈碱性。性质稳定,耐热压,对金属、橡胶、塑料制品无腐蚀作用,不污染衣服,是一种优良的眼用制剂防腐剂,常用浓度为 $0.01\%\sim0.1\%$。

⑤其他防腐剂。醋酸氯己定,又称醋酸洗必泰,为广谱杀菌剂,微溶于水,溶于乙醇、甘油、丙二醇等溶剂中,用量为 $0.02\%\sim0.05\%$;20% 的乙醇或 30% 以上的甘油均有防腐作用;0.05% 薄荷油或 0.01% 的桂皮醛,$0.01\%\sim0.05\%$ 的桉叶油等也有一定防腐作用。

2. 矫味剂

为掩盖和矫正制剂的不良嗅味而加入制剂中的物质称为矫味剂。

(1)甜味剂。

①蔗糖。以蔗糖、单糖浆及芳香糖浆应用较广泛,应用糖浆时常添加山梨醇、甘油等多元醇,防止蔗糖结晶析出。

②甜菊苷。天然甜味剂,是从多年生菊科草本植物甜叶菊的叶和茎中提取得到的一个双萜配糖体。微黄白色结晶性粉末,易潮解,无臭,具有清凉甜味,其甜度比蔗糖大约 300 倍,在水中溶解度(25℃)为 1:10,pH 4~10 时加热稳定,本品甜味持久且不被吸收,但稍带苦味,常与蔗糖或糖精钠合用,常用量为 $0.025\%\sim0.05\%$。

③糖精钠。甜度为蔗糖的 $200\sim700$ 倍,易溶于水,常用量为 0.03%,常与单糖浆或甜菊苷合用。

④阿司帕坦。合成甜味剂,亦称蛋白糖,化学名为天门冬酰苯丙氨酸甲酯,为二肽类甜味剂,甜度为蔗糖的 $150\sim200$ 倍。

3. 芳香剂

在制剂中有时需要添加少量香料和香精以改善制剂的气味,这些香料与香精称为芳香剂,分为天然香料和人工香料两大类。天然香料包括植物性香料和动物性香料。植物性香料有柠檬、樱桃、茴香、薄荷油等芳香性挥发性物质,以及它们的制剂,如薄荷水、桂皮水、枸橼酊、复方橙皮醑等。香精又称调和香料,其组成包括天然香料、人工合成香料及一定量的溶剂,如苹果香精、橘子香精、香蕉香精等。

4. 胶浆剂

胶浆剂通过干扰味蕾的味觉而具有矫味的作用,多用于矫正涩酸味。常用的有羧甲基纤维素钠、甲基纤维素、淀粉、海藻酸钠、阿拉伯胶等,常于胶浆剂中加入甜味剂,增加矫味效果。

5. 着色剂

着色剂又称色素和染料,分天然的和人工合成的两类,后者又分为食用色素和外用色素。只有食用色素才可作为内服液体制剂的着色剂。

(1)天然色素。我国传统上采用无毒植物性和矿物性色素作内服液体制剂的着色剂。植物性色素包括:红色的有苏木、紫草根、茜草根、甜菜红等;黄色的有姜黄、山栀子、胡萝卜素等;蓝色的有松叶兰、乌饭树叶;绿色的有叶绿酸铜钠盐;棕色的有焦糖等。矿物性的如氧化铁(棕红色)。

(2)合成色素。合成色素的特点是色泽鲜艳,价格低廉,但大多数毒性较大,用量不宜过多。主要有以下几种:胭脂红、苋菜红、柠檬黄、靛蓝、日落黄。常配成 1% 贮备液使用。这些色素均溶于水,一般用量约为 $0.0005\%\sim0.001\%$(不宜超过万分之一),合成色素的颜色受氧化剂、还原剂、光、pH 及非离子表面活性剂的影响,应予以注意。

6. 其他常用附加剂

有时为了增加液体制剂的稳定性,尚需加入抗氧化剂、pH调节剂、金属离子络合剂、助悬剂、增溶剂、助溶剂、潜溶剂、乳化剂、润湿剂、稳定剂等。

(三)增加药物的溶解度的方法

1. 制成可溶性盐

难溶性弱酸和弱碱性药物,因极性小,在水中溶解度很小或不溶。使其成盐后,变为离子型极性化合物,可增加其溶解度。一般弱碱性药物都选择形成无机酸盐或有机酸盐,前者如盐酸盐、硫酸盐、磷酸盐、氢溴酸盐、硝酸盐等,后者如酒石酸盐、乳酸盐、枸橼酸盐、醋酸盐等。而弱酸性药物主要与氢氧化钠、氢氧化铵、碳酸钠、碳酸氢钠等形成盐。

同一药物形成的几种不同盐中,不仅溶解度有很大差异,而且使用效能、毒性和稳定性也有差异。因此在考虑溶解度的同时还要注意稳定性、吸湿性、pH、毒性、刺激性等因素可能发生的变化。如新生霉素单钠盐的溶解度是新生霉素的300倍,但其溶液不稳定,因此不能用。

2. 引入亲水集团

难溶性药物分子中引入亲水基团,可增加其在水中的溶解度。引入的亲水基团有:磺酸钠基($-SO_3Na$)、羧酸钠基($-COONa$)、醇基($-OH$)、氨基($-NH_2$)及多元醇或糖基等。例如,维生素 K_3 不溶于水,引入$-SO_3HNa$形成的维生素 K_3 亚硫酸氢钠则可制成注射剂。但应注意,有些药物被引入某些亲水基团后,除了溶解度有增加,其药理作用也可能改变。

3. 使用复合溶剂

溶质在两种纯溶剂中均微溶,但在特定比例的混合溶剂中溶解度却显著增加,这种现象称为潜溶。显著增加溶质溶解度的混合溶剂,称为潜溶剂。

潜溶剂对药物溶解度的增加被认为是由于两种溶剂对药物分子不同部位作用的结果。药物制剂中最常用的复合溶剂是由水与乙醇、丙二醇、甘油、聚乙二醇等一些极性、半极性溶剂组成的混合体系。也有其他一些混合溶剂可作为不同药物的潜溶剂,如油酸乙酯与乙醇、二甲基乙酰胺与水等。在选用复合溶剂增大药物的溶解度时,同样还要注意溶剂对机体的毒性、刺激性和疗效等。

4. 加入助溶剂

助溶是指难溶性药物与加入的第三种物质可因形成配位化合物、复盐等而增加药物溶解度的现象。加入的第三种物质叫助溶剂。助溶剂可溶于水,多为低分子化合物(但不包括胶体物质和表面活性剂)。助溶的机理主要是药物和小分子物质形成水溶性络合物、复合物或缔合物。如咖啡因与助溶剂苯甲酸钠形成苯甲酸钠咖啡因,溶解度由1∶50增大到1∶1.2。

5. 加入增溶剂

增溶是指某些难溶性药物在表面活性剂的作用下,在溶剂中增大溶解度并形成澄清溶液的过程。具有增溶能力的表面活性剂称为增溶剂。被增溶的物质称为增溶质。每1g增溶剂能增溶药物的克数称为增溶量。对于水为溶剂的药物,增溶剂的最适HLB值为15~18。许多药物,如生物碱、抗生素、磺胺类、挥发油、甾体激素、脂溶性维生素等均可用此法增溶。影响增溶量的因素为:

(1)增溶剂的种类。增溶剂的种类不同,其增溶效果亦不同。同系物增溶剂的相对分子质量不同,其增溶效果也不同,同系物的碳链越长则其增溶量越大;如碳原子个数相同,则含直链的比含支链的增溶量更大。对强极性或非极性药物,非离子型增溶剂的亲水亲油平衡值(HLB)值越大,则增溶效果越好。但对于极性低的药物结果正好相反。

(2)药物的性质。在增溶剂的种类和浓度一定的情况下,同系物药物的分子质量越大,则体积越大,胶束所能容纳的药物量就越少,故增溶量越小。这是由于表面活性剂所形成的胶束的体积大体是一定的,因此,分子质量大的药物摩尔体积也大,能溶解的量就必然减少。

(3)加入顺序。一般先将难溶性药物与增溶剂混合,再加水稀释则能很好地溶解;如先将增溶剂溶于水,再加入药物则几乎不溶。

(4)增溶剂的用量。温度一定时加入适量的增溶剂可得澄清溶液,稀释后仍为澄清。但配比如果不当,则溶液变为混浊或在稀释时出现混浊。增溶剂用量过多,既浪费又产生毒副作用,药物进入胶团影响吸收;增溶剂用量过少,起不到增溶作用,或在贮存、稀释时发生沉淀。增溶剂的用量可以通过实验来确定。

(5)温度。对于大多数增溶系统,随着温度的升高,增溶量增大。但是温度对增溶量的影响会由于温度对增溶质溶解度的影响而变得复杂。

◆◆◆ 任务1 溶液剂的制备 ◆◆◆

溶液剂系指药物溶解于适宜溶剂中制成的供内服或外用的澄清液体制剂。溶剂多为水,也可用乙醇或油,如维生素E溶液剂以油为溶剂。《中华人民共和国兽药典》规定:内服溶液剂应澄明,不得有沉淀、浑浊、异物等。根据需要溶液剂中可加入助溶剂、抗氧剂、矫味剂、着色剂等附加剂。溶液剂以量代称取使剂量准确,使用方便。溶液剂疗效显著,其浓度与计量均应严格规定,以保证用药安全,特别是对小剂量药物或毒性较大的药物。性质稳定的药物,可制成高浓度的贮备液(又称倍液),用时稀释即可。

工作步骤

溶液剂有两种制备方法,即溶解法和稀释法。

1. 溶解法

其制备过程:

附加剂、药物的称量→溶解→过滤→质量检查→包装。

具体方法:

①取处方总量3/4的溶剂,加入处方规定量的固体药物,搅拌促使起溶解;

②必要时可将固体药物先行粉碎或加热促使其溶解;溶解度小的药物及附加剂应先溶解;难溶性药物可加入适宜助溶剂使其溶解;对易挥发性药物应在最后加入,以免在制备过程中损失;易氧化和不耐热的药物溶解时宜将溶剂加热放冷后再溶解药物,添加适量抗氧剂。

③当处方中含有黏稠溶液如糖浆、甘油,应用少量水稀释后再加入溶剂中;溶液剂通常应滤过,于滤器上添加溶剂至全量,并抽样进行质量检查;

④以非水溶剂制备制剂时,容器应干燥;

⑤制得的溶液剂应及时分装、密封、灭菌、贴标签及进行外包装。

2. 稀释法

稀释法是指先将药物制成高浓度溶液,使用时再用溶剂稀释至需要浓度。适用于浓溶液或易溶性药物的浓贮备液等原料。如以 50％聚维酮碘浓贮备液为原料,采用稀释法可生产10％聚维酮碘溶液,稀释过程中要注意浓度换算,挥发性药物应防止挥发损失。

溶液剂制备举例

1. 碘伏溶液的制备

处方:

碘	38.0 g
碘化钾	2.8 g
磷酸	110.0 g
硫酸	90.0 g
表面活性剂	适量
水	加至 1 000.0 mL

制法:先将计算量的碘和碘化钾溶于水,与表面活性剂和磷酸、硫酸充分混合,即得。

作用与用途:消毒防腐药。用于手术部位和手术器械消毒。

注解:配制时先取碘化钾加水溶解后,再加入碘搅拌溶解。碘化钾在水中的溶解度为1:0.7,其近饱和溶液可加速碘的溶解,作为碘的助溶剂,生成的络合物易溶于水。本品为红色黏稠液体,用时配成 0.5％～1％的溶液。贮藏时注意遮光,密封保存。

2. 5％氟苯尼考溶液的制备

处方:

氟苯尼考	50.0 g
二甲基乙酰胺	适量
共制	1 000.0 mL

制法:取氟苯尼考,加二甲基乙酰胺适量,搅拌均匀使溶解,再加至全量,即得。

巩固训练

1. 设计 2％碘液的处方、工艺并进行说明。
2. 设计水杨酸钠合剂的处方、工艺并进行说明。

◆◆◆ 任务 2　芳香水剂制备 ◆◆◆

芳香水剂是指芳香挥发性药物(多为挥发油)的饱和或近饱和澄明水溶液。个别芳香水剂用水和乙醇的混合液作溶剂。制备的含大量挥发油的溶液称为浓芳香水剂。含挥发性成分的药材用水蒸气蒸馏法制成的芳香水剂称露剂或药露。

芳香水剂应澄明,具有与原药物相同的气味,不得有异臭、沉淀或杂质。由于挥发油中含有萜烯等物质,易受日光、高热、氧气等因素影响而氧化变质,生成有臭味的化合物。在生产和贮存过程中,为了避免细菌污染,应密封,在凉暗处保存。芳香水剂宜新鲜配制,不宜久贮。

芳香水剂主要用作制剂的溶剂和矫味剂,芳香水剂也可单独用于治疗。近年研究发现,具有止咳、平喘、清热、镇痛、抗菌等作用的挥发油较多,随着芳香水剂的品种增多,其应用范围也在扩大。

工作步骤

芳香水剂的制备方法根据原料不同而异,纯挥发油和化学药物常用溶解法和稀释法,含挥发性成分的药材常用水蒸气蒸馏法。

1. 溶解法

(1)振摇溶解法。取挥发油药物 2 mL(或 2 g)置容器中,加纯化水 1 000 mL,用力振摇(约 15 min),使成饱和溶液后放置,用纯化水润湿的滤纸滤过,自滤器上添加纯化水至足量,即得。

(2)加分散剂溶解法。取挥发油药物 2 mL(或 2 g)置乳钵中,加入精制滑石粉 15 g(或适量滤纸浆),研匀,移至容器中加入纯化水 1 000 mL,用力振摇,反复过滤至药液澄明,在自滤器上添加纯化水至全量,即得。

加入滑石粉(或滤纸浆)作为分散剂,目的是使挥发性药物被分散剂吸附,增加挥发性药物的表面积,促进其分散和溶解;此外,滤过时分散剂在滤过介质上形成滤床吸附剩余的溶质和杂质,起助滤作用,利于溶液的澄清。所用的滑石粉不应过细,以免使制剂浑浊。也可用适量的非离子型表面活性剂,如聚山梨酯 80,或水溶性有机溶剂如乙醇与挥发油混溶后,加蒸馏水至全量。

2. 稀释法

取浓芳香水剂 1 份,加纯化水若干份稀释而成。

3. 水蒸气蒸馏法

称取一定质量含挥发性成分的生药,适当粉碎后,置蒸馏器中,加纯化水适量,加热蒸馏,或采用水蒸气蒸馏,使馏液达规定量后,停止蒸馏,蒸馏液一般为药材重的 6~10 倍,除去馏液中过量未溶解的挥发油,滤过得澄明溶液。

芳香水剂制备举例

薄荷水的制备

处方:薄荷油　　　　　　0.5 mL

　　　聚山梨酯 80　　　　2.0 mL

　　　纯化水　　　　　　加至 1 000.0 mL

制法:取薄荷油与聚山梨酯 80 混匀后,加蒸馏水适量使成 1 000 mL,搅匀,即得。

作用与用途:芳香矫味药与祛风药,用于胃肠充气,或作溶剂。

注解:(1)薄荷油为无色或淡黄色澄明的液体,味辛凉,有薄荷香气,极微溶于水,本处方中加入聚山梨酯以增加薄荷油在水中的溶解度,比重为 0.890~0.908,久贮易氧化变质,色泽加深,产生异臭则不能供药用。

(2)本品亦可采用稀释法,用浓薄荷水 1 份,加蒸馏水 39 份稀释制得。

巩固训练

1. 设计畜禽厩舍除臭香水的处方、工艺并进行说明。

2. 设计一种碳酸饮料的处方、工艺并进行说明。

◆◆◆ 任务3 高分子溶液剂制备 ◆◆◆

高分子溶液剂是指高分子化合物溶解于溶剂中制成的均匀分散的液体制剂,属于热力学稳定体系。以水为溶剂时,称为亲水性高分子溶液,又称亲水胶体溶液或胶浆剂。以非水溶液制成的称为非水性高分子溶液。亲水性分子溶液在药剂中应用较多,如混悬剂中的助溶剂、乳胶剂中乳化剂、片剂的包衣材料、血浆代用品、微囊、缓释制剂等都涉及高分子溶液。

1. 高分子化合物荷电

高分子溶液中的高分子化合物可因某些基团的电离而带正电或负电。带正电的高分子溶液有:琼脂、血红蛋白、碱性染料(亚甲蓝、甲基紫)、明胶、血浆蛋白等。带负电的高分子溶液有:淀粉、阿拉伯胶、西黄蓍胶、鞣酸、树脂、磷脂、酸性染料(伊红、靛蓝)、海藻酸钠等。一些高分子化合物,如蛋白质分子含有羧基和氨基,在水溶液中随 pH 不同而带正电或负电:

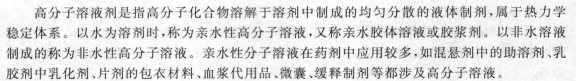

$$NH_2-R-COOH \xrightarrow{H^+} NH_3^+-R-COOH$$

$$NH_2-R-COOH \xrightarrow{OH^-} NH_2-R-COO^- + H_2O$$

当溶剂的 pH 小于等电点,蛋白质带正电,pH 大于等电点,蛋白质带负电。

在等电点时高分子化合物不带电,此时溶液的黏度、渗透压、电导性、溶解度均变为最小值。高分子溶液的这种性质在药剂学中具有重要用途。由于高分子溶液的荷电而具有电泳现象,通过电泳可测定高分子溶液所带电荷的种类。

2. 高分子溶液的稳定性

高分子溶液的稳定性主要取决于高分子化合物的水化作用和荷电。高分子化合物结构中有大量的亲水基团,能与水形成牢固的水化膜,水化膜能阻止高分子化合物分子之间的相互凝聚,这是高分子溶液稳定的主要原因。水化膜愈厚,稳定性愈大,凡能破坏高分子化合物水化作用的因素,均能使高分子溶液不稳定。

当向溶液中加入少量电解质,不会因为反离子的作用而破坏水化膜,影响溶液的稳定性。当加入大量电解质时,由于电解质具有比高分子化合物更强的水化作用,结合了大量的水分子,而使高分子化合物的水化膜被破坏,使高分子化合物凝结而沉淀,此过程称为盐析。起盐析作用的主要是电解质的阴离子,不同阴离子盐析能力的大小顺序为:枸橼酸根>酒石酸根>SO_4^{2-}>$CHCOO^-$>Cl^->NO_3^->Br^->I^->CNS^-。盐析法可用于制备生化制剂和中药制剂。

破坏水化膜的另一种方法是加入大量脱水剂(如乙醇、丙酮),使高分子化合物分离沉淀。利用这一性质,通过控制所加入脱水剂的浓度,分离出不同分子质量的高分子化合物,如羧甲基淀粉钠、右旋糖酐代血浆等的制备。

带有相反电荷的两种高分子溶液混合时,由于相反电荷中和作用而产生凝结沉淀。复凝聚法制备微囊就是利用在等电点以下,阿拉伯胶荷负电而明胶荷正电,作用生成溶解度小的复合物而沉降形成囊膜。胃蛋白酶在等电点以下带正电荷,用润湿的带负电荷的滤纸滤过时,由于电性中和而使胃蛋白酶沉淀于滤纸上。高分子溶液久置也会自发地凝结而沉淀,称为陈化现象。在其他如光、热、pH、射线、絮凝剂等因素的影响下,高分子化合物可凝结沉淀,称为絮凝现象。

3. 高分子溶液的其他性质

亲水性高分子溶液具有较高的渗透压,渗透压的大小与高分子溶液的浓度有关。高分子溶液是黏稠性流动液体,当温度降低至一定时,呈线状分散的高分子就可形成网状结构,水被全部包裹在网状结构中,形成不流动的半固体的凝胶,形成凝胶的过程称为胶凝。软胶囊剂中的囊壳即为这种凝胶,如凝胶失去网状结构中的水分子,形成固体的干胶,如片剂薄膜衣、微囊等均是干胶的存在形式。

工作步骤

高分子化合物种类繁多,有的溶于水而有的则溶于有机溶剂,其溶解速度快慢不同,一般存在两个阶段。

第一阶段,可溶性高分子刚与溶剂相接触时,溶剂分子开始扩散进入高分子固体颗粒,颗粒的体积慢慢地膨胀,称为有限溶胀过程;

第二阶段,溶胀的颗粒表面的水化高分子开始互相拆开,解脱分子间的缠绕,高分子分散在溶剂中,形成均匀的溶液,称为无限溶胀过程。

无限溶胀常需加以搅拌或加热等步骤才能完成。如明胶、琼脂、树胶类、纤维素等。大多数水溶性的药用高分子材料(如聚乙烯醇、羧甲基纤维素钠)更容易溶于热水,则应先用冷水润湿及分散,然后加热使其溶解。水溶性聚合物的溶液,特别是纤维素衍生物,一般要在溶解后室温贮藏 48 h,以使其充分水化,具有最大的黏度和澄明度。羟丙基甲基纤维素这类的聚合物,在冷水中比在热水中更易溶解,则应先用 80～90℃ 的热水急速搅拌,使其充分分散,然后用冷水使其溶胀、分散及溶解。

亲水性高分子溶液的制备因原料状态不同而有所差异。

(1)粉末状原料。取所需水量的 1/2～3/4,置于广口容器中,将粉末状原料撒在水面上,令其充分吸水膨胀,最后振摇或搅拌即可溶解。也可将粉末原料置于干燥的容器内,先加少量乙醇或甘油使其均匀润湿,再加入大量水搅拌使溶。

(2)片状、块状原料。先制成细粉,加少量水放置,使其充分吸水膨胀,然后加足量的热水,并可加热使其溶解。如明胶、琼脂溶液的制备。

制剂中常用的高分子溶液,如胃蛋白酶合剂、羧甲基纤维素钠胶浆等。

巩固训练

1. 设计胃蛋白酶合剂的处方、工艺并进行说明。
2. 设计煤酚皂消毒液的处方、工艺并进行说明。

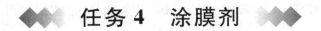

任务 4 涂膜剂

涂膜剂是指将高分子成膜材料及药物溶解在挥发性有机溶剂中,制成的可涂布成膜的外用液体药剂。用时涂于患处,溶剂挥发后形成薄膜,对患处有保护作用,同时逐渐释放所含的药物而起治疗作用。常用的成膜材料有聚乙烯缩甲乙醛、聚乙烯缩丁醛、火棉胶等,增塑剂常用邻苯二甲酸二丁酯等,溶剂一般为乙醇、丙酮或二者混合物。以乙醇、丙酮、二甲基亚砜等为溶剂。内含药物多具有抑制真菌、腐蚀或软化角质等作用。

涂膜剂的一般制法为:能溶于溶剂的药物,可直接加入溶解;若为中药,则应先制成乙醇或乙醇—丙酮提取液,再加入到基质溶液中。如兽医临床试用的乳头消毒涂膜剂、抗真菌的克霉唑涂膜剂等。

巩固训练

1. 设计阳离子表面活性剂乳头消毒涂膜剂的处方、工艺并进行说明。
2. 设计抗真菌的克霉唑涂膜剂的处方、工艺并进行说明。

知识拓展　药物溶液的形成理论

溶解是许多剂型和制剂的研究与制备中的重要工艺过程,了解药物溶液的形成理论,对制剂的研究和质量的提高具有重要的意义。

一、药用溶剂的种类

液体制剂的分散介质对于低分子和高分子溶液剂来说,一般将它们看作溶剂;但对于溶胶剂、混悬剂、乳剂而言,药物不是溶解而是分散,所以称为分散剂。液体药剂的溶剂对药物起溶解和分散作用。溶剂对药物制备方法、药物作用发挥以及药剂稳定性起着重要作用,因此制备液体药剂时应选择优良的溶剂。

药用溶剂常简单分为两类,即水和非水溶剂。

(一)水

水是最常用的极性溶剂,其理化性质稳定,有很好的生理相容性,根据制剂的需要可制成注射用水、纯化水等。

(二)非水溶剂

非水溶剂可增大药物的溶解度,将在水中溶解度过小的药物制成溶液。

(1)醇与多元醇类。乙醇、丙二醇、甘油、聚乙二醇 200、聚乙二醇 400、聚乙二醇 600、丁醇和苯甲醇等,能与水混溶。

(2)酰胺类。二甲基甲酰胺、二甲基乙酰胺等,能与水和乙醇混溶。

(3)酯类。醋酸乙酯、乳酸乙酯、油酸乙酯、三醋酸甘油酯、苯甲酸苄酯和肉豆蔻异丙酯等。

(4)植物油类。花生油、玉米油、芝麻油、红花油等。

(5)亚砜类。二甲基亚砜、能与水和乙醇混溶。

(6)醚类。四氢糠醛聚乙二醇醚、二乙二醇二甲基醚等,能与乙醇、丙二醇、甘油混溶。

二、药物的溶解与溶解过程及其影响因素

(一)溶解与溶解过程

1. **溶解度**

溶解度是指在一定温度下(气体在一定压力下),一定量溶剂中能溶解溶质的最大量。在药典中溶解度通常以溶质 1 g(mL)溶于若干毫升溶剂中表示。一般化学手册和溶解度手册中记载的溶解度常用 100 g 溶剂或 100 g 饱和溶液中溶解该物质的最多质量(以 g 表示)表示。

2. **溶解过程**

溶解过程是指一种或一种以上物质(称为溶质)以分子或离子状态分散在另一种物质(称为溶剂)中形成均匀分散体系的过程。溶质的溶解不是简单的物理过程,而是涉及溶剂分子间、溶质分子间以及溶质和溶剂分子间的作用力。只有溶质和溶剂分子间的吸引作用力大于溶质分子间的相互作用力,溶质分子才从溶质上脱离,然后在溶剂中扩散,最终达到平衡状态,即溶质的溶解速度与其结晶速度相等,因此物质的溶解是溶质和溶剂的分子或离子相互作用的过程。通常其相互作用力从强到弱主要有偶极力、氢键力和范德华力。

3. **溶解速度**

溶解速度是指在某一溶剂中单位时间内溶解溶质的量。溶解速度的快慢,取决于溶剂与溶质之间的吸引力,胜过固体溶质中结合力的程度以及溶质的扩散速度。固体药物的溶出(溶解)过程包括两个连续的阶段:先是溶质分子从固体表面释放进入溶液中,再是在扩散或对流的作用下将溶解的分子从固液界面转送到溶液中。

溶解度与溶解速度不同,溶解度是热力学范畴,溶解速度属于化学动力学范畴。

(二)影响因素

主要是影响溶解度的因素。

1. **药物的分子结构**

药物在溶剂中的溶解度是药物分子与溶剂分子间相互作用的结果。溶解的一般规律是"相似相溶",即溶质可以溶解在与其极性相似的溶剂中。极性溶质溶解在极性溶剂中,非极性溶质溶解在非极性溶剂中。因为药物的结构决定着药物极性的大小,而药物的极性又影响其溶解度,所以药物的分子结构影响其溶解度。

2. **溶剂**

溶剂在药物溶解过程中起重要作用。溶剂能降低药物分子或离子间的引力,使药物分子或离子溶剂化而溶解,是影响药物溶解度的重要因素。极性溶剂可切断盐类药物的离子结合,使药物离子与极性溶剂产生离子—偶极作用而溶剂化;极性药物与极性溶剂之间可以形成永久偶极—永久偶极而溶剂化;非极性溶剂分子与非极性药物分子形成诱导偶极—诱导偶极结合;非极性溶剂分子与半极性药物分子形成诱导偶极—永久偶极结合;极性较弱的药物分子中的极性集团与水形成氢键而溶解。通常,药物的溶剂化会影响药物在溶剂中的溶解度。

3. **温度**

温度对溶解度的影响取决于溶解过程是吸热还是放热。如果固体药物溶解时,需要吸收热量,则其溶解度通常随着温度的升高而增加。绝大多数药物的溶解是吸热过程,故其溶解度

随着温度的升高而增大。但氢氧化钙、MC 等物质的溶解正相反。

4. 粒子大小

一般情况下,药物的溶解度与药物粒子的大小无关。但是,对于难溶性药物来说,一定温度下,其溶解度与溶解速度与其表面积成正比,即小粒子有较大的溶解度,而大粒子有较小的溶解度。但这个小粒子必须小于 1 μm,其溶解度才有明显变化。

5. 晶型

同一化学结构的药物,有多种结晶形式,称为多晶型。药物的晶型不同,导致晶格能不同,其熔点、溶解速度、溶解度等也不同。具有最小晶格能的晶型最稳定,称为稳定型;其他晶型的晶格能大,称为亚稳定型。亚稳定型的熔点及密度较低,溶解度和溶解速度比稳定型的大。无结晶结构的药物通称无定型。与结晶型相比,由于无晶格束缚,自由能大,因此溶解度和溶解速度均较结晶型大。如新生霉素在酸性水溶液中生成的无定型,其溶解度比结晶型大 10 倍。

6. 溶剂化物

药物在结晶过程中,因溶剂分子加入而使晶体的晶格发生改变,得到的结晶称为溶剂化物。如溶剂是水,则称为水化物。溶剂化物和非溶剂化物的熔点、溶解度和溶解速度等不同。多数情况下,溶解度和溶解速度按水化物<无水物<有机溶剂化物排列。如醋酸氟氢可的松的正戊醇化合物溶解度比非溶剂化合物提高 5 倍。

7. pH

大多数药物为弱酸、弱碱及其盐类。这些药物在水中溶解度受 pH 影响很大。弱酸性药物随着溶液 pH 升高,其溶解度增大;弱碱性药物的溶解度随着溶液的 pH 下降而升高。而两性化合物在等电点与 pH 相等时,溶解度最小。

8. 同离子效应

向难溶性盐类的饱和溶液中,加入含有相同离子的化合物时,其溶解度降低,即为同离子效应。如许多盐酸盐类药物在生理盐水或稀盐酸中的溶解度比在水中低。

9. 其他

(1)对电解质而言,其溶解度取决于解离程度,如在电解质溶液中加入非电解质(如乙醇等),由于溶液的极性降低,电解质的解离更困难,其溶解度下降。

(2)对非电解质而言,其溶解度取决于药物分子与水分子之间形成弱的结合键,非电解质中加入电解质(如硫酸铵),由于电解质的强亲水性,破坏了非电解质与水的弱的结合键,使溶解度下降。

(3)当溶液中除药物和溶剂外还有其他物质时,常使难溶性药物的溶解度受到影响。故在溶解过程中,宜把处方中难溶的药物先溶于溶剂中。

项目2

混悬型液体制剂的制备工艺

❀ 学习目标

1. 理解非均相液体的形成条件和稳定性。
2. 熟悉常用混悬稳定剂的性能。
3. 掌握混悬型液体制剂的制备原理。

❀ 技能目标

1. 会选择应用混悬稳定剂。
2. 会应用混悬型液体制剂质量评定的一般方法评价混悬剂的稳定性。
3. 熟练混悬型液体制剂的制备方法。

 任务　混悬型液体制剂的制备

基础知识

一、混悬剂的概念、目的及要求

混悬型液体制剂,即混悬剂,指难溶性固体药物以微粒状态分散于液体分散介质中形成的非均匀分散的液体制剂。混悬剂属于热力学不稳定的粗分散体系,分散相的微粒大小一般在 $0.5\sim10~\mu m$,小的微粒可为 $0.1~\mu m$,大的可达 $50~\mu m$ 或更大。分散介质多为水,也有用植物油等。

药物制成混悬剂的目的:

(1)不溶性药物需制成液体制剂应用。

(2)药物的剂量超过了溶解度而不能制成溶液剂。

(3)两种溶液混合由于药物的溶解度降低而析出固体药物或产生难溶性化合物。

(4)为使药物缓释而产生长效作用等。

混悬剂的质量要求:

(1)药物本身化学性质稳定,有效期内药物含量符合要求。

(2)混悬微粒细微均匀,微粒大小应符合不同用途的要求。

(3)微粒下降缓慢,沉降后不结块,轻摇后应能迅速分散,以保证剂量准确。

(4)混悬剂应有适当黏度,便于倾倒且不沾瓶壁。

(5)外用混悬剂应易于涂布,不易流散。

(6)要采取防腐措施,不得霉败。

(7)标签上应注明"用前摇匀",以保证准确使用。

混悬剂是临床常用剂型之一,如合剂、搽剂、洗剂、注射剂、滴眼剂和气雾剂等都可以混悬剂的形式存在。由于混悬剂中药物以微粒分散,分散度较大,胃肠道吸收快,有利于提高药物的生物利用度。但为了保证安全用药,毒性药物或剂量小的药物,不宜制成混悬剂应用。

二、混悬剂的化学稳定性

混悬剂是难溶性的固体药物以微粒状态分散于液体介质中,扩大了接触面积,有了溶解的可能性或增加了溶解,同样存在化学稳定性问题,这主要取决于主药的性质。溶解在液体中的那部分主药可因化学反应而降解,可采用物理和化学的手段防止溶液中的主药起化学反应,如增大黏度、减小主药溶解度、加入化学稳定剂、利用同离子效应等提高其化学稳定性。

三、混悬剂的物理稳定性

1. 混悬微粒的沉降速度

混悬剂中药物微粒与液体介质间存在密度差,如药物的密度大于分散介质密度,在重力作用下,静置时会发生沉降,相反则上浮。其沉降速度可用 Stoke's 定律描述

$$v = \frac{2r^2(\rho_1 - \rho_2)}{9\eta}g = \frac{D^2(\rho_1 - \rho_2)}{18\eta}g \tag{2-1}$$

式中,v 为沉降速度(cm/s);r 为微粒半径(cm);ρ_1 和 ρ_2 分别为微粒和分散介质的密度(g/mL);g 为重力加速度(980 cm/s^2);η 为分散介质的黏度(Pa·s)。

由 Stoke's 沉降速度定律可知,微粒沉降速度 v 与 r^2、$(\rho_1 - \rho_2)$ 成正比,与 η 成反比。混悬剂中 v 愈大,动力稳定性愈小。

为了增加混悬剂的动力稳定性,在药剂学中可以采取的措施有:

①减少粒径,采用适当方法将药物粉碎的愈细愈好,在一定条件下,r 值减小至 1/2,v 值可降至 1/4,但 r 值不能太小,否则会增加其热力学不稳定性;

②加入高分子助悬剂,增加分散介质黏度;

③调节介质密度以降低 $(\rho_1 - \rho_2)$。

按 Stoke's 定律使用要求,混悬剂中的微粒浓度应在 2 g/100 mL 以下,实际上大多数混悬剂含药物微粒浓度都在 2 g/100 mL 以上,加之微粒荷电,在沉降过程中微粒间产生相互作用,阻碍了微粒的沉降,因此,使用 Stoke's 定律计算的沉降速度,要比实际沉降速度大得多。

2. 混悬微粒的荷电与水化

与溶胶微粒相似,混悬微粒可因某些基团的解离或吸附分散介质中的离子而荷电,具有双电层结构,产生 ζ 电位。又因微粒表面带相同电荷的排斥和水分子在微粒周围定向排列成水

化膜的作用,均能阻碍微粒产生聚集,增加混悬剂的稳定性。

当向混悬剂中加入适当的电解质,则可改变双电层结构和厚度,使ζ电位降低,使混悬剂中的微粒形成疏松的絮状聚集体时,此时的电位称为临界ζ电位,制备时可通过调节ζ电位的方法,制备符合质量要求的混悬剂。

3. 混悬微粒的湿润

固体药物的亲水性强弱,能否被水润湿,与混悬剂制备的难易、质量高低及质量大小关系很大。若为亲水性药物,制备时则易被水润湿、易于分散,并且制成的混悬剂较稳定。若为疏水性药物,不能为水润湿、较难分散,可加入润湿剂以改善疏水性药物的润湿性,从而使混悬剂易于分散,易于制备并增加其稳定性。

4. 絮凝与反絮凝

固体药物分散为细小的混悬微粒,由于分散度增大而具有很大的表面积,因而具有很高的表面自由能,这种状态的微粒具有降低表面自由能的趋势,微粒会趋向于聚集。但由于微粒荷电,电荷的排斥力阻碍了微粒产生聚集。因此只有加入适当的电解质,使ζ电位降低,以减小微粒间的电荷的排斥力。混悬微粒形成絮状聚集体的过程称为絮凝,加入的电解质称为絮凝剂。为了得到稳定的混悬剂,一般应控制ζ电位在$20\sim25$ mV 范围内,使其恰好能产生絮凝作用。阴离子絮凝剂比阳离子絮凝剂作用强。絮凝作用的强弱还与离子价数关系很大,离子价数增大 1,絮凝作用增加 10 倍。絮凝状态下的混悬剂沉降虽快,但沉降体积大,沉降物不结块,一经振摇又能迅速恢复均匀的混悬状态。见表 2-1。

表 2-1　混悬液中絮凝和反絮凝微粒性质对比

絮凝	反絮凝
微粒形成松散聚集体	混悬剂中的微粒作为独立实体
微粒沉降为微粒集合的絮凝物	各微粒分别沉降、粒系统工程径小
沉降形成快	沉降形成缓慢

向絮凝状态的混悬剂中加入电解质,使絮凝状态变为非絮凝状态这一过程称为反絮凝。加入的电解质称为反絮凝剂。反絮凝剂可增加混悬剂的流动性,使之易于倾倒,方便应用。同一电解质因用量不同可作为絮凝剂或反絮凝剂。

5. 结晶增长与转型

混悬剂存在溶质不断溶解与结晶的动态过程,小微粒溶解度和溶解速度比大微粒大,致使混悬剂在贮存过程中,小微粒逐渐溶解变得愈来愈小,而大微粒则不断结晶而增大,结果小微粒数目不断减少,大微粒不断增多,使混悬微粒沉降速度加快,微粒沉降到容器底部后紧密排列,底层的微粒受上层微粒的压力而逐渐被压紧,使沉降的微粒结饼成块,振摇时难以再分散,影响混悬剂的稳定性。此时必须加入抑制剂以阻止结晶的溶解与增大,保持混悬剂的稳定性。

具有同质多晶性质的药物,若制备时使用了亚稳定性药物,在制备和贮存过程中亚稳定型可转化为稳定型,可改变药物混悬剂的微粒沉降速度或结块,同时也可改变混悬剂的生物利用度。多晶型药物制备混悬剂时,由于外界因素影响,特别是温度的变化,可加速晶型之间的转化,如由溶解度大的亚稳定型转化成溶解度较小的稳定型,导致混悬剂中析出大颗粒沉淀,并可能降低疗效。因此,在制备混悬剂时,不仅要考虑微粒的粒径,还要考虑其大小一致性。

6. 分散相的浓度和温度

在相同的分散介质中,分散相浓度过高或过低,都可降低混悬剂的稳定性。温度变化不仅能改变药物的溶解度和化学稳定性,还可改变微粒的沉降速度、絮凝速度、沉降溶剂,从而改变混悬剂的稳定性。冷冻能改变混悬剂的网状结构,降低其稳定性。

四、混悬剂的稳定剂

为了增加混悬剂的稳定性,可加入适当的稳定剂。常用的稳定剂有:润湿剂、助悬剂、絮凝剂和反絮凝剂等。

(一)润湿剂

润湿剂是指能增加疏水性药物微粒与分散介质间的润湿性,以产生较好的分散效果的附加剂。

1. 表面活性剂类

常作为润湿剂的是 HLB 值在 7～11 之间的表面活性剂,常用的润湿剂有聚山梨酯类、聚氧乙烯脂肪醇醚类、聚氧乙烯蓖麻油类、磷脂类、泊洛沙姆等。用量为 0.05%～0.5%,此类润湿剂的缺点是振摇后产生较多的泡沫。

2. 溶剂类

常用的有乙醇、甘油等能与水混溶的溶剂,能渗入疏松粉末聚集体中,置换微粒表面和空隙中的空气,使微粒润湿,但润湿作用不如表面活性剂类。

(二)助悬剂

助悬剂是指能增加分散介质的黏度以降低微粒的沉降速度,能被吸附在微粒表面,增加微粒亲水性,还能在药物微粒表面形成机械性或电性的保护膜,防止微粒聚集和结晶转型,使混悬剂稳定。助悬剂的种类有:

1. 低分子助悬剂

常用的有甘油、糖浆及山梨醇等。甘油多用于外用制剂,亲水性药物的混悬剂可少加,对疏水性药物应酌情多加。糖浆、山梨醇主要用于内服制剂,兼有矫味作用。

2. 高分子助悬剂

(1)天然高分子助悬剂。

①西黄蓍胶。用量为 0.5%～1%,稳定的 pH 为 4～7.5。本品水溶液为假塑性流体,黏度大,是一种既可内服,也可外用的助悬剂。

②阿拉伯胶。常用量为 5%～15%,稳定的 pH 为 3～9。因其黏度低,常与西黄蓍胶合用,本品只能作内服混悬剂的助悬剂。

③海藻酸钠。用量为 0.5%,黏度最大时的 pH 为 5～9。本品加热不能超过 60℃,否则黏度下降,也不能与重金属配伍。

其他助悬剂有植物多糖类如白芨胶、果胶、桃胶、琼脂、角叉菜胶、脱乙酰甲壳素等,主要用于内服混悬剂。

(2)半合成或合成高分子助悬剂。常用的有纤维素类,如甲基纤维素(MC)用量为 0.1%～1%,稳定的 pH 为 3～11,可与多种离子型化合物配伍。但与鞣质和盐酸有配伍变化。另外,本品水溶液加热温度高于 50℃时析出沉淀,冷却后又恢复成澄明溶液。此外还有羧甲基纤维素钠(CMC-Na)。

其他助悬剂如卡波普、聚维酮(PVP)、聚乙烯醇(PVA)、葡聚糖、丙烯酸钠等。

(3)触变胶。某些胶体溶液在一定温度下静置时,逐渐变为凝胶,当搅拌振摇时,又复变为溶胶,胶体溶液的这种可逆的变化性质称为触变性,具触变性的胶体称为触变胶。利用触变胶做助悬剂,使静置时形成凝胶,防止微粒沉降。塑性流动和假塑性流动的高分子水溶液具有触变性,如硅皂土等可供选用。

药物水溶液中加入高分子化合物,如明胶、纤维素类衍生物、右旋糖酐、聚乙烯吡咯烷酮(PVP)等作为混悬剂制成水混悬液。这类制剂的优点是注射时不像油溶液或油混悬液有疼痛感觉,同时注入局部后,水迅速被吸收,沉积于组织中的药物逐渐被吸收(这类制剂实际上是增加黏稠度,减少扩散系数)。

(三)絮凝剂和反絮凝剂

常用的絮凝剂和反絮凝剂有枸橼酸盐、枸橼酸氢盐、酒石酸盐、酒石酸氢盐、磷酸盐及氯化物(AlCl₃)等。

五、评定混悬剂质量的方法

(一)微粒大小测定

混悬剂中微粒大小与混悬剂的质量、稳定性、药效和生物利用度有关。因此,测定混悬剂中微粒大小及其分布,是评定混悬剂质量的重要指标。隔一定时间测定粒子大小以分析粒径及粒度分布的变化,可大概预测混悬剂的稳定性。常用于测定混悬剂粒子大小的方法有显微镜法、库尔特计数法等。

用光学显微镜观测混悬剂中微粒大小及其分布,另外用显微照相法得到的微粒照片,可更确切的对比出混悬剂贮藏过程中微粒的变化。库尔特计数法可测定混悬剂的大小及分布,测定粒径范围大,方便快速。

(二)沉降体积比测定

沉降体积比是指沉降物的体积与沉降前混悬剂的体积之比,可用于评价混悬剂的稳定性。《中华人民共和国兽药典》2005 年版规定内服混悬剂沉降体积比应不低于 0.90,按下述方法测定:除另有规定外,用具塞量筒量盛供试品 50 mL,密塞,用力振摇 1 min,记下混悬物的开始高度 H_0,静置 3 h,记下混悬物的最终高度 H,沉降体积比 F 表示为:

$$F = \frac{H}{H_0} \times 100\%$$

(2-2)

F 值在 0～1 之间,F 值愈大,表示沉降物的高度愈接近混悬剂高度,混悬剂愈稳定。

将一组混悬剂置相同直径的量器中,定时测定沉降物的高度 H,以 H/H_0 对测定时间作图,得沉降曲线,曲线的斜率愈大,其沉降速度愈快;曲线的斜率接近于零,其沉降速度最小,混悬剂稳定。该方法可用于筛选混悬剂的处方或评价混悬剂中稳定剂的效果。

(三)絮凝度测定

絮凝度是评价混悬剂絮凝程度的重要参数,可用于评定絮凝剂的效果、预测混悬剂的稳定

性。其定义为絮凝混悬剂的沉降容积比（F）与去絮凝混悬剂沉降容积比（F_∞）的比值,表示为:

$$\beta = \frac{F}{F_\infty} = \frac{H/H_0}{H_\infty/H_0} = \frac{H}{H_\infty} \qquad (2\text{-}3)$$

式中,F 为絮凝混悬剂的沉降体积比;F_∞ 为去絮凝混悬剂沉降体积比。β 表示由絮凝引起的沉降物体积增加的倍数,β 值愈大,说明混悬剂絮凝效果好,混悬剂愈稳定。

(四)重新分散实验

优良的混悬剂经贮存后再振摇,沉降物应能很快重新分散,这样才能保证服用时的均匀性和分剂量的准确性。试验方法:将混悬剂置于带塞的试管或量筒内,静置沉降,然后用人工或机械的方法振摇,使沉降物重新分散。再分散性好的混悬剂,所需振摇的次数少或振摇时间短。

(五)ζ 电位测定和流变学测定

ζ 电位的高低可表明混悬剂的存在状态。一般 ζ 电位在 25 mV 以下,混悬剂呈絮凝状态;ζ 电位为 50～60 mV 时,混悬剂呈反絮凝状态。常用电泳法测定混悬剂的 ζ 电位,ζ 电位与微粒电泳速度的关系如下:

$$\zeta = 4\pi \frac{\eta V}{eE} \qquad (2\text{-}4)$$

式中,e 为介电常数;E 为外加电场强度(V/cm);η 为混悬剂的黏度(Pa·s);V 为微粒电泳速度(cm/s)。只要测出微粒的电泳速度,就能方便地计算出 ζ 电位。常用的测定仪器有显微电泳仪或 ζ 电位测定仪。

流变学测定,采用旋转黏度剂测定混悬液的流动曲线,根据流动曲线的形态确定混悬液的流动类型,用以评价混悬液的流变学性质。如测定结果为触变流动、塑性触变流动和假塑性触变流动,就能有效地减慢混悬剂微粒的沉降速度。

(六)干燥失重

除另有规定外,干混悬剂按照干燥失重测定法检查,减失重量不得过 2.0%。

工作步骤 1 分散法

分散法是将固体药物粉碎成符合混悬剂要求的微粒,分散于分散介质中制成混悬剂的一种方法。分散法制备混悬剂时,可根据药物的亲水性、硬度等选用不同方法。

(1)对于亲水性药物,如氧化锌、炉甘石、碱式硝酸铋、碱式碳酸铋、碳酸钙、碳酸镁、磺胺类等,一般先将药物粉碎至一定细度,再加处方中的液体适量研磨至适宜的分散度,最后加入处方中的剩余液体至全量。药物粉碎时加入适当量的液体进行研磨,这种方法称为加液研磨。加液研磨时,液体渗入微粒的裂缝中降低其硬度,使药物粉碎得更细,微粒可达到 0.1～0.5 μm,而干磨所得的微粒只能达 5～50 μm,加液量通常 1 份药物加 0.4～0.6 份液体,就能产生最大的分散效果。

加液研磨可使用处方中的液体,如蒸馏水、糖浆、甘油、液体石蜡等。

(2)对于一些质硬或贵重药物可采用"水飞法",即将药物加适量的水研磨至细粒,再加入大量水搅拌,静置,倾出上层液体,残留的粗粒再加水研磨,如此反复,直至符合混悬剂的分散度为止。将上清液静置,收集其沉淀物,混悬于分散介质中即得。"水飞法"可使药物粉碎到极细的程度。

(3)疏水性药物,如硫黄等制备混悬剂时,药物与水的接触角>90°,加之药物表面吸附有空气,当药物细粉遇水后,不能被水润湿,很难制成混悬剂,可加入润湿剂与药物共研,改善疏水性药物的润湿性,同时加入适宜助悬剂,可制得稳定的混悬剂。

(4)分散法小量制备可用乳钵,大量生产时用乳匀机、胶体磨等机械。

工作步骤2　凝聚法

凝聚法是借助物理或化学方法将分子或离子状态的药物在分散介质中凝集制成混悬剂的一种方法。

(1)物理凝聚法。主要指微粒结晶法。选择适当的溶剂,将药物制成热饱和溶液,在急速搅拌下加入另一种不同性质的冷溶剂中,使药物快速结晶,可得到 10 μm 以下的微粒,占 80%～90%的沉淀物,再将微粒分散于适宜介质中制成混悬剂。

本方法制得的微粒大小是否符合要求,关键在于药物结晶时如何选择一个适宜的过饱和度。该过饱和度受药物量、溶剂量、温度、搅拌速度、加入速度等多种因素的影响,应通过实验才能得到适当粒度、重现性好的结晶条件。

(2)化学凝聚法。该方法是利用两种或两种以上的化合物进行化学反应而生成难溶性药物微粒,混悬于分散介质中制成混悬剂。为了得到较细的微粒,其化学反应应在稀溶液中进行,同时应急速搅拌。如氢氧化铝凝胶、磺胺嘧啶混悬剂等用此法制备。

混悬剂制备举例

磺胺嘧啶混悬剂的制备

处方:磺胺嘧啶　　　100.0 g　　氢氧化钠　　　　　　　16.0 g
　　　枸橼酸钠　　　　50.0 g　　枸橼酸　　　　　　　　29.0 g
　　　单糖浆　　　　　400.0 mL　4%尼泊金乙酯乙醇液　 10.0 mL
　　　蒸馏水　　　　　适量　　　共制成　　　　　　　1 000.0 mL

制法:将磺胺嘧啶混悬于 200 mL 蒸馏水中,将氢氧化钠加适量蒸馏水溶解后缓缓加入磺胺嘧啶混悬液中,边加边搅拌,使磺胺嘧啶成钠盐溶解,另将枸橼酸钠与枸橼酸加适量蒸馏水溶解,过滤,滤液慢慢加入上述钠盐溶液中,不断搅拌,析出细微磺胺嘧啶。最后加入单糖浆和尼泊金乙酯乙醇液,并加蒸馏水至 1 000 mL,摇匀即得。

注解:本品是用物理凝聚法制成的混悬剂,粒子大小均在 30 μm 以下,若直接将磺胺嘧啶分散制成混悬剂,其粒子在 30～100 μm 的占 95%,大于 100 μm 的占 10%。

有些企业在生产工艺过程中采用絮凝—反絮凝动态平衡体系,提高了药物的稳定性,对药品使用效果发挥决定性的作用,有效克服了传统的混悬剂一般是静态平衡的工艺,因贮存环境和配合药物变化时的效价下降等问题。

巩固训练

1. 设计以水为分散介质的恩诺沙星混悬剂的处方、工艺并进行说明。
2. 设计以非水的分散介质的头孢噻呋的处方、工艺并进行说明。

知识拓展

表面活性剂。

一、表面活性剂的概述

(一)表面活性剂的概念

表面活性剂是指含有固定的亲水、亲油基团,具有很强的表面活性,能使液体表面张力显著降低的物质。表面活性剂应有增溶、乳化、润湿、去污、杀菌、消泡和起泡等应用性质。

(二)表面现象

1. 界面、表面和界面现象

界面是指两相之间的交界面。相是指体系中物理与化学性质均匀的部分。相与相之间有明确界面,物质有固、液、气三相,所以能够形成固—液、固—气、液—液、液—气等界面。通常将有气相组成的气—固、气—液等界面称为表面。

界面现象(表面现象)是指在物质相与相之间的界面(表面)上所产生的物理化学现象。

2. 表面张力和界面张力

表面张力是指一种使表面分子具有向内运动的趋势,并使表面自动收缩至最小面积的力。这就是在外力影响不大或没有时,液体趋于球形的原因。表面张力的产生,从简单分子引力观点来看,是由于液体内部分子与液体表面层分子(厚度约 10^{-7} cm)的处境不同。液体内部分子所受到的周围相邻分子的作用力是对称的,互相抵消,而液体表面层分子所受到的周围相邻分子的作用力是不对称的,其受到垂直于表面向内的吸引力更大,这个力即为表面张力。如图 2-1 所示,三边金属丝框(ABCD)上套有一根活动的金属(BC),加 1 滴肥皂液在框 ABCD 面上并形成皂膜;在活动的 BC 边(长度为 L)上,加一拉力 f(砝码),皂膜表面拉长 ΔS 距离;去掉砝码后皂膜收缩

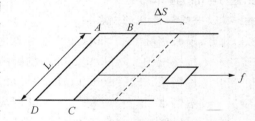

图 2-1　表面张力演示装置

回到原位,这说明皂膜存在一个可使表面缩小的张力。外加拉力 f 增大至刚好使皂膜破裂时的力(f_b),即单位长度上对抗增大表面所需要的力,则是该液体的表面张力(σ)。由于皂膜有上下两个表面故其总长度为 $2L$,表面张力即可表示为:

$$\sigma = f_b / 2L \tag{2-5}$$

液体的表面张力是在空气中测得的,而界面张力则是两种不相混溶的液体(如水和油)之间的张力。两种互溶的液体之间没有界面张力,液体之间相互作用的倾向越大,则界面张力越小。

3. 表面自由能

增大液体的表面积实际上是将液体内部分子拉到表面的过程。因为表面分子有向内运动的趋势，因此必须克服分子间的引力，将分子拉开，才能使内部分子转移到表面而增大表面积，这个过程中外界所消耗的功则转化为表面层分子的位能，这种能量即称为表面能或表面自由能。

表面积越大，表面能也越大，表面自由能也越大，分散体系则越不稳定。可通过降低表面张力、减少表面积或两者同时减少的方法，达到减少表面能，提高分散体系稳定性的目的。固体表面同样有表面能，当其被分散为粒子时，表面能随总表面积增大而增大，其物理化学性质会发生显著的变化。

4. 液体的铺展

一滴液体能在另一种不相溶的液体表面上自动形成一层薄膜的现象称为铺展。如一滴油落在水面上究竟是形成球状还是薄膜状属于铺展问题。

通常表面张力小的液体可以在表面张力大的液体表面上铺展，反之则不能铺展。可以通过加入表面活性剂等方法降低两种液体之间的界面张力，以改善液体的铺展性能。液体的铺展系数与液体分子结构以及分子相互作用力有关。结构相似，分子间作用力相似，则有较好的铺展。

5. 固体的润湿

润湿是指液体在固体表面上的黏附现象。润湿过程和界面张力有关。一滴液体落在固体表面上，达到平衡时，可能出现以下几种现象，如图 2-2 所示。以 O 表示固、液、气三相的会合点，从 O 点出发沿着 3 个不同界面（表面）的切线方向存在着 3 个互相平衡的界面（表面）张力。

θ 为接触角，是指 O 点液面的切线与固液界面之间的夹角。通过接触角的大小可以预测固体的润湿程度。

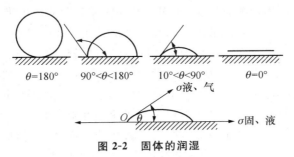

图 2-2　固体的润湿

如 $\theta=180°$，液体在固体表面上呈完整的球体，称为完全不润湿。

如 $90°<\theta<180°$，接触角为钝角，液滴在固体表面上呈滚珠状，不能润湿。

如 $0°<\theta<90°$，接触角为锐角，液滴在固体表面上呈凸透镜状，能润湿。

如 $\theta=0°$，液滴在固体表面上铺展成薄膜，称为完全润湿（理想润湿）。

一般亲水性药物的 $\theta<90°$，故容易被水润湿，疏水性药物的 $\theta>90°$，且疏水性越强，θ 角越大，其不能被水润湿。加入表面活性剂可降低固液的界面张力，改善疏水性药物的润湿性。

对于固体，液体表面张力愈低，则接触角愈小；对于液体，固体极性愈大，接触角愈小；液体在粗糙表面的接触角大于光滑面的接触角。表面活性剂由于能降低液体的表面张力而减少其接触面。

润湿在制剂中有着较广泛的应用。如片剂的崩解剂与水要有良好的润湿性,以利于体液渗入片内,使其口服后能迅速崩解;安瓿内壁涂上一层不润湿性的高聚物,以利于注射液的完全抽出;丸剂的黏合剂应能润湿药物,以利于适宜团块的制备。

(三)表面活性剂的结构特征

表面活性剂的化学结构特征鲜明,其分子中一般具有非极性烃链(亲油基团)和一个以上的极性基团(亲水基团),烃链长度一般不少于 8 个碳原子,极性基团可以是亲水性很强的羧酸、磺酸、硫酸酯和它们的可溶性盐及氨基或胺及其盐酸盐、磷酸基与磷酸酯基,也可以是亲水性较强的羟基、酰胺基、巯基,还有亲水性较弱的醚键、羧酸酯基。如肥皂是脂肪酸类(R—COO—)表面活性剂,其结构中亲水基团是羧基(COO—),亲油基团是脂肪酸碳链(R—)。在同系列表面活性剂中,烃链的长度往往与降低表面张力的效率成正比。

(四)表面活性剂分子在溶液中的正吸附

表面活性剂溶于水时,由于其两亲性,即同时具有亲水性和亲油性,而在水—气界面产生定向排列,亲水基团向水而亲油基团朝向空气。在浓度较低时,表面活性剂基本集中在表面形成单分子层,其在表面层的浓度大大高于溶液内的浓度,并使溶液的表面张力降低至水的表面张力以下。这种表面活性剂在溶液表面层聚集的现象称为正吸附。正吸附使溶液的表面性质发生了改变,最外层表现出非极性烃链性质,呈现出较低的表面张力,相应地体现出较好的润湿性、乳化性和起泡性等。如果表面活性剂浓度愈低,而降低表面张力愈显著,则表面活性愈强,越容易形成正吸附。

(五)表面活性剂在固体表面的吸附

表面活性剂溶液与固体接触时,其分子很容易在固体表面的产生吸附,从而改变固体表面的状态和性质。极性固体物质对低浓度下的离子表面活性剂产生单分子层吸附,表面活性剂分子的疏水链朝向空气。当表面活性剂溶液浓度达到临界胶束浓度时,吸附至饱和,此时为双层吸附,表面活性剂分子排列与第一层方向相反,亲水基团朝向空气。吸附量可随溶液温度的升高而减少。非极性固体物质一般只产生单分子层吸附,表面活性剂分子的亲水基团朝向空气。吸附量在表面活性剂浓度增加时并不相应增加甚至可能减少。

非离子表面活性剂与离子表面活性剂在固体表面的吸附相似,但非离子表面活性剂的吸附量随温度升高而增加,并能从单分子层吸附转变为多分子层吸附。

二、表面活性剂的分类

根据分子是否解离,表面活性剂可分为离子型和非离子型两类。离子型表面活性剂又分为阴离子型、阳离子型和两性离子型。现将常用的表面活性剂介绍如下。

(一)离子型表面活性剂

1. 阴离子型表面活性剂

阴离子型表面活性剂在水中解离后,生成由疏水烃链和亲水阴离子组成的表面活性部分以及带有相反电荷的阳离子。

（1）羧酸盐型（俗称肥皂类）。即高级脂肪酸的盐，其通式为（RCOO—）$_n$ M^{n+}，例如硬脂酸钠、油酸钠、油酸钾、单硬脂酸铝、硬脂酸钙、三乙醇胺皂等。本类表面活性剂具有良好的乳化能力，但易被酸破坏；碱金属皂还可被钙、镁盐等破坏，电解质可使之盐析。在医疗应用上具有很强的分散油的能力，但具有一定的刺激性，一般用于皮肤用制剂。

（2）硫酸化物。通式为 $R \cdot O \cdot SO_3^- M^+$，是硫酸化油和高级脂肪醇硫酸酯类，主要有硫酸化蓖麻油（土耳其红油）、十二烷基硫酸钠（SDS）、十六烷基硫酸钠（鲸蜡醇硫酸钠）、十八烷基硫酸钠（硬脂醇硫酸钠）等。本类具有较强的乳化能力，较耐酸和钙、镁盐，比肥皂类稳定，但可与某些高分子阳离子药物产生作用而致沉淀。因对黏膜有刺激性，故主要作为外用软膏的乳化剂，有时作为片剂等固体制剂的润湿剂或增溶剂。

（3）磺酸盐。即硫酸与脂肪醇或不饱和脂肪油反应的另一种产物，通式为 $R \cdot SO_3^- M^+$，常见的有：二异辛基琥珀酸磺酸钠（商品名为阿洛索，Aerosol-OT）、二己基琥珀酸磺酸钠、十二烷基苯磺酸钠，胆酸盐（如甘胆酸钠、牛磺胆酸钠）亦属此类。本类在酸性介质中不水解，遇热时也较稳定，耐硬水能力较强。主要用作洗涤剂。

2.阳离子型表面活性剂

阳离子表面活性剂又称阳性皂，起表面活性作用的阳离子部分与疏水基相连。医药中常用的是季铵盐型阳离子表面活性剂，分子结构的主要部分是一个五价的氮原子。本类水溶性好，除有良好的表面活性作用外，还具有强大的杀菌能力，且在酸性和碱性溶液中均较稳定。故主要用于皮肤、黏膜、手术器械的消毒，某些品种还可作为抑菌剂用于眼用溶液，如苯扎氯铵（洁尔灭）、苯扎溴铵（新洁尔灭）、氯化苯甲烃铵等。

3.两性离子型表面活性剂

两性离子型表面活性剂的分子结构中同时具有阳离子和阴离子基团，因介质 pH 的不同而呈现不同的表面活性剂性质。其在碱性水溶液中呈现阴离子表面活性剂的性质，起泡性好，去污力强；在酸性水溶液中呈现阳离子表面活性剂的性质，杀菌作用强。

天然的两性离子型表面活性剂，如蛋黄中的卵磷脂和大豆中的豆磷脂，两者都有强的乳化作用，都是理想的静脉注射用乳化剂。卵磷脂外观呈透明或半透明黄色或黄褐色油脂状，对热非常敏感，在酸性、碱性和酯酶作用下易水解，不溶于水，溶于氯仿、乙醚、石油醚等有机溶剂，是注射用乳剂和脂质微粒制备中的主要辅料。值得注意的是，卵磷脂的组成非常复杂，其来源和制备过程的不同可能会对其使用性能产生较大的影响。

氨基酸型和甜菜碱型两性离子型表面活性剂为合成化合物，其阴离子部分主要是羧酸盐，阳离子部分为胺盐（氨基酸型）或季铵盐（甜菜碱型）。十二烷基双（氨乙基）-甘氨酸盐（Tego MHG）为氨基酸型两性离子表面活性剂，杀菌作用强且毒性比阳离子表面活性剂小，其 1% 水溶液的喷雾消毒能力比相同浓度的苯扎溴铵、洗必泰和 70% 的乙醇要强。

（二）非离子表面活性剂

（1）蔗糖脂肪酸酯。简称蔗糖酯，属多元醇型非离子表面活性剂，是蔗糖与脂肪酸反应生成的一类化合物，包括单酯、二酯、三酯、多酯。其外观为白色至黄色的蜡状、膏状、油状或粉末，不溶于水，但在水和甘油中加热可形成凝胶，可溶于丙二醇、乙醇等有机溶剂，但不溶于油，室温稳定但高温时分解及产生蔗糖焦化，易水解成游离脂肪酸和蔗糖，HLB 值为 5～13，常作水包油型乳化剂和分散剂。

（2）脂肪酸甘油酯。主要是脂肪酸单甘油酯和脂肪酸二甘油酯。其外观为褐色、黄色、白色的油状、脂状、蜡状，不溶于水，易水解成甘油和脂肪酸，表面活性不强，HLB 值为 3～4，常作油包水型辅助乳化剂。

（3）脂肪酸山梨坦。脂肪酸山梨坦（司盘）（Span）是脱水山梨醇脂肪酸酯，由脱水山梨醇及其二酐与脂肪酸反应而成的酯类化合物的混合物。包括月桂山梨坦（司盘 20）、棕榈山梨坦（司盘 40）、硬脂山梨坦（司盘 60）、三硬脂山梨坦（司盘 65）、油酸山梨坦（司盘 80）、三油酸山梨坦（司盘 85）等。其外观为白色至黄色的黏稠油状液体或蜡状固体，不溶于水，溶于乙醇，在酸、碱、酶作用下易水解，HLB 值为 1.8～3.8，多用于搽剂和软膏中，常作油包水型乳化剂，但司盘 20 和司盘 40 与吐温配伍常作混合乳化剂，司盘 60 和司盘 65 适合在油包水型乳化剂中与吐温配合使用。

（4）聚山梨酯。聚山梨酯（吐温）（Tween）是聚氧乙烯脱水山梨醇脂肪酸酯，由脱水山梨醇脂肪酸酯与环氧乙烷反应而得的亲水性醚类化合物。包括聚山梨酯 20（吐温 20）、聚山梨酯 40（吐温 40）、聚山梨酯 60（吐温 60）、聚山梨酯 65（吐温 65）、聚山梨酯 80（吐温 80）、聚山梨酯 85（吐温 85）等。其外观为黏稠的黄色液体，对热稳定但在酸、碱、酶作用下易水解，易溶于水、乙醇及多种有机溶剂中，油中不溶，常作增溶剂、水包油型乳化剂，溶液的 pH 不会影响其增溶作用。

（5）聚氧乙烯-聚氧丙烯共聚物。通式为 $HO(C_2H_4O)_a \cdot (C_3H_6O)_b \cdot (C_2H_4O)_c \cdot H$，是聚氧乙烯与聚氧丙烯聚合而成，又称泊洛沙姆（poloxamer），商品名为普流罗尼克（Pluronic）。本类无过敏性，对皮肤、黏膜几乎无刺激，毒性小，有优良的乳化、润湿、分散、起泡、消泡性能，但增溶能力弱，可用作静脉乳剂的水包油型乳化剂。用本品制备的乳剂能够耐受热压灭菌和低温冰冻。

（6）聚氧乙烯脂肪醇醚。通式为 $R \cdot O(CH_2^+OCH_2)_nH$，是聚乙二醇和脂肪酸缩合生成的醚类，商品苄泽（Brij）是其中的一类。常作水包油型乳化剂和增溶剂。

（7）聚氧乙烯脂肪酸酯。通式为 $R \cdot COO \cdot CH_2(CH_2OCH_2)_nCH_2 \cdot OH$，是聚乙二醇和长链脂肪酸缩合生成的酯，商品卖泽（Myrij）是其中的一类。本类水溶性和乳化能力强，常作水包油型乳化剂和增溶剂。

三、表面活性剂的特性

（一）胶束的形成

1. 临界胶束浓度

表面活性剂溶于水，先在溶液表面层聚集，形成正吸附达到饱和后，溶液表面不能再吸附，表面活性剂分子即转入溶液内部。因其具备两亲性，致使表面活性剂分子亲油基团之间相互吸引、缔合形成胶束（micelles），即亲油基团朝内、亲水基团朝外、大小不超过胶体粒子范围（1～100 nm）、并在水中稳定分散的聚合体。表面活性剂分子缔合形成胶束的最低浓度称为临界胶束浓度（critical micelle concentration，CMC）。在一定温度和浓度范围内，表面活性剂胶束有一定的分子缔合数，不同表面活性剂胶束的分子缔合数不同。非离子表面活性剂胶束的分子缔合数大于离子表面活性剂胶束的分子缔合数。

达到临界胶束浓度时,分散系统由真溶液变成胶体溶液,同时会发生表面张力降低、增溶作用增强、起泡性能和去污力加大、渗透压、导电度、密度和黏度等突变。形成胶束的临界浓度通常在0.02%～0.5%。单位体积内胶束数量几乎与表面活性剂的总浓度成正比。

2. 胶束的结构

表面活性剂在不同条件下,可能形成不同形状的胶束。当表面活性剂在一定浓度范围时,胶束呈球状结构,其表面为亲水基团,亲油基团与亲水基团相邻的一些次甲基排列整齐形成栅状层,而亲油基团则紊乱缠绕形成内核,有非极性液态性质。水分子通过与亲水基团的相互作用可深入栅状层内。如图2-3所示,随着表面活性剂浓度的增大,胶束结构历经从球状到棒状,再到六角束状,直至板状或层状的变化。与此同时,由液态转变为液晶态,亲油基团也由分布紊乱转变为排列规整。

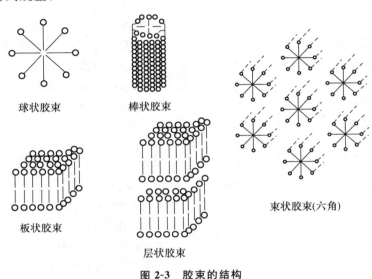

球状胶束　棒状胶束

板状胶束　层状胶束　束状胶束(六角)

图2-3　胶束的结构

油溶性表面活性剂在非极性溶剂中亦可形成相似的反向胶束。

(二)亲水亲油平衡值

1. HLB值的概念

亲水亲油平衡值(hydrophile-lipophile balance value,HLB)是用来表示表面活性剂亲水或亲油能力的大小,又称HLB值。1949年Griffin首先提出这一概念。现在一般把表面活性剂的HLB值限定在0～40。HLB值越高表面活性剂亲油性越低;HLB值越低表面活性剂亲油性越大。表面活性剂的亲水与亲油能力应适当平衡,如亲水或亲油能力过大则易溶于水或油,而在溶液界面的正吸附减少难以降低表面张力。HLB值与表面活性剂的应用关系密切,常用表面活性剂的HLB值见表2-2。

表面活性剂的HLB值与其应用密切相关,HLB值在3～6的表面活性剂适合作油包水型乳化剂,HLB值在8～18的表面活性剂适合作水包油型乳化剂,HLB值在13～18的表面活性剂适合作增溶剂,HLB值在7～9的表面活性剂适合作润湿剂。

表 2-2　常用表面活性剂的 HLB 值

品种	HLB 值	品种	HLB 值
司盘 20	8.6	吐温 20	16.7
司盘 40	6.7	吐温 40	15.6
司盘 60	4.7	吐温 60	14.9
司盘 65	2.1	吐温 65	10.5
司盘 80	4.3	吐温 80	15.0
司盘 85	1.8	吐温 85	11.0
阿拉伯胶	8.0	卖泽 45	11.1
西黄蓍胶	13.0	卖泽 49	15.0
明胶	9.8	卖泽 51	16.0
单硬脂酸丙二酯	3.4	卖泽 52	16.9
单硬脂酸甘油酯	3.8	聚氧乙烯 400 单月桂酸酯	13.1
二硬脂酸乙二酯	1.5	聚氧乙烯 400 单硬脂酸酯	11.6
单油酸二甘酯	6.1	聚氧乙烯 400 单油酸酯	11.4
十二烷基硫酸钠	40.0	苄泽 35	16.9
油酸钾	20.0	苄泽 30	9.5
油酸钠	18.0	苄泽 52	16.9
油酸三乙醇胺	12.0	西土马哥	16.4
卵磷脂	3.0	聚氧乙烯氢化蓖麻油	12~18
蔗糖酯	5~13	聚氧乙烯烷基酚	12.8
泊洛沙姆 188	16.0	聚氧乙烯壬烷基酚醚	15.0
阿特拉斯 G-263	25~30	聚氧乙烯月桂醇醚	16.0
乳化剂 OP	15.0	乳百灵 A	13.0

对于非离子型表面活性剂的 HLB 值，可通过经验公式求出。

$$HLB = 7 + 11.7 \lg(M_w/M_O) \tag{2-6}$$

式中，M_w 和 M_O 分别表示表面活性剂分子中亲水和亲油基团的分子质量。

利用非离子型表面活性剂的 HLB 值具有的加和性，可计算两种或两种以上表面活性剂混合后的 HLB 值。

$$HLB_{AB} = \frac{HLB_A \times W_A + HLB_B \times W_B}{W_A + W_B} \tag{2-7}$$

式中，HLB_A 和 HLB_B 分别表示表面活性剂 A 和 B 的 HLB 值，HLB_{AB} 为表面活性剂混合后的 HLB 值，W_A 和 W_B 分别表示表面活性剂 A 和 B 的量（如重量、比例量等）。

2.HLB 值的理论计算法

如果将表面活性剂的 HLB 值当成是分子中各种结构的基团贡献的总和，那么就可以用数值来表示每个基团对 HLB 值的贡献，这些数值即被称为 HLB 基团数（group number）。

$$HLB = \sum (亲水基团\ HLB\ 数) - \sum (亲油基团\ HLB\ 数) + 7 \qquad (2\text{-}8)$$

把各个 HLB 值基团数代入式(2-8)，就可以求出表面活性剂的 HLB 值，其计算结果和一些实验测定法的结果有很好的一致性。表 2-3 为表面活性剂的一些常见基团和 HLB 基团数。

表 2-3 表面活性剂的常见基团和 HLB 基团数

亲水基团	基团数	亲水基团	基团数
$-(CH_2CH_2O)-$	0.33	苯环	1.662
$-OH$(失水山梨环醇)	0.5	$-CF_2-$	0.870
$-O-$	1.3	$-CF_3$	0.870
$-OH$(自由)	1.9	$-CH-$	0.476
$-COOH$	2.1	$-CH_2-$	0.475
$-N=$	9.4	$-CH_3$	0.475
$-COONa$	19.1	$-CH_2-CH_2-CH_2-O-$	0.15
$-COOK$	21.1	$-C_3H_6-O-$	0.15
$-SO_3Na$	37.4		

(三)表面活性剂的增溶作用

1. 胶束增溶

对于以水作为溶剂的药物，用做增溶剂的表面活性剂最适合 HLB 值为 15～18。在临界胶束浓度以上时，胶束数量和增溶量都随增溶剂用量的增加而增加。当表面活性剂用量为 1 g 时，增溶药物达到饱和的浓度为最大增溶浓度（maximum additive concentration，MAC）。此时若继续加入增溶质，则溶液将析出沉淀或转变为乳浊液。临界胶束浓度愈低，缔合数就愈多，最大增溶浓度则愈大。如 1 g 吐温 20 和吐温 80 能分别增溶 0.25 g 和 0.19 g 的丁香油，1 g 十二烷基硫酸钠能增溶 0.262 g 的黄体酮。

增溶的形式有：极性药物，如对羟基苯甲酸分子两端均含有极性基团，被完全被胶束外层的亲水基团所吸附而致增溶；半极性药物，如甲酚、脂肪酸、水杨酸等，其极性部分（如酚羟基、羧基等）进入胶束的栅状层和亲水基团中，非极性部分（如苯环等）进入胶束的非极性内核而致增溶；非极性药物，如甲苯和苯等，可全部进入胶束的非极性内核而致增溶，此类增溶量随表面活性剂用量的增加而增大。

2. 温度对增溶的影响

对于离子型表面活性剂，其溶解度随温度的升高而增大；当温度上升到某一值后，溶解度会出现急剧增加，此时的温度称为 Krafft 点。与该表面活性剂 Krafft 点相对应的溶解度即为其临界胶束浓度。

Krafft 点是离子表面活性剂的特征值，也是表面活性剂应用温度的下限，即只有在温度高于 Krafft 点时，表面活性剂才能更大程度地发挥作用。如十二烷基磺酸钠和十二烷基硫酸钠的 Krafft 点分别约为 70℃和 8℃，但是后者表面活性的表现在室温条件要强于前者。

3. 起昙和昙点

某些含聚氧乙烯基的非离子表面活性剂的溶解度开始随温度升高而加大，但当达到某一温度后,聚氧乙烯链与水之间的氢键断裂,聚氧乙烯链发生强烈脱水和收缩,其溶解度急剧下降,溶液变混浊,甚至产生分层,但温度降低后,溶液重新变得澄明,这种由澄明变混浊的现象称为起昙,这个转变温度称为昙点或浊点。

含聚氧乙烯基少的表面活性剂,由于其亲水性小,因此昙点低;反之则昙点高。有些含聚氧乙烯基的表面活性剂在常压下观察不到昙点,如泊洛沙姆108。盐类电解质和一些碱类物质的存在因竞争水分子而降低昙点。

若制剂中含有能起昙的表面活性剂,在制备过程中(加热或灭菌),当温度达到昙点时,表面活性剂会析出,其增溶和乳化能力下降,被增溶物析出或乳剂被破坏,部分制剂在温度下降后能恢复原状,而有些则难以恢复,因此应特别注意该类制剂的物理稳定性。

(四)表面活性剂的复配

表面活性剂相互之间或与其他化合物配合使用称复配。适宜的复配可使表面活性剂的增溶能力增大,用量减少,但有些物质复配时可能发生相互作用,使用时应注意。

1. 与中性无机盐配伍

反离子会影响离子型表面活性剂与可溶性中性无机盐的复配。反离子浓度和结合率增大,临界胶束浓度显著降低,故胶束数量、烃核总体积、烃类药物的增溶量均明显增加。但无机盐减弱胶束栅状层分子间的电斥力,使分子更紧密地排列,故极性药物的增溶空间、增溶量均减少。阴离子表面活性剂的溶解度,会因较多的 Ca^{2+}、Mg^{2+} 等多价反离子存在发生盐析现象而降低;也会因 $BaSO_4$ 等不溶性无机盐的吸附作用而致溶解度降低。阳离子表面活性剂可与带负电荷的滑石粉、皂土等固体反应形成不溶性复合物。非离子表面活性剂受无机盐的影响较小,但聚氧乙烯类表面活性剂会因高浓度($>0.1\ mol/L$)无机盐的影响而致昙点降低。

2. 有机添加剂

表面活性剂与脂肪醇复配形成混合胶束,烃核体积、非极性药物的增溶量增大,一般以12个碳原子以下的脂肪醇为佳,过长或过短均不利增溶。山梨醇、果糖等可降低非离子表面活性剂的临界胶束浓度,而使胶束易于形成且体积加大。尿素、乙二醇、N-甲基乙酰胺等极性有机物可升高表面活性剂的临界胶束浓度而影响胶束的形成。

3. 水溶性高分子

在含有明胶、聚乙烯醇、聚乙二醇、羧甲基纤维素等水溶性高分子的溶液中,一旦形成胶束,增溶效果即明显增强。

4. 与其他表面活性剂的配伍

阳离子表面活性剂与阴离子表面活性剂具有相反的电荷,配伍时,可发生反应而形成沉淀。

阴离子表面活性剂与大分子阳离子药物形成不溶性复合物,如带正电的生物碱、局部麻醉剂、许多拟交感神经药、拟胆碱药、安定剂及抗抑郁药等发生反应,而使效价或生物利用度降低。

阳离子表面活性剂与大分子阴离子药物形成不溶性复合物,如带负电的阿拉伯胶、海藻酸、羧甲基纤维素钠等与阳离子表面活性剂结合后因亲水性下降,形成复凝聚物而沉淀。

离子型表面活性剂与蛋白质之间能发生反应,蛋白质在酸性和碱性介质中,可发生解离而分别带有正电荷或负电荷,可与离子表面活性剂发生反应,使蛋白质变性而失活。

四、表面活性剂的生物学特性

(一)对药物吸收的影响

表面活性剂可促进或延缓药物的吸收,也可影响机体的胃排空速率、肠道蠕动状况以及生物膜的结构特性,还可影响药物的溶解度及溶解速度等,这些因素与药物的吸收有关,加上表面活性剂本身的结构特点,制剂中使用的浓度及与其他附加物质的相互作用,都会影响药物的吸收。

通常低浓度的表面活性剂,由于可增加固体药物在胃肠道体液中的润湿性,而加速药物的溶解和吸收。但当表面活性剂的浓度增加至临界胶束浓度以上时,药物被包括在胶束内不易释放,或因胶束太大,不能通过生物膜,则会降低药物的吸收。例如,聚山梨酯80可显著提高螺内酯(安体舒通)的口服吸收,低浓度(0.01%)的聚山梨酯80可明显促进司可巴比妥(速可眠)的吸收,而1%的聚山梨酯80却使吸收降低。

表面活性剂可增加上皮细胞的通透性,从而改善吸收,如十二烷基硫酸钠可改进四环素、磺胺脒等药物的吸收。聚山梨酯80与聚山梨酯85由于在胃肠道形成了高黏度团块,减慢了胃排空速率,从而增加了某些难溶性药物的吸收。

表面活性剂对药物吸收的影响较为复杂,有些问题只能通过动物试验来确定。

(二)与蛋白质的相互作用

离子表面活性剂与蛋白质之间可发生反应。蛋白质在碱性条件下羧基发生解离而带有负电荷,会与阳离子表面活性剂结合;在酸性条件下其分子结构中的氨基或胺基发生解离而带有正电荷,因此与阴离子表面活性剂结合。此外,表面活性剂还可能破坏蛋白质二维结构中的盐键、氢键和疏水键,从而使蛋白质螺旋结构受到破坏,最终使蛋白质变性而失去活性。

(三)毒性

一般而言,表面活性剂的毒性大小,阳离子型最大,其次是阴离子型,非离子表面活性剂毒性最小,而两性离子表面活性剂的毒性小于阳离子表面活性剂。离子型表面活性剂具有较强的溶血特性,故一般用于外用制剂;非离子型表面活性剂用于口服制剂,一般认为是无毒性的,作为杀菌剂的一些两性离子表面活性剂,其毒性和刺激性均比阳离子型小。

表面活性剂静脉给药的毒性大于口服,尤其应特别注意溶血现象,阴离子型表面活性剂和阳离子型表面活性剂具有较强的溶血作用,非离子型表面活性剂也有溶血作用,但较轻微。

常用表面活性剂溶血作用的大小次序为:聚氧乙烯烷基醚>聚氧乙烯烷芳基醚>聚氧乙烯脂肪酸酯>聚山梨酯;聚山梨酯的溶血作用顺序为:聚山梨酯20>聚山梨酯60>聚山梨酯40>聚山梨酯80。

(四)刺激性

虽然各类表面活性剂都可以用于外用制剂,但非离子型表面活性剂对皮肤和黏膜的刺激性最小。非离子型表面活性剂的刺激性大小除因品种不同而异外,还与浓度和聚氧乙烯的聚合度有关。一般其浓度越大,刺激性也越大;聚氧乙烯的聚合度越高,亲水性越强,刺激性越低。但应注意避免因长期应用或高浓度使用表面活性剂而可能出现的皮肤或黏膜损害。例如,季铵盐类化合物浓度高于1%即可对皮肤产生损害,十二烷基硫酸钠产生损害的浓度为20%以上。

五、表面活性剂的应用

(一)表面活性剂增溶作用的应用

表面活性剂在水溶液中达到临界胶束浓度后,一些水不溶性或微溶性物质在胶束溶液中的溶解度可显著增加,形成透明胶体溶液,这种作用称为增溶。例如,甲酚在水中的溶解度仅2%左右,但在肥皂溶液中,却能增加到50%。具有增溶能力的表面活性剂称为增溶剂,被增溶的物质称为增溶质。在实际增溶时,增溶剂的增溶能力可因各组分的加入顺序不同出现差别。一般认为,将增溶质与增溶剂先行混合要比增溶剂先与水混合的效果好。

用于增溶的表面活性剂最合适的 HLB 值为 15～18,如聚山梨酯类、卖泽类等亲水性较强的表面活性剂。见图 2-4。

(二)表面活性剂的其他应用

1. 起泡剂和消泡剂

泡沫是一层很薄的液膜包围着气体,是气体分散在液体中的分散体系。起泡剂是指能使溶液产生稳定泡沫的一表面活性剂。起泡剂通常有较强的亲水性和较高的 HLB 值,能降低液体的表面张力而形成稳定的泡沫。在产生稳定泡沫的情况下,加入一些HLB 值为 1～3 的亲油性较强的表面活性剂,则可与泡沫液层争夺液膜表面而吸附在泡沫表面上,代替原来的起泡剂,而其本身并不能形成稳定的液膜,故使泡沫破坏,这种用来消除泡沫的表面活性剂称为"消泡剂"。

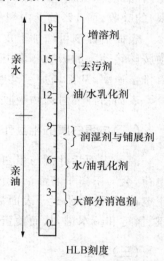

图 2-4 不同 HLB 值表面活性剂的适用范围

起泡剂主要应用于腔道及皮肤用药,产生的气泡可持久充满腔道,使药物在用药部位均匀分散不易流失而增加治疗效果。消泡剂常用于微生物发酵生产和中药提取液的浓缩,比用机械破泡的办法消泡效率高。

2. 乳化剂

具有乳化作用的物质称为乳化剂。许多表面活性剂和一些天然的两亲性物质,如阿拉伯胶、西黄蓍胶等均可作为乳化剂。乳化剂的作用是降低两种不相混溶液体的界面张力,同时,它在分散相液滴的周围形成一层保护膜,防止液滴碰撞时聚合,使乳剂易于形成并保持稳定。

表面活性剂的 HLB 值可决定乳剂的类型;通常选用 HLB 值 3.5～6 的表面活性剂作为水/油型乳化剂,选用 HLB 值 8～18 的表面活性剂作为油/水型乳化剂。

3. 去污剂

也称洗涤剂,是用于除去污垢的表面活性剂,HLB 值一般为 13～16。常用的去污剂有油酸钠和其他脂肪酸的钠皂、钾皂、十二烷基硫酸钠等阴离子表面活性剂。去污是润湿、增溶、乳化、分散、气泡等综合作用的结果。

4. 消毒剂和杀菌剂

大多数阳离子表面活性剂和两性离子表面活性剂可与细菌生物膜蛋白质发生作用而使其变性或破坏,因此都可用作消毒剂。少数阴离子表面活性剂也有类似作用,如苯扎溴铵为一种常用广谱杀菌剂,可用于器械消毒和环境消毒等。

项目3

乳剂型液体制剂的制备工艺

🍁 学习目标

    1. 熟悉常用乳化剂的性能。

    2. 掌握乳剂的制备的原理。

🍁 技能目标

    1. 能鉴别乳剂的类型。

    2. 会选择应用乳化剂。

    3. 熟练乳剂的制备的方法。

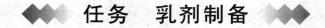

任务　乳剂制备

基础知识

一、概述

乳剂又称乳浊液,是指两种互不相溶的液体,其中一种液体以小液滴状态分散在另一种液体中所形成的非均相分散的液体制剂。一种液体为水或水溶液称为水相(用 W 表示),另一种是与水不混溶的相则称为油相(用 O 表示)。乳剂中的液滴分散度大,具有很大的总表面积,界面自由能高,属于热力学不稳定体系,可加入乳化剂使之稳定。因此乳剂的基本组成由水相、油相和乳化剂三者组成。而乳化剂的种类、性质及相体积比决定了乳剂的形成和类型。形成液滴的液体称为分散相、内相或非连续相,另一液体则称为分散介质、外相或连续相。

    1. 乳剂的特点

乳剂分散度大,吸收快、显效迅速,有利于提高生物利用度;油性药物制成乳剂能保证剂量准确,而且服用方便,如鱼肝油;水包油型乳剂可掩盖药物的不良臭味,并可加入矫味剂;外用乳剂可改善药物对皮肤、黏膜的渗透性,减少刺激性;静脉注射乳剂注射后分布较快,药效高,具有靶向性。

磺胺类药物制成的水包油型（O/W 型）乳剂有缓释作用，可延长药效。例如，乙酰磺胺甲基异噁唑是溶解度较低的磺胺甲基异噁唑衍生物，制成乳剂剂型的乙酰磺胺甲基异噁唑，它的作用比在混悬液中长 3～5 倍（主要是两者的分散介质不同，导致释药的程度的不同）。

2. 乳剂的类型与鉴别

根据粒子大小及制备方法不同，乳剂可分为普通乳、亚微乳、微乳和复乳。见表 3-1。

表 3-1　乳剂的类型

类别	特　　点
普通乳	一般为乳白色不透明的液体，其液滴大小在 1～100 μm
亚微乳	粒径在 0.1～1.0 μm 范围，可提高药物稳定性、降低毒副作用、增加经皮吸收，使药物缓释、控释或具有靶向性
微乳	粒径在 10～100 nm 的乳剂又称纳米乳，为透明液体，用作药物的胶体性载体
复乳	为复合型乳剂，粒径在 50 μm 以下，是由初级乳进一步乳化而成，可更有效地控制药物的扩散速率

普通乳可分为两类：水包油型，常简写为油/水（O/W），其中油为分散相，水为分散介质；油包水型，常简写为水/油（W/O），其中水为分散相，油为分散介质；复乳分为 W/O/W 和 O/W/O 两种类型。如图 3-1 所示。O/W 型乳剂和 W/O 型乳剂的鉴别见表 3-2。

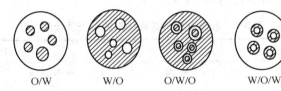

O/W　　　　W/O　　　　O/W/O　　　　W/O/W

▨ 油相　□ 水相

图 3-1　乳剂类型

表 3-2　乳剂类型的鉴别方法

鉴别方法	O/W 型乳剂	W/O 型乳剂
外观	通常为乳白色	接近油的颜色
CoCl 试纸	粉红色	不变色
稀释法	可用水稀释	可用油稀释
导电法	导电	几乎不导电
加入水性染料	外相染色	内相染色
加入油溶性染料	内相染色	外相染色

乳剂应用广泛，可被制成注射液、滴眼液、软膏剂、栓剂、气雾剂等多种剂型，故乳剂在理论和制备方法上对其他制剂均具有指导意义。

二、乳化剂

乳化剂是乳剂的重要组成部分,在乳剂形成、稳定性及药效发挥等方面起着重要作用。

(一)乳化剂的基本要求

优良的乳化剂应具备下列条件。

①乳化能力强。乳化能力是指乳化剂能显著降低油水两相之间的表面张力,并能在液滴周围形成牢固的乳化膜。

②乳化剂本身应稳定。对不同的 pH、电解质、温度的变化等具有一定的耐受性,乳化剂应不受这些因素的影响。

③乳化剂应无毒,无刺激性,可以口服,外用或注射给药;来源广、价廉。

(二)乳化剂的种类

根据乳化剂性质不同可分为 3 类:表面活性剂、高分子化合物、固体微粒。

1. 表面活性剂

此类乳化剂能显著地降低油水两相间的界面张力,定向排列在液滴周围形成单分子膜,故制成的乳剂稳定性不如高分子化合物。通常使用混合乳化剂形成复合凝聚膜,增加乳剂的稳定性。表面活性剂类乳化剂的种类及应用见表 3-3。

表 3-3　表面活性剂类乳化剂的种类及应用

种类	乳剂类型	应用
一价肥皂	O/W 型	外用制剂
三乙醇胺皂	W/O 型	外用制剂
二价肥皂	W/O 型	外用制剂
十二烷基硫酸钠	O/W 型	外用制剂(常与鲸蜡醇合用)
十六烷基硫酸钠	O/W 型	外用制剂(常与鲸蜡醇合用)
溴化十六烷基三甲胺	O/W 型	外用、内服、肌内注射
聚山梨酯类	O/W 型	外用、内服
脂肪酸山梨坦类	W/O 型	外用制剂
泊洛沙姆(Poloxamer)	O/W 型	Poloxamer188 可用于静脉注射

(1)阴离子型乳化剂。常作为外用乳剂的乳化剂,如硬脂酸钠、硬脂酸钾、油酸钠、油酸钾、十二烷基硫酸钠等,除硬脂酸钙(W/O)外,其余为 O/W 型乳化剂。

(2)阳离子型乳化剂。许多含有高分子烃链或稠合环的胺和季铵化合物,不少具有抗菌活性,与鲸蜡醇合用形成阳离子型混合乳化剂,同时还有防腐作用。

(3)非离子型乳化剂。在药剂学中较为常用,如脂肪酸山梨坦(即 Span 类,如 20,40,60,80 等,W/O 型)、聚山梨酯(即 Tween 类,如 20,40,60,80 等,O/W 型)、聚氧乙烯脂肪酸酯类(商品名为 Myrij,如 Myrij 45,49,52 等,O/W 型)、聚氧乙烯脂肪醇醚类(商品名为 Brij,如 Brij 30,35,O/W 型)、聚氧乙烯聚氧丙烯共聚物类(商品名为 Poloxamer,Pluronic)等。这类物质在水溶液中不解离,不易受电解质和溶液 pH 的影响,能与大多数药物配伍。由于品种不同,可得到不同的 HLB 值。HLB 值可决定乳剂的类型:HLB 值为 8~16 者,形成 O/W 型乳剂,HLB 值为 3~8 者,形成 W/O 型乳剂。

2. 高分子化合物

高分子化合物作为乳化剂,多来自植物、动物及纤维素衍生物等的天然成分,具有较强亲水性,能形成 O/W 型乳剂,由于黏性较大,能增加乳剂的稳定性。天然乳化剂容易被微生物污染,故宜新鲜配制或加入适宜防腐剂。

(1)阿拉伯胶。阿拉伯胶是阿拉伯酸的钾、钙、镁盐的混合物,是一种乳化能力较强的 O/W 型乳化剂,常用浓度为 5%~15%,在 pH 4~10 范围内乳剂稳定。因本品内含有氧化酶,易使其酸败,故用前应在 80℃ 加热 30 min 使之破坏。本品黏度低,单独用作乳化剂制成的乳剂容易分层,常与西黄蓍胶、果胶、琼脂、海藻酸钠等合用。本品适用于乳化植物油或挥发油,广泛应用于内服乳剂。因可在皮肤上存留一层有不适感的薄膜,不作外用乳剂的乳化剂。

(2)西黄蓍胶。西黄蓍胶可形成 O/W 型乳剂,其水溶液具有较高的黏度。pH 5 时溶液黏度最大,西黄蓍胶乳化能力较差,很少单独使用,常与阿拉伯胶混合使用,增加乳剂的黏度以免分层。

(3)明胶。明胶可形成 O/W 型乳剂,用量为油量的 1%~2%,明胶为两性化合物,易受溶液 pH 及电解质的影响产生凝聚作用,在等电点时所得的乳剂最不稳定,常与阿拉伯胶合用。

(4)磷脂。由大豆或卵黄中提取,分别称为豆磷脂或卵磷脂,其主要成分均为卵磷脂。本品能显著降低油水间界面张力,乳化作用强,为 O/W 型乳化剂,常用量 1%~3%,可供内服或外用,精制品可供静脉注射。磷脂易氧化水解,氧化物有害,需加抗氧剂。

(5)杏树胶。杏树胶为杏树分泌的胶汁凝结而成的棕色块状物,用量为 2%~4%,乳化能力和黏度均超过阿拉伯胶,可作为阿拉伯胶的代用品。

(6)其他天然乳化剂。白芨胶、果胶、琼脂、海藻酸钠等均为弱的 O/W 型乳化剂,多与阿拉伯胶合用起稳定剂作用。

3. 固体微粒

这类乳化剂为不溶性固体微粒,可聚集在液—液界面形成固体微粒膜而起乳化作用。

固体粉末乳化剂形成的乳剂类型,决定于固体粉末与水相的接触角 θ,$\theta < 90°$ 则形成 O/W 型乳剂,$\theta > 90°$ 则形成 W/O 型乳剂。常用的 O/W 型乳化剂有氢氧化镁、氢氧化铝、二氧化硅、硅皂土等,W/O 型乳化剂有氢氧化钙、氢氧化锌、硬脂酸镁等。固体微粒乳化剂不受电解质影响,若与非离子表面性剂合用效果更好。一些常用乳化剂 HLB 值见表 3-4。

表 3-4　常用乳化剂 HLB 值

乳化剂	HLB 值	乳化剂	HLB 值
单硬脂酸甘油酯	3.8	司盘 65	2.1
司盘 20	3.8	司盘 80	4.7
司盘 20	3.8	司盘 85	1.8
司盘 40	8.6	波洛沙姆 188	16.0
司盘 60	6.7	卵磷脂	3.0

续表 3-4

乳化剂	HLB 值	乳化剂	HLB 值
蔗糖酯	5～13	聚氧乙烯 400 单月桂酸酯	13.1
吐温 60	14.9	聚氧乙烯 400 单硬脂酸酯	11.6
吐温 80	15.0	苄泽 35（聚氧乙烯月桂醇醚）	16.9
吐温 85	11.0	苄泽 30	9.5
吐温 85	11.0	西土马哥（聚氧乙烯十六醇醚）	16.4
卖泽 49（聚氧乙烯硬脂酸酯）	15.0	聚氧乙烯氢化蓖麻油	12～18
卖泽 52（聚氧乙烯 40 硬脂酸酯）	16.9		

4. 辅助乳化剂

辅助乳化剂的乳化能力一般很弱或无乳化能力，但能提高乳剂黏度，并能使乳化膜强度增大，防止乳剂合并，提高稳定性。对于微乳而言，辅助乳化剂是处方中不可缺少的成分，对微乳形成起决定作用。见表 3-5。

表 3-5　辅助乳化剂

品名	主要应用
鲸蜡醇	O/W 洗液、软膏的亲水增稠剂和稳定剂
甘油单硬脂酸	O/W 洗液、软膏的亲水增稠剂和稳定剂
甲基纤维素	O/W 乳剂的亲水增稠剂和稳定剂；弱 O/W 乳化剂
羧甲基纤维素钠	O/W 乳剂的亲水增稠剂和稳定剂
硬脂酸	O/W 洗液、软膏的亲水增稠剂和稳定剂；与碱反应形成乳化剂

（1）增加水相黏度的辅助乳化剂。甲基纤维素、羧甲基纤维素钠、羟丙基纤维素、海藻酸钠、琼脂、西黄蓍胶、阿拉伯胶、黄原胶、果胶、皂土等。

（2）增加油相黏度的辅助乳化剂。鲸蜡醇、蜂蜡、单硬脂酸甘油酯、硬脂酸、硬脂醇等。

（三）乳化剂选择

适宜的乳化剂是制备稳定乳剂的关键。乳化剂的种类繁多，其选择应根据乳剂的使用目的、药物性质、处方组成、欲制备乳剂类型、乳化方法等综合考虑，此外，还应考虑其毒性、刺激性。

1. 根据乳剂的类型选择

乳剂处方设计已确定了乳剂的类型，如为 O/W 型乳剂应选择 O/W 型乳化剂，W/O 型乳剂应选择 W/O 型乳化剂。HLB 值为选择乳化剂提供了依据。

2. 根据乳剂的给药途径选择

主要考虑乳化剂的毒性、刺激性。

①经口服用的乳剂。选用的乳化剂必须无毒，无刺激性，能形成 O/W 型乳剂，常用高分子化合物或聚山梨酯类为乳化剂。

②外用的乳剂。选用无刺激性的表面活性剂类及固体粉末类乳化剂，O/W 型或 W/O 型

均可。要求长期应用,无毒性。

常用脂肪酸山梨坦和聚山梨酯类等非离子表面活性剂;软皂、有机胺皂等阴离子表面活性剂亦有应用,软皂碱性强,不能用于破损皮肤。外用乳剂不宜用高分子化合物作乳化剂。

3. 根据乳化剂性能选择

各种乳化剂的性能不同,应选择乳化能力强、性质稳定、受外界各种因素影响小、无毒、无刺激性的乳化剂。

4. 混合乳化剂的选择

将乳化剂混合使用可改变 HLB 值,使乳化剂的适应性增大,形成更为牢固的乳化膜,并增加乳剂的黏度,从而增加乳剂的稳定性。

(1)调节 HLB 值。各种油的介电常数不同,形成稳定乳剂所需的乳化剂的 HLB 值也不同。各种油乳化所需的 HLB 值见表 3-6。为了满足油相所需的最佳 HLB 值,常将两种或两种以上乳化剂混合使用。

表 3-6　各种油乳化所需的 HLB 值

油相	O/W 型	W/O 型	油相	O/W 型	W/O 型
月桂酸	16	—	凡士林	9	4
蜂蜡	12	4	羊毛脂	10	8
鲸蜡醇	15	—	硬脂酸	15~18	—
硬脂醇	14	—	棉籽油	10	5
液体石蜡(轻)	10.5	4	蓖麻油	14	—
液体石蜡(重)	10~13	4	亚油酸	16	
油酸	17	—			

非离子型乳化剂可以混合使用,如聚山梨酯类和脂肪酸山梨坦类,非离子型乳化剂可与离子型乳化剂混合使用,但阴离子型乳化剂和阳离子型乳化剂不能混合使用。

如果不知道油相所要求的 HLB 值,应进行实验测定。先取可混合使用的两种乳化剂按不同比例配成具有不同 HLB 值的混合乳化剂,用一系列这类混合乳化剂制成一系列乳剂,选出最稳定的乳剂,即可得知该油相最适宜的 HLB 值。

(2)形成稳定的复合凝聚膜。一种水溶性与一种油溶性乳化剂混合使用,可在分散相液滴周围形成稳定的复合膜,提高乳剂的稳定性。如利用十六烷基硫酸钠和胆固醇的混合乳化剂制备的 O/W 型乳剂,较单独用十六烷基硫酸钠制备的 O/W 型乳剂稳定。

(3)增加乳剂的黏度。采用混合乳化剂能增加乳剂的黏度,减低乳剂的分层速度。如阿拉伯胶与西黄蓍胶合用,增加水相黏度;鲸蜡醇、硬脂醇与蜂蜡合用可增加油相黏度,提高了乳剂的稳定性。

三、乳剂形成的主要条件

乳剂是由水相、油相、乳化剂组成的液体药剂,要制成符合质量要求的稳定乳剂,必须提供乳剂形成和稳定的主要条件。

（一）提供乳化所需的能量

乳化包括两个过程，即分散过程和稳定过程。分散过程，即液体分散相形成液滴均匀分散于分散介质中。此过程是借助乳化机械所做的功，使液体被切分成小液滴而增大表面积和界面自由能，其实质是将机械能部分地转化成液滴的界面自由能，故必须提供足够的能量，使分散相能够分散成为微细的乳滴。乳滴愈细，需要的能量愈多。

（二）加入适宜的乳化剂

乳化剂是乳剂的重要组成部分，是乳剂形成和稳定的必要条件，其作用为：

1. 降低两相的界面张力

油水两相形成乳剂的过程，也是不相溶的两液相界面增大的过程，乳滴愈细，新增加的表面积就愈大，界面自由能也愈大。乳剂具有很强的降低界面自由能的趋势，促使乳剂液滴凝聚变大，最终分层。为使乳剂保持其分散和稳

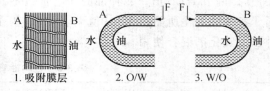

图 3-2　界面吸附膜示意图

定状态，必须降低界面自由能，首先液滴自然形成球体，因为相同的体积能，球体表面积最小。更主要的是加入适宜的乳化剂（F），使其吸附在乳滴的周围，使乳滴在形成过程中有效地降低界面张力，使界面自由能降低，有利于形成和扩大新的界面，使乳剂易于形成，并保持一定的分散度和稳定性（图 3-2）。

2. 形成牢固的乳化膜

乳化剂被吸附在油、水界面上降低界面张力的同时，能在液滴周围有规律地定向排列，即乳化剂的亲水基团转向水，亲油基团转向油，形成乳化膜。乳化剂在液滴表面上排列越整齐，乳化膜就越牢固，乳剂也越稳定。乳化膜有 3 种类型（图 3-3）。

（1）单分子乳化膜。表面活性剂类乳化剂被吸附于乳滴表面，有规律地定向排列成单分子乳化剂层，降低了表面张力，并可防止液滴相遇时合并，增加了乳剂的稳定性。如乳化剂是离子型表面活性剂，则形成的单分子乳化膜是离子化的，电荷相互排斥而使乳剂更加稳定。

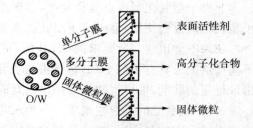

图 3-3　乳化剂 O/W 界面形成膜的类型

（2）多分子乳化膜。高分子化合物作乳化剂可以在分散的油滴周围形成多分子乳化膜。当高分子被吸附在油滴表面时，并不能有效地降低表面张力，但能形成坚固的多分子乳化膜，好像在油滴周围包了一层衣，能有效地阻碍油滴的合并，还可增加分散相的黏度，有利于提高乳剂的稳定性，如明胶、阿拉伯胶等。

（3）固体微粒乳化膜。固体微粒乳化剂被吸附在液滴表面排列成固体微粒乳化膜，阻止乳滴合并，增加乳剂的稳定性。如二氧化硅、硅藻土等。

（三）确定形成乳剂的类型

乳化剂亲油、亲水性是决定乳剂类型的主要因素。

（1）乳化剂分子中若亲水基大于亲油基，可形成 O/W 型乳剂；

（2）若亲油基大于亲水基，则形成 W/O 型乳剂；

（3）天然的或合成的亲水性高分子乳化剂亲水基特别大，所以形成 O/W 型乳剂；

（4）固体微粒乳化剂，若亲水性大形成 O/W 型乳剂，若亲油性大则形成 W/O 型乳剂。

决定乳剂类型的因素，首先是乳化剂的性质和乳化剂的 HLB 值，其次是形成乳化膜的牢固性、相容积比、温度、制备方法等。

（四）适当的相比

油、水两相的容积比简称为相比。具有相同粒径的球体，最紧密填充时球体所占最大体积为 74%，但实际上制备乳剂时分散相浓度一般在 10%～50%，分散相的浓度超过 50% 时，乳滴易发生碰撞而合并或转相，使乳剂不稳定。所以在制备乳剂时应考虑油、水两相的相比，以利于乳剂的形成和稳定。

四、乳剂的稳定性

乳剂属热力学不稳定的非均相分散体系，乳剂的稳定性包括化学稳定性和物理稳定性。化学稳定性主要指药物的氧化、水解。物理稳定性包括乳剂的分层、絮凝、转相、合并、破裂，并引起色泽等外观及其他物理性质的变化。

乳剂的不稳定现象主要表现在以下几个方面。

（一）分层

乳剂的分层又称乳析，是指乳剂在放置过程中出现分散相液滴上浮或下沉的现象。

1. 分层的主要原因

如 O/W 型乳剂一般出现分散液滴上浮现象，是由于分散相与分散介质之间存在密度差。液滴上浮或下沉的速度符合 Stoke's 定律，可尽量减小液滴半径，将液滴分散得愈细愈好，如乳滴小而均匀，可以得到很稳定的乳剂，但并不是粒径愈小的乳滴愈稳定，如果乳滴粒径不匀，则小乳滴嵌入大乳滴之间，反而促进聚集合并。

2. 减慢分层的方法

为了保证乳剂的稳定性，制备乳剂时应保证乳滴大小的均一性，增加分散介质的黏度，降低分散相与分散介质间的密度差，均可减少乳剂分层的速率。通常分层速度与相容积成反比，相容积低于 25% 时乳剂很快分层，相容积达 50% 时能显著地降低分层速度，分层现象是个可逆过程，此时乳剂的界面膜没有破坏，轻轻振摇即能恢复乳剂原来状态。但分层厚的乳剂外观较粗糙，也容易引起絮凝甚至破坏。优良的乳剂分层过程应十分缓慢。

（二）絮凝

乳剂中分散相液滴发生可逆的聚集体，经振摇即能恢复均匀乳剂的现象，称为乳剂的絮凝。与混悬剂相似，乳剂也存在絮凝现象，它是乳剂合并的前奏。由于乳滴荷电以及乳化膜的存在，阻止了絮凝时乳滴的合并，保持了液滴的完整性，但是絮凝的乳剂以絮凝物为单位移动，增加了分层速度。因此，絮凝的出现表明乳剂稳定性降低。

乳剂中的电解质和离子型乳化剂的存在是产生絮凝的主要原因，同时絮凝与乳剂的黏度、相容积比及流变性等因素有关。

(三)转相

转相是指乳剂类型的改变,如由 O/W 型转成 W/O 型或者相反的变化。转相通常是由于向乳剂中加入另一种物质,使乳化剂性质改变而引起的。如向用油酸钠为乳化剂制备的 O/W 型乳剂中,加入大量氯化钙后,乳剂可转成 W/O 型,转型原因是生成的油酸钙为 W/O 型乳化剂。但这一转型与氯化钙用量有关,氯化钙量少时则生成的油酸钙少,乳剂中起主要作用的还是油酸钠,不影响乳剂的类型;若氯化钙用量较多,生成油酸钙的量与剩余的油酸钠量接近,则两种乳化剂同时起作用,导致乳剂破裂;只有氯化钙量足够多时才发生转相。故转相过程中存在转相临界点,在转相临界点上乳剂不属于任何类型,处于不稳定状态,临界点以上才发生转相。乳剂的转相还受相容积比的影响,一般认为分散相超过 70% 甚至超过 60% 时就可能发生转相。

(四)合并与破裂

乳剂的合并是指乳滴周围的乳化膜破坏,分散相液滴合并成大液滴。合并进一步发展,使乳剂分为油水两相,称为乳剂的破裂。乳剂的合并、破裂不同于乳剂的分层和絮凝,是不可逆过程,此时乳滴周围的乳化膜已被破坏,乳滴已合并变大,虽经振摇也不能恢复成原来的乳剂状态。如图 3-4 所示。

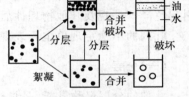

图 3-4 乳剂变化示意图

影响乳剂破裂的因素:

①向乳剂中加入能与乳化剂起反应的物质,使乳化剂的界面膜破坏或稳定性降低,导致乳剂破裂或加快破裂速度。如向以一价肥皂为乳化剂制备的 O/W 型乳剂中加入阳离子型乳化剂,由于乳滴上的电荷被中和而引起乳剂破裂。

②温度不适也能引起乳剂破裂。高温可使蛋白质类乳化剂变性,使非离子型表面活性剂类乳化剂溶解度改变。因此,温度高于 70℃ 时,许多乳剂可能破裂;当温度降至冷冻温度时,水形成冰晶,在分散相的液滴和界面膜上产生异常大的压力,结果导致界面破裂。

③向乳剂中加入两相中均能溶解的溶剂,也能使乳剂破裂。

(五)酸败

乳剂受外界因素(光、热、空气等)及微生物等的作用,使乳剂中的油、乳化剂等发生变质的现象称为酸败。通常需加抗氧剂和防腐剂以防止或延缓酸败。

工作步骤

(一)乳剂制备的方法

1. 干胶法

又称油中乳化剂法,即水相加至含乳化剂的油相中。

本法需先制备初乳,即将乳化剂与油混匀,按一定比例加水乳化成初乳,研磨时沿同一方向旋转,再逐渐加水稀释至全量,研匀,即得。初乳中油、水、乳化剂有一定的比例,若用植物油的比例为 4∶2∶1;若用挥发油的比例为 2∶2∶1,液体石蜡的比例为 3∶2∶1。

本法适用于阿拉伯胶或阿拉伯胶与西黄蓍胶的混合胶作为乳化剂制备乳剂。

2. 湿胶法

又称水中乳化剂法,即油相加至含乳化剂的水相中。

本法制备时先将胶(乳化剂)溶解于水中,制成胶浆作为水相,再将油相分次加于水相中,研磨成初乳再加水至全量,研匀,即得。湿胶法制备初乳时油、水、胶的比例同干胶法。油相应边滴加边研磨,直到初乳生成。

3. 新生皂法

本法是利用植物油所含的硬脂酸、油酸等有机酸,加入氢氧化钠、氢氧化钙、三乙醇胺等,在高温下(75～80℃)生成新生皂为乳化剂,经搅拌或振摇即制成乳剂。若生成钠皂、有机胺皂为 O/W 型乳化剂,生成钙皂则为 W/O 型乳化剂。本法多用于乳膏剂的制备。

4. 两相交替加入法

向乳化剂中每次少量交替地加入水或油,边加边搅或研磨,即可形成乳剂。天然胶类、固体微粒乳化剂等可用本法制备乳剂。当乳化剂用量较多时本法是一个很好的方法。本法应注意每次须加入油相和水相。

5. 机械法

机械法制备乳剂可不考虑混合顺序,将油相、水相、乳化剂直接混合后利用乳化机械制备乳剂。乳化机械主要有高速搅拌机、乳匀机、胶体磨、超声波乳化装置。胶体磨结构见图 3-5。

6. 微乳的制备

微乳除含油、水两相和乳化剂外,还含有辅助成分。乳化剂和辅助成分应占乳剂的12%～25%。乳化剂主要是界面活性剂,其 HLB 值应在15～18 范围内,如聚山梨酯60 和聚山梨酯80 等。制备时取 1 份油加 5 份乳化剂混合均匀。然后加入水中制成澄明乳剂,如不能形成澄明乳剂,可适当增加乳化剂的用量。如很容易形成澄明乳剂,可适当减少乳化剂用量。

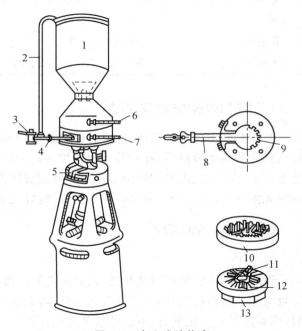

图 3-5 直立式胶体磨

1. 贮液筒;2. 管;3. 阀;4、8. 卸液管;

5. 调节盘;6. 冷却水入口;7. 冷却水出口;

9. 研磨器;10. 上研磨器(定子);11. 钢龄;

12. 斜沟槽;13. 下研磨器(转子)

7. 复合乳剂的制备

用二步乳化法制备。即先将油、水、乳化剂制成一级乳,再以一级乳为分散相与含有乳化剂的分散介质(水或油)再乳化制成二级乳剂(图 3-6)。

使用不同的乳化设备可以得到粒径不同的乳剂,粒径的大约值见表 3-7。

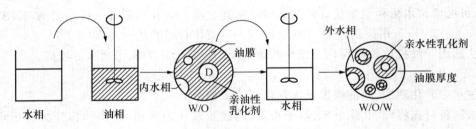

图 3-6　复合乳剂的制备过程

表 3-7　不同乳化设备制成的乳剂粒径

乳化设备	特　点	乳剂粒径/μm
搅拌	小剂量制备,乳滴比较大且不均匀	10
胶体磨	制备比较黏的乳剂	5
超声波	黏度不大的乳剂	1.1
高速搅拌	制成初产品(粗乳)	0.65
两步高压乳匀机	使乳剂的小液滴分散更细	0.3

(二)乳剂中药物的加入方法

乳剂是药物良好的载体,加入各种药物可使其具有治疗作用。药物的加入方法为:①水溶性药物先制成水溶液,可在初乳制成后加入;②油溶性药物先溶于油,乳化时尚需适当补充乳化剂用量;③在油、水两相中均不溶的药物制成细粉后加入乳剂中;④大量生产时,药物能溶于油的先溶于油,可溶于水的先溶于水,然后将乳化剂以及油水两相混合进行乳化。

(三)影响乳化的因素

1. 温度

温度升高不仅可以降低黏度,而且能降低界面张力,有利于乳剂的形成。但温度升高的同时也增加了乳滴的动能,使液滴聚集合并,乳剂的稳定性会降低,故乳化温度不宜超过 70℃ 左右;用非离子型乳化剂时,不宜超过其昙点。

2. 乳化时间

乳化时间对乳化过程的影响较为复杂,降低温度特别是经过凝固—熔化循环,可使乳剂的稳定性降低,往往比升高温度的影响还大,有时可使乳剂破裂。在乳化开始阶段,搅拌可使液滴分散,但乳剂形成后继续搅拌则增加乳滴间的碰撞机会,促使乳滴聚集合并,因此应避免乳化时间过长。另外,乳化时间与乳化剂的乳化力强弱、乳化器械及所制备乳剂量的多少有关。

3. 乳化剂的性质

乳化剂的 HLB 值要与所用油相的要求相符,并且不能在油水两相中都易溶解,否则所形成的乳剂不稳定。

4. 乳化剂的用量

乳化剂的用量与分散相的量及乳滴粒径有关。若用量太少,乳滴界面上的膜密度过小甚至不足以包裹乳滴;用量太多,乳化剂不能完全溶解,一般普通乳剂中乳化剂的用量为 5～100 g/L。

5. 相容积分数（ϕ）

ϕ 值一般不超过 74%，在 40%～60% 较适宜。在不超过 74% 的条件下，相容积分数愈大，乳滴间的平均自由途径愈小，对乳滴的聚集产生的阻力愈大，愈有利于乳剂的稳定。

常用乳剂，如头孢氨苄乳剂，由头孢氨苄、硬脂酸、苯甲酸、大豆油等配制而成的灭菌乳剂。用于革兰氏阳性和阴性菌所引起的牛乳腺炎，以乳管注入。

(四)乳剂的质量评定

1. 乳滴粒径大小的测定

乳滴粒径大小及其分布是乳剂的最重要特性之一，不同用途的乳剂对粒径大小要求不同，如静脉注射乳剂要求乳滴直径 80% 小于 1 μm，乳滴大小均匀，不得有大于 5 μm 的乳滴。在对乳剂作长期留样观察或加速试验时，在不同时间取样测定乳滴大小，绘出乳滴粒径分布图，与前次测定结果比较，就可以对这个贮存期内乳剂的稳定性作出评价。若乳滴的平均粒径随时间的延长而增大或粒径分布发生改变，则提示乳剂不稳定。

2. 分层现象观察

乳剂经长时间放置，粒径变大，进而产生分层现象。这一过程的快慢是衡量乳剂稳定性的重要指标。为了在短时间内观察乳剂的分层，可用离心法加速其分层，以 4 000 r/min 离心 15 min，如不分层可认为乳剂质量稳定。此法可用于筛选处方或比较不同乳剂的稳定性。

另外，将乳剂放置于半径为 10 cm 的离心管中以 3 750 r/min 速度离心 5 h，可相当于放置 1 年因密度不同产生的分层，絮凝或合并的结果。

3. 乳滴合并速度测定

乳滴合并速度符合一级动力学过程，其直线方程为：

$$\lg N = \lg N_0 - kt/2.303 \tag{3-1}$$

式中，N 为 t 时间的乳滴数；N_0 为 t_0 时的乳滴数；k 为合并速度常数；t 为时间。测定不同时间 t 时的乳滴数 N，可求出乳滴的合并速度常数 k，用以评价乳剂的稳定性。

4. 稳定常数的测定

乳剂离心前后光密度变化百分率称为稳定常数，用 K_e 表示，其表达式为

$$K_e = (A_0 - A)/A \times 100\% \tag{3-2}$$

式中，A_0 为未离心乳剂稀释液的吸光度；A 为离心后乳剂稀释液的吸光度。

测定方法：取乳剂适量于离心管中，以一定速度离心一定时间，从离心管底部取出少量乳剂，稀释一定倍数，以蒸馏水为对照，用比色法在可见光某波长下测定吸光度 A，同法测定原乳剂稀释液吸收度 A_0，代入公式计算 K_e。离心速度和波长的选择可通过实验加以确定。K_e 值愈小乳剂愈稳定。本法是研究乳剂稳定性的定量方法。

乳剂制备举例

1. 鱼肝油乳剂的制备

处方：鱼肝油　　　　　500.0 mL

　　　阿拉伯胶　　　　125.0 g

　　　西黄蓍胶　　　　7.0 g

挥发杏仁油	1.0 mL
糖精钠	0.1 g
氯仿	2.0 mL
蒸馏水	适量
共制	1 000.0 mL

制法:取鱼肝油、阿拉伯胶细粉置于干燥乳钵内,研磨均匀,一次加入蒸馏水 250 mL,不断研磨至成稠厚的初乳,加糖精钠水溶液、挥发杏仁油、氯仿,缓缓加西黄蓍胶(取西黄蓍胶置于干燥瓶中加醇 10 mL 摇匀后,一次加入蒸馏水 200 mL,强力摇匀制成),与适量蒸馏水使成 1 000 mL,研匀即可。

2. 炉甘石搽剂的制备

处方:炉甘石	60.0 g
氧化锌	60.0 g
液化酚	5.5 mL
甘油	12.0 mL
芝麻油	500.0 mL
氢氧化钙	适量
共制成	1 000.0 mL

制法:取炉甘石、氧化锌研细,混合后与芝麻油混匀,逐渐加入新鲜配制的氢氧化钙溶液(内含液化酚、甘油)至足量,乳化完全即可。

巩固训练

1. 设计用新生皂法制备 W/O 型乳剂的处方、工艺并进行说明。
2. 设计用机械法制备 O/W 型乳剂的处方、工艺并进行说明。

知识拓展 液体制剂的包装

液体制剂的灌装方法可采用直接式灌装和自动灌装。

直接式灌装机适用 30～1 000 mL 各类材质的圆瓶、异形瓶等各种液体的灌装。工作流程如下:需要灌装的料液置于贮药槽内,通过剂量泵到达喷头,与此同时,贮瓶盘内的药瓶经过整理后通过输送轨道被输送到挡瓶机构,然后完成药液的灌装,再由输瓶轨道将灌完药液的药瓶成品送回贮瓶盘。

液体灌装自动线是一条集洗瓶、灌装、上盖、贴标于一体的液体灌装自动生产线,可以自动完成洗瓶、灌装、旋盖(或压防盗盖)、贴标、印批号等一系列操作。可完成容量 30～1 000 mL、瓶身直径 30～80 mm 的液体灌装,生产能力根据瓶形、液体性质和装量为 20～80 瓶/min。

液体药剂选择适宜的包装材料是非常重要的。包装材料应符合下列要求:①不与药物发生作用,不改变药物的理化性质及疗效;②能防止与杜绝对外界不利因素的影响;③坚固耐用,体轻,形状适宜,便于携带运输;④不吸收,不黏留药物;⑤经济易得,且无毒。

液体药剂的包装材料包括:容器(如玻璃瓶、塑料瓶)、瓶塞(如软木塞、橡胶塞、塑料塞等)、瓶盖(如金属盖、电木盖等)、标签、硬纸盒、说明书、纸箱、木箱等。

常用的塑料容器主要是以无毒的高分子聚合物聚乙烯(PE)、聚丙烯(PP)、聚酯(PET)等为主要原料,用先进的塑料成型工艺和设备生产的各种药用塑料瓶,主要用于盛装各类口服固体制剂、液体制剂药物。

药用塑料瓶最大的特点是质量轻、不易碎、清洁、美观,药品生产企业不必清洗烘干即可以直接使用。药用塑料瓶的一些技术指标表明其耐化学性能、耐水蒸气渗透性、密封性能优良,完全可以对所装药物在有效期内起到安全屏蔽保护作用,这也是塑料瓶深受青睐并得以迅速发展的原因。

药用塑料盖是药用塑料瓶配套使用的重要组成部分。瓶盖大多与药品直接接触,并对气体阻隔、防潮湿、防污染起重要作用。一方面要防止瓶内药物的外逸;另一方面要防止任何异物进入瓶内。阻隔性、密封性能的好坏在很大程度上取决于瓶口与瓶盖的合处的好坏,包括瓶口闭合处的平整度、瓶盖内层弹性以及盖锁紧或开启的松紧度。

有的塑料盖事先加铝箔、纸板组成复合内盖。铝箔、纸板由胶黏剂粘接为一体,铝箔表面根据瓶体材质的不同而涂上与瓶体同质涂层(PE、PP或PET等)。在药品灌装后拧盖,通过电磁感应局部加热,使铝箔密封于瓶口,达到保护药品质量的目的。

液体药用塑料瓶一般适用于非油脂性、非挥发性液体药品的包装。随着一些聚合物新材料的应用和制瓶工艺水平的提高,药用塑料瓶的适用范围将会不断扩大。如具有高阻隔性能的聚对苯二甲酸乙二醇酯(PET)、聚萘二甲酸乙醇酯(PEN)等树脂的应用,将使一些带油脂性、芳香性、易挥发、易氧化的固体制剂药物和液体制剂药物用塑料瓶盛装成为可能。

药用塑料瓶的规格小的仅几毫升,大的可达 1 000 mL;有的无色,有的透明,颜色多样;形状各异,门类繁多。如何选择合适的药用塑料瓶,药品生产企业必须慎重对待。如塑料瓶的主原料、助剂及配方,因为它关系到塑料瓶材质之间的相互关系,也关系到药物有效成分的流失、变质与否;密封性、水蒸气渗透性是药用塑料瓶的两个重要技术指标,对药品稳定性有重要的影响。

项目4

灭菌、无菌与空气净化技术

🍁 知识目标

1. 理解灭菌、无菌与空气净化技术的区别和原理，F 与 F_0 值在灭菌中的意义与应用。
2. 熟悉灭菌技术的分类和各种灭菌技术的应用范围以及净化的级别要求。
3. 掌握影响灭菌、无菌与空气净化技术的因素。

🍁 技能目标

1. 能进行各种灭菌技术设备的操作。
2. 会设计药品进行灭菌的程序。
3. 会规划各种剂型生产车间的布局。
4. 熟练热压灭菌的操作程序和应用注意。

基础知识　F 与 F_0 值在灭菌中的意义与应用

微生物常因营养条件缺乏或排泄物积聚过多而自然死亡。加热、电离辐射及化学药品等也能使微生物的蛋白质凝固、变性或干扰微生物繁殖能力。其中加热法是杀灭微生物最常用的方法。由于灭菌温度多是测量灭菌器内的温度，而不是测量被灭菌物体内的温度，同时无菌检验方法也存在局限性，若检品中存在极微量的微生物时，往往难以用现行的无菌检验法检出。因此对灭菌方法的可靠性进行验证是非常必要的。F 和 F_0 值可作为验证灭菌可靠性的参数。F 值常用于干热灭菌，而 F_0 值常用于湿热灭菌。

F_0 值在湿热灭菌时，参比温度定为 121℃，以嗜热脂肪芽孢杆菌作为微生物指示菌，把灭菌过程中所有温度下的灭菌效果都转化成 121℃ 下灭菌的等效值，即相当于 121℃ 热压灭菌时杀死容器中全部微生物所需要的时间。

影响 F_0 值的因素主要有：①容器大小、形状及热穿透性等；②灭菌产品溶液性质、充填量等；③容器在灭菌器内的数量及分布等。该项因素在生产过程中影响最大，故必须注意灭菌器内各层、四角、中间位置热分布是否均匀，并根据实际测定数据，进行合理排布。

将 $F_0 = \Delta t \sum 10^{\frac{T-121}{10}}$ 编入计算机程序中，将计算机与灭菌器连接，根据测得数据，就可自动显示 F_0 值。F_0 值随温度变化而呈指数变化，因此温度即使有很小的差别（如 0.1～1.0℃），也将对 F_0 值产生显著影响。为了使 F_0 测定准确，应先选择灵敏度高，重现性好，精密度为 0.1℃的热电偶,并对热电偶进行校验。灭菌时应将热电偶的探针置于被测物的内部,经灭菌器通向柜外的温度记录仪。为了确保灭菌效果,应严格控制原辅料质量和环境条件,尽量减少微生物的污染,采取各种有效措施使每一容器的含菌数控制在一定水平以下(一般含菌数为 10 以下);计算、设置 F_0 值时,应适当考虑增加安全系数,一般增加理论值的 50%,即规定 F_0 值为 8 min,实际操作应控制在 12 min。

◆◆◆ 任务 1 灭 菌 技 术 ◆◆◆

灭菌技术是用物理或化学等方法杀灭或除去所有致病和非致病微生物繁殖体和芽孢的方法和手段。

工作步骤 1 物理灭菌技术

物理灭菌是采用加热、紫外线、辐射、微波和过滤等物理方法杀灭或除去微生物的技术。

(一)干热灭菌

干热灭菌是利用干热空气或火焰使细菌的原生质凝固,并使细菌的酶系统破坏而杀死细菌的方法,可分为火焰灭菌和干热空气灭菌。多用于容器及用具的灭菌。

1. 火焰灭菌

火焰灭菌即以火焰的高温使微生物及其芽孢在短时间内死亡。该法灭菌迅速、可靠、简便,适用于耐火焰材质(如金属、玻璃及瓷器等)的物品与用具的灭菌,不适合药品的灭菌。一般是将需灭菌的物品加热 10 s 以上。如白金等金属制的刀子、镊子、玻棒等在火焰中反复灼烧即达灭菌目的。搪瓷桶、盆和乳钵等可放入少量乙醇,振动使之沾满内壁,燃烧灭菌。

2. 干热空气灭菌

该法是利用热辐射和灭菌器内空气的对流来传递热量而使细菌的繁殖体因体内脱水而停止活动。由于干热空气的穿透力弱且不均匀、比热小、导热性差,故需长时间、高温度,才能达到灭菌目的。一般需要 135～145℃,3～5 h;160～170℃,2～4 h;180～200℃,0.5～1 h;致热原经 250℃,30 min 或 200℃,45 min,可破坏。该法适用于耐高温的玻璃、金属等用具,以及不允许湿气穿透的油脂类和耐高温的粉末化学药品,如油、蜡及滑石粉等,但不适用橡胶、塑料及大部分药品。注射剂容器如安瓿、输液瓶、西林瓶及注射用油宜用干热空气灭菌法灭菌。常用设备有电热箱等,有空气自然对流和空气强制对流两种类型,后者装有鼓风机使热空气在灭菌物品周围循环,可缩短灭菌物品全部达到所需温度的时间,并减少烘箱内各部温度差。

(二)湿热灭菌

湿热灭菌是利用饱和水蒸气、沸水或流通蒸汽杀灭微生物的一种方法。由于蒸汽潜热大,穿透力强,容易使微生物的蛋白质较快变性或凝固,该法灭菌效率高,且具有作用可靠,操作简便,易于控制等优点,是制剂生产应用最广泛的灭菌方法,但对湿热敏感的药物不宜应用。湿热灭菌可分类为:热压灭菌、流通蒸汽灭菌、煮沸灭菌和低温间歇灭菌。

1. 热压灭菌

热压灭菌是指在密闭的热压灭菌器内,利用压力大于常压的饱和水蒸气来杀灭微生物的方法。该法具有灭菌完全可靠、效果好、时间短、易于控制等优点,能杀灭所有繁殖体和芽孢。在制剂生产中应用最广泛,适用于耐高压蒸气的药物制剂、玻璃容器、金属制品、瓷器、橡胶塞、膜滤过器等的灭菌。热压灭菌的效果与温度、压力和时间关系密切,一般常用的温度为115、121、126℃,压力分别为68、98、137 kPa,时间依次为30、20、15 min。

(1)热压灭菌器的构造。热压灭菌器的种类很多,最常用的是卧式热压灭菌器。其结构(图4-1)主要有箱门或箱盖密封构成一个耐压的空室、排气口、安全阀、压力表和温度计等部件。用蒸汽、电热等加热。卧式热压灭菌器是全部用坚固的合金制成,有的带有夹层,顶部装有压力表两支,分别指示蒸汽夹层的压力和柜室内的压力。两压力表中间为温度表,底部装有排气口,在排管上装有温度表头以导线与温度表相连,柜内备有带轨道的灭菌车,车上有活动的铁丝网格架。另有可推动的搬运车,可将灭菌车推至搬运车上送至装卸灭菌物品的地点。

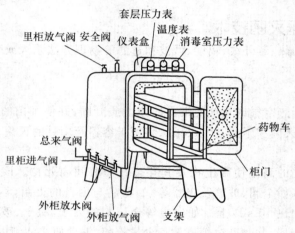

图4-1 热压灭菌器的构造

(2)热压灭菌器使用方法。用前先做好柜内清理工作,然后开夹层蒸汽阀及回汽阀,使蒸汽通入夹套中加热,同时将待灭菌物品放置柜内,关闭柜门,旋紧门闩,此后应注意温度表,当温度上升至所需温度,即为灭菌开始时间,柜室压力表应固定在相应的压力,待灭菌时间到达后,先关闭总蒸汽和夹层进汽阀,再开始排气,待柜室压力降至0后10~15 min,再全部打开柜门。有时为了缩短时间,也有对灭菌柜内的盛有溶液的容器喷冷却水,使其迅速冷却。对于灭菌后要求干燥又不易破损的物料,灭菌后立即放出灭菌柜内的蒸汽,以利干燥。

(3)热压灭菌柜使用注意事项。①必须使用饱和蒸汽。②必须排尽灭菌柜内空气。若有空气存在,压力表的指示压力并非纯蒸气压,而是蒸气和空气二者的总压,灭菌温度度难以达到规定值。实验证明,加热蒸汽中含有1‰的空气时,传热系数降低60%。因此,在灭菌柜上往往附有真空装置,以便在通入蒸汽前将柜内空气尽可能抽尽。③灭菌时间必须从全部药液真正达到所要求的温度时算起。在开始升温时,要求一定的预热时间,遇到不易传热的包装、体积较大的物品或灭菌装量较多时,可适当延长灭菌时间,并应注意被灭菌物品在灭菌柜内的存放位置。④灭菌完毕后的操作必须按照先停止加热,逐渐减压至压力表指针为"0"后,放出柜内蒸汽,使柜内压力与大气压相等。稍稍打开灭菌柜10~15 min后全部打开,以免柜内外压力差和温度差太大,造成被灭菌物冲出或玻璃瓶炸裂而伤害操作人员。

为了确保灭菌效果,防止漏灭,生产上常用适当灭菌温度指示剂,如利用某些熔点正好是灭菌所需温度的化学品作指标,灭菌时将它熔封于安瓿中,分别放在灭菌柜前、中、后或上、中、下三层位置上,出现结晶熔化则表示温度已达到。常用的有安替比林(110～112℃)、升华硫(117℃)、苯甲酸(121～133℃)、碘仿(115℃),并可加着色剂如亚甲蓝、甲紫等以便观察。也可用留点温度计及碘淀粉温度指示剂。但上述指示剂并不能表明保持该温度的确切时间,目前生产上已采用灭菌温度和时间自动控制系统来监视和调节灭菌过程中的温度。

2. 流通蒸汽灭菌

流通蒸汽灭菌是指在常压下,采用100℃流通蒸汽30～60 min加热杀灭微生物的方法。该法适用于消毒及不耐高温制剂的灭菌,但不能保证杀灭所有的芽孢,故制品要加适当的抑菌剂,常用的抑菌剂有甲酚(0.1%～0.3%)、三氯叔丁醇(0.2%～0.5%)、氯甲酚(0.1%～0.2%)。

3. 煮沸灭菌

煮沸灭菌法是指将待灭菌物品放入水中煮沸30～60 min进行灭菌。该法灭菌效果较差,采用于注射器、注射针等器皿的消毒。必要时可加入适量的抑菌剂,以提高灭菌效果。

4. 低温间歇灭菌

低温间歇灭菌指将灭菌物置60～80℃的水或流通蒸气中加热60 min,杀灭微生物繁殖体后,在室温条件下放置24 h,让待灭菌物中芽孢发育成繁殖体,再次加热灭菌、放置,反复多次,直至杀灭所有芽孢。该法适合于不耐高温、热敏感物料和制剂的灭菌。其缺点是费时、工效低、灭菌效果差,加入适量抑菌剂可提高灭菌效率。

5. 影响湿热灭菌的因素

(1)微生物的性质和数量。各种微生物对热的抵抗力相差较大,处于不同生长阶段的微生物,所需灭菌的温度与时间也不同。繁殖期的微生物对高温的抵抗力要比衰老时期抵抗力小得多,芽孢的耐热性比繁殖期的微生物更强。在同一温度下,微生物的数量越多,则所需的灭菌时间越长,因为微生物在数量比较多的时候,其中耐热个体出现的机会也越多,它们对热具有更大的耐热力,故每个容器的微生物数越少越好。因此,在整个生产过程中应尽一切可能减少微生物的污染,尽量缩短生产时间,灌封后立即灭菌。

(2)介质的性质。待灭菌物的介质中如含有营养性物质,如糖类、蛋白质等,对微生物有一种保护作用,能增强其抗热性。另外,介质的pH对微生物的活性也有影响,一般微生物在中性溶液中耐热性最大,在碱性溶液中次之,酸性不利于细菌的发育。因此,介质的pH最好调节为偏酸性或酸性。

(3)灭菌温度与时间。根据药物的性质确定灭菌温度与时间。一般来说,灭菌所需时间与温度成反比,即温度越高,时间越短。但温度增高,化学反应速度也增快,时间越长,起反应的物质越多。为此,在保证药物达到完全灭菌前提下,应尽可能地降低灭菌温度或缩短灭菌时间,如维生素C注射剂采用流通蒸汽100℃/15 min灭菌。另外,一般高温短时间比低温长时间更能保证药品的稳定性。

(4)蒸汽的性质。蒸汽有饱和蒸汽、湿饱和蒸汽和过热蒸汽。饱和蒸汽热含量较高,热穿透力较大,灭菌效率高;湿饱和蒸汽因含有水分,热含量较低,热穿透力较差,灭菌效率较低;过热蒸汽温度高于饱和蒸汽,但穿透力差,灭菌效率低,且易引起药品的不稳定性。因此,热压灭菌应采用饱和蒸汽。

（三）紫外线灭菌

紫外线灭菌是指用紫外线照射杀灭微生物的方法。一般波长 200～300 nm 的紫外线可用于灭菌,灭菌力最强的是波长 254 nm。

紫外线不仅能使核酸蛋白变性,还能使空气中氧气产生微量臭氧而达到共同杀菌作用。紫外线是直线传播,其强度与距离平方成比例地减弱,并可被不同的表面反射,普通玻璃及空气中灰尘、烟雾均易吸收紫外线。紫外线穿透较弱,作用仅限于被照射物的表面,不能透入溶液或固体深部,故只适宜于无菌室空气、表面灭菌,装在玻璃瓶或其他容器内的药液不能用该法灭菌。由于紫外线灯的灭菌作用与照射强度、时间和距离有关。一般在 6～15 m³ 的房间安装一只 30 W 的紫外线灯,其高度离操作台面不超过 1.5 m,被灭菌物离灯与台面的垂直点中心不超过 1.5 m,相对湿度以 45%～60% 为宜,温度宜在 10～55℃,并必须保持紫外线灯管无尘、无油垢。

紫外线对人体有一定的影响,照射时间过久,能产生结膜炎、红斑及皮肤烧灼等现象。为此,在操作前开灯 1～2 h 后,再进行操作。由于不同规格紫外线灯,均有一定使用期限规定,一般为 3 000 h,故使用时应记录开启时间,并定期检查灭菌效果。

（四）辐射灭菌

辐射灭菌是指采用放射性同位素(^{60}Co 或 ^{137}Cs)放射的 γ 射线杀灭微生物和芽孢的方法。其特点是不升高产品的温度,穿透力强,适用于不耐热药物的灭菌,如维生素、抗生素、激素、肝素、羊肠线、重要制剂、医疗器械、高分子材料等。但辐射灭菌设备费用高,对操作人员存在潜在的危险性,操作时须有安全防护措施。某些药品(特别是溶液型)经辐射后,有可能效力降低或产生毒性物质和发热物质等。

（五）微波灭菌

微波灭菌是指采用微波[频率为 $3×(10^2～10^5)$MHz]照射产生热能而杀灭微生物和芽孢的方法。该法适合液体和固体物料的灭菌,且对固体物料具有干燥作用。其特点是:微波能穿透到介质和物料的深部,可使介质和物料表里一致地加热,且具有低温、省时(2～3 min)、常压、均匀、高效、保期期长、节约能源、不污染环境、操作简单、易维护。

微波灭菌是利用微波的热效应和非热效应(生物效应)相结合实现灭菌目的。热效应使微生物体内蛋白质变性而失活,生物效应干扰了微生物正常的新陈代谢,破坏微生物生长条件,微波的生物效应使得该技术在温度不高的情况下(70～80℃)即可杀灭微生物,而不影响药物的稳定性。对热压灭菌不稳定的药物制剂(如维生素 C、阿司匹林等),采用微波灭菌则较稳定,降解产物减少。

（六）过滤除菌

过滤除菌是指利用过滤方法除去微生物的方法,属于机械除菌方法,所用的机械称为除菌过滤器。该法适合于对热不稳定的药物溶液、气体、水等物品的灭菌。除菌过滤器应有较高的过滤效率,能有效地除尽物料中的微生物,滤材与滤液中的成分不发生相互交换,滤器易清洗,操作方便等。为了有效地除尽微生物,滤器孔径必须小于芽孢体积。常用的滤器有 G6 号垂熔玻璃漏斗、0.22 μm 的微孔滤膜等。为保证无菌,采用该法时,必须配合无菌操作法,并加抑菌剂;所用滤器及接受滤液的容器均必须经 121℃ 热压灭菌。

工作步骤 2　化学灭菌技术

化学灭菌技术是指用某些化学药品直接作用于微生物而将其杀灭,同时不损害制剂质量的灭菌技术。用于杀灭微生物的化学药品称为杀菌剂。根据杀菌剂物质状态的不同,化学灭菌可分为气体灭菌和化学药液灭菌。

(一)气体灭菌

气体灭菌是采用气态或蒸汽状态杀菌剂进行灭菌的方法。用于灭菌的气体,多为环氧乙烷和臭氧。

环氧乙烷沸点为 10.9℃,室温下为气体,在水中溶解度很大,1 mL 水中可溶 195 mL (20℃,760 mmHg),易穿透塑料、纸板及固体粉末,暴露于空气中环氧乙烷就可从这些物质消散,环氧乙烷对大多数固体呈惰性。环氧乙烷的使用浓度为 850～900 mg/L,45℃维持 3 h 或 450 mg/L,45℃维持 5 h,相对湿度以 40％～60％ 为宜,温度为 22～55℃。可用于灭菌塑料容器、对热敏感的固体药物、纸或塑料包装的药物、橡胶制品、注射筒、注射针头以及衣着敷料及器械等。但是,一些塑料、皮革及橡胶与环氧乙烷有强亲和力,故需长达 12～24 h 通空气驱除。环氧乙烷具可燃性,当与空气混合,空气含量达 3.0％(体积分数)时即可爆炸。故应用时需用惰性气体二氧化碳或氟利昂稀释。环氧乙烷的吸入毒性较大与氨相近,损害皮肤及眼黏膜,可产生水疱或结膜炎,但无氨样的刺激臭味,故应用时要注意。

臭氧能氧化分解细菌细胞内的葡萄糖氧化酶,也能直接与细菌、病毒发生作用,而破坏细菌的新陈代谢与繁殖过程;还可渗透至细胞膜内,使细胞通透性发生改变,导致细胞溶解死亡。由于臭氧的最终分解物质是氧,被灭菌物品上没有残留物,因此臭氧灭菌具有广谱、高效、高洁净、无公害、方便经济等特点。广泛应用于洁净室环境、物料、工作服、密闭容器或管道等灭菌,常用的有臭氧发生器、臭氧常温灭菌箱及臭氧灭菌烘干箱。但臭氧在较高浓度下,对橡胶、塑料等高分子材料有影响;当用空气作为原料来产生臭氧时,会产生少量的氮氧化合物。

在实际工作中,也常利用一些化学药剂的蒸汽熏蒸,进行操作室内的灭菌。甲醛溶液加热熏蒸,每立方米空间用 40％甲醛溶液 30 mL,室内相对湿度宜高,以增进甲醛气体灭菌效果。甲醛对黏膜具有强性激性,灭菌后剩余的甲醛气体可排除或通入氨予以吸收。亦有采用丙二醇作室内空气灭菌者,丙二醇具有无挥发性和无引火性等特点,灭菌用量为每立方米 1 mL,使用时将丙二醇置蒸发器中加热,使蒸汽弥漫全室。

(二)化学药液灭菌

化学药液灭菌是指采用杀菌剂溶液进行灭菌的方法,常用于减少微生物的数目,以控制无菌状况至一定水平。化学药液杀菌剂的效果,依赖于微生物的种类及数目,物体表面光滑或多孔与否,以及化学药液杀菌剂的性质。常用的有 0.1％～0.2％苯扎溴铵溶液,2％左右的酚或煤酚皂溶液,75％酒精等。由于化学药液杀菌剂常施用于物体表面,也要注意其浓度不要过高,以防其化学腐蚀作用。该法常应用于其他灭菌法的辅助措施,即手指、无菌设备和其他器具的消毒等。

任务2 无菌与空气净化技术

工作步骤1 无菌操作法

无菌操作法是指整个生产过程控制在无菌条件下进行的一种技术操作。它不是一个灭菌的过程,只能保持原有的无菌度。该法适用于某些药品加热灭菌后,发生变质、变色或降低含量,如注射用粉针、生物制剂、抗生素等。无菌操作所用的一切器具、材料以及环境,均须用前述适宜的灭菌方法灭菌,操作须在无菌操作室或无操作柜内进行。

1. 无菌操作室的灭菌

无菌操作室的空气灭菌,可应用室内空气灭菌剂如甲醛、丙二醇等蒸汽。药厂无菌操作室的灭菌,采用气体发生装置(图4-2)将甲醛蒸气送入无菌操作室,每立方米的空间用甲醛溶液 30 mL。将甲醛溶液放入瓶内后,用蒸气加热夹层锅,使液态甲醛汽化成甲醛蒸气,经蒸气出口送入总进风道,由鼓风机吹入无菌操作室,连续 3 h 后,一般即可将鼓风机关闭。室温应保持在 24～40℃ 以上,以免室温过低甲醛蒸气聚合而附着于表面,湿度保持在 60％ 以上,密闭熏蒸不少于 8 h,再将 25％

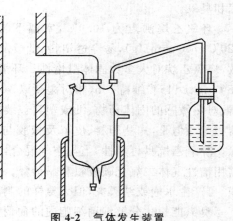

图4-2 气体发生装置

氨水加热(每立方米用 8～10 mL),从总进风道送入氨气约 15 min,以吸收甲醛蒸气,然后开启总出风口排风并通入无菌空气约 2 h,直至室内无臭气为止。也可用甲醛-高锰酸钾法,即每立方米的空间用甲醛溶液约 20 mL、高锰酸钾 10 g 及温水 20 mL 进行熏蒸灭菌。

现在也采用臭氧进行灭菌,臭氧由专门的臭氧发生器产生。臭氧发生器一般由主机和控制柜两部分组成,安装在清洁、干燥、通风良好的环境内,周围环境湿度最好控制在 85％ 以下。主机一般安装于空气净化空调机组中的过滤后端或风道中,以净化空调管道中的循环风作为载体,发生的臭氧利用空气净化通风系统送风或回风管道的循环风带出,从而达到消毒、灭菌效果。

除上述方法定期进行较彻底的灭菌外,还要对室内的空间、用具(桌椅等)、地面、墙壁等利用外用灭菌剂(如 3％酚溶液等)喷洒或擦拭。其他用具尽量用热压灭菌法或干热灭菌法灭菌。每天工作前开启紫外灯 1 h,中途休息时也要开 0.5～1 h。

2. 无菌操作

操作人员进入操作室之前应洗净手、脸、腕,换上已灭菌的工作服和专用鞋、帽、口罩等,勿使头发、内衣等露出,剪去指甲,双手按规定方法洗净并消毒。所用容器、器具应用热压灭菌法或干热空气灭菌法灭菌,如安瓿等玻璃制品应在 250 ℃、30 min 或 150～180℃、2～3 h 干热灭菌,橡皮塞用 121℃、1 h 热压灭菌。室内操作人员不宜过多,尽量减少人员流动。用无菌操作法制备的注射剂,大多要加抑菌剂。

制备少量无菌制剂时,普遍采用层流洁净工作台进行无菌操作。该设备具有良好的无菌环境,使用方便,效果可靠。

工作步骤2 空气净化技术

1. 概述

空气净化是指以创造洁净空气为目的的空气调节措施。根据不同行业的要求和洁净标准,可分为工业净化和生物净化。工业净化是指除去空气中悬浮的尘埃粒子,以创造洁净的空气环境,如电子工业等。在某些特殊环境中,可能还有除臭、增加空气负离子等要求。生物净化是指不仅除去空气中悬浮的尘埃粒子,是要求除去微生物等以创造洁净的空气环境。如制药工业、生物学实验室、医院手术室等均需要生物洁净。

空气净化技术是创造空气洁净环境,保证和提高产品质量的一项综合性技术。主要是应用粗效、中效和高效滤过器3次滤过,将空气中的微粒滤除,得到洁净空气,再以均匀速度平行或垂直地沿着同一个方向流动,并将其周围带有微粒的空气冲走,从而达到空气洁净的目的。空气净化技术不仅要采用合理的空气净化方法,还必须对建筑、设备、工艺等采用相应的措施和严格的维护管理。

2. 洁净室空气净化标准

(1)含尘浓度。空气中含尘浓度常用计数浓度与重量浓度表示。

计数浓度:每升或每立方米空气中所含粉尘个数(个/L 或个/m³)。

重量浓度:每立方米空气中所含粉尘的毫克量(mg/m³)。

(2)净化方法。常用的方法有 3 种。

①一般净化。以温度、湿度为主要指标的空气调节,可采用初效过滤器。

②中等净化。除对温度、湿度有要求外,对含尘量和尘埃粒子也有一定指标(如允许含尘量为 $0.15 \sim 0.25 \ \text{mg/m}^3$,尘埃粒子不得 $\geq 1.0 \ \mu\text{m}$)。可采用初、中效二级过滤。

③超净化。除对温度、湿度有要求外,对含尘量和尘埃粒子也有严格要求,含尘量采用计数浓度。该类空气净化必须经过初、中、高效过滤器才能满足要求。

(3)洁净室的净化度标准。目前世界各国在净化度标准方面尚未统一。我国净化度标准见表 4-1。

表 4-1 我国洁净室(区)空气净化度级别

洁净级别	尘粒数/(粒/L) (粒径≥0.5 μm)	尘粒数/(粒/英尺³) (粒径≥0.5 μm)	温度/℃	相邻级别 室间压差	湿度/%	菌落数
100	≤3.5	≤100				<1
10 000	≤350	≤10 000				<3
100 000	≤3 500	≤100 000	18~26	正压	40~60	<10
>100 000	≤35 000	≤1 000 000				/

从表 4-1 可知,洁净室必须保持正压,即按洁净度等级的高低依次相连,并有相应的压差,以防止低级洁净室的空气逆流至高级洁净室中。除有特殊要求外,我国洁净室要求:室温为

18～26℃,相对湿度为 40%～60%。

3. 浮尘浓度测定与无菌检查的方法

(1)浮尘浓度测定。目前常用的洁净室内含尘浓度方法测定方法有:光散射式粒子技术法、滤膜显微镜计数法和光电比色计数法。

①光散射式粒子技术法。当含尘气流以细流束通过强光照射的测量区时,空气中的每个尘粒发生光散射,形成光脉冲信号,并转化为相应的电脉冲信号。根据散射光的强度与尘粒表面积成正比,脉冲信号次数与尘粒个数相对应,最后由数码管显示粒径和粒子数目。

②滤膜显微镜计数法。采用微孔滤膜真空过滤含尘空气,捕集尘粒于微孔滤膜表面,用丙酮蒸气熏蒸至滤膜呈透明状,置显微镜下计数。根据空气采样量和粒子数计算含尘量。该法可直接观察尘埃的形状、大小、色泽等物理性质,这对分析尘埃来源及污染途径具有较高的价值,但取样、计数较繁琐。

③光电比色计数法。采用真空泵将含尘空气通过滤纸,捕集尘粒于滤纸表面,测定过滤前后的透光度。根据透光度与积尘量成反比(假设尘埃的成分、大小和分布相同),计算含尘量。常用于中、高效过滤器的渗漏检查。

(2)无菌检查。该法是指检查药品与辅料是否无菌的方法,是评价无菌产品质量必须进行的检测项目。无菌制剂必须经过无菌检查法检验,证实已无微生物生存后,才能使用。《中华人民共和国兽药典》规定的无菌检查法有"直接接种法"和"薄膜过滤法"。

①直接接种法。将供试品溶液分别接种于需氧菌、厌氧菌培养基 6 管,其中 1 管接种金黄色葡萄球菌对照用菌液 1 mL,作为阳性对照,另接种真菌培养基 5 管。在规定条件下培养,需氧菌、厌氧菌培养基管置 30～35℃,真菌培养基 20～25℃培养后观察培养基上是否出现混浊或沉淀,与阳性和阴性对照品比较或直接用显微镜观察。

②薄膜过滤法。取规定量供试品经薄膜过滤器过滤后,取出滤膜在培养基上培养数日,观察结果,并进行阴性和阳性对照试验。该方法可滤较大量的样品,检测灵敏度高,结果较"直接接种法"可靠,不易出现"假阴性"结果。但应严格控制过滤过程中的无菌条件,防止环境微生物污染而影响检测结果。

4. 空气净化技术

洁净室空气净化技术一般采用空气过滤法,当含尘空气通过多孔过滤介质时,粉尘被微孔截留或孔壁吸附,达到与空气分离的目的。该方法是空气净化中经济有效的关键措施之一。

(1)过滤方式。空气过滤属于介质过滤,可分为表面过滤和深层过滤。

①表面过滤。该法是指大于过滤介质微孔的粒子截留在介质表面,使其与空气得到分离的方法。常用的过滤介质有醋酸纤维素、硝酸纤维素等微孔滤膜。主要用于无尘、无菌洁净室等高标准空气的末端过滤。

②深层过滤。该法是指小于过滤介质微孔的粒子吸附在介质内部,使其与空气得到分离。常用的介质材料有玻璃纤维、天然纤维、合成纤维、粒状活性炭、发泡性滤材等。

(2)空气过滤机理。按尘粒与过滤介质的作用方式,可将空气过滤机理大体分为两大类,即拦截作用和吸附作用。

①拦截是指当粒径大于纤维间的间隙时,由于介质微孔的机械屏障作用截留尘粒,属于表面过滤。

②吸附是指当粒径小于纤维间隙的细小粒子通过介质微孔时,由于尘埃粒子的重力、分子

间范德华力、静电、粒子运动惯性及扩散等作用,与纤维表面接触被吸附。属于深层过滤。

(3)影响空气过滤的因素。

①粒径。粒径越大,惯性、拦截、重力沉降作用越大;粒径越小,扩散作用越显著。因此存在过滤效率最低的中间粒径,往往用这一粒径的尘粒检测高效过滤器的效果。对于深层过滤,常用粒径为 $0.3\ \mu m$ 的尘粒来检测。

②风速。在一定范围内,风速愈大,粒子惯性作用愈大,吸附作用增强,扩散作用降低,但过强的风速易将附着于纤维的细小尘埃吹出,造成二次污染,因此风速应适宜;风速愈小,扩散作用愈强,小粒子愈易与纤维接触而吸附,常用极小风速捕集微小尘粒。

③介质纤维。介质纤维越细、越密实,则接触面积大、惯性作用与拦截作用增强,但过于密实,则阻力增大,扩散作用弱。

④附尘。随着过滤的进行,纤维表面沉积的尘粒增加,拦截作用提高,但阻力增加,当达到一定程度时,尘粒在风速的作用下,可能再次飞散进入空气中,因此过滤器应定期清洗,以保证空气质量。

(4)滤器种类。按照滤器滤过效率的大小不同可以分为以下几种。

①粗效过滤器。主要滤除粒径大于 $5\ \mu m$ 的悬浮粉尘,过滤效率可达 $20\%\sim80\%$,除了用于捕集大粒子外,还可用于防止中、高效过滤器被大粒子堵塞,以延长中、高效过滤器的寿命。通常设在上风侧的新风过滤,因此也叫预过滤器。粗效过滤器一般采用易于拆卸的平板型或袋型。

②中效过滤器。主要滤除大于 $1\ \mu m$ 的尘粒,过滤效率达到 $20\%\sim70\%$,一般置于高效过滤器之前,用以保护高效过滤器。中效过滤器的外形结构大体与粗效过滤器相似,主要区别是滤材。

③亚高效过滤器。主要滤除小于 $1\ \mu m$ 的尘埃,过滤效率在 $95\%\sim99.9\%$,置于高效过滤器之前以保护高效过滤器,常采用叠式过滤器。

④高效过滤器。主要滤除小于 $1\ \mu m$ 的尘埃,对粒径 $0.3\ \mu m$ 的尘粒的过滤效率在 99.97% 以上。一般装在通风系统的末端,必须在中效过滤器或在亚高效过滤器的保护下使用。高效过滤器的结构主要是折叠式空气过滤器。高效过滤器的特点是效率高、阻力大、不能再生、安装时正反方向不能倒装。

按照滤器形态结构的不同可以分为以下几种。①板式空气过滤器。把滤材装到框架内,两侧用金属网压紧形成平面状,框架采用木材、金属或塑料等制成,是最简单而常用的过滤器。②契式空气过滤器。将平板状滤材交错摆放成楔状。常用于中效过滤。③袋式过滤器。把滤材做成细长的袋子,然后装入框架上。常用于中效过滤。④折叠式空气过滤器。将较薄的垫块状滤材折叠装入框架内,并且采用波纹形分隔板夹在褶状滤材之间,保持滤材褶与褶之间的间隙,支持手风琴状的滤材,防止滤材变形。该过滤器过滤面积大,可减小通过滤材的有效风速,微米级粉尘的捕集效率高,是经济而可靠的高效过滤设备。

(5)空气净化系统。空气净化系统的设计要求:空气净化系统是保证洁净室洁净度的关键,该系统的优劣直接影响着产品质量。空气中所含尘粒的粒径分布较广,为了有效地滤除各种不同粒径的尘埃,高效空气净化系统采用三级过滤装置:初效过滤→中效过滤→高效过滤。中效空气净化系统采用二级过滤装置:初效过滤→中效过滤(图4-3)。系统中风机不仅具有送风作用,而且还使系统处于正压状态。洁净室常采用侧面和顶部的送风方式,回风一般安装于墙下。

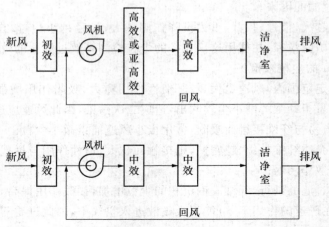

图 4-3　空气过滤流程

局部净化是彻底消除人为污染,降低生产成本的有效方法,特别适合于洁净度需 100 级要求的区域。一般采用洁净操作台、超净工作台、生物安全柜和无菌小室等,安装在 10 000 级洁净区内。局部净化对输液和注射剂的灌封、滴眼剂和粉针的分装等局部工序具有较好的实用价值。

巩固训练

1. 高压灭菌柜的正确使用练习。
2. 化学气体灭菌的现场操作。
3. 洁净室和超净工作台的正确使用。

知识拓展　洁净室设计

洁净室是根据需要对空气中尘粒、微生物、温度、湿度、压力和噪声进行控制的密闭空间。洁净室中的洁净工作区是指洁净室内离地 0.8～1.5 m 高度的区域。根据洁净室洁净度的不同,生产区域可分为一般生产区、控制区、洁净区、无菌区。

一般生产区:没有洁净度要求的工作区,有一定的舒适度即可,如注射剂成品检漏、灯检、印包等。控制区:洁净度要求为 10 万级或 30 万级的工作区,如原料的称量、配液、精制、洗涤等。洁净区:洁净度要求为 1 万级的工作区,如灭菌安瓿的存放、小容量注射剂的灌封等。无菌区:洁净度要求为 100 级的工作区,一般是 1 万级环境下的局部 100 级,如粉针的灌装、输液的灌封、供角膜创伤用的滴眼剂的制备等。

1. 洁净区基本布局

洁净区一般由洁净室、气闸、风淋、亚污染区、更衣室、洗澡室和厕所等区域构成(图 4-4)。各区域的连接必须在符合生产工艺的前提下,明确人流、物流和空气流的流向(洁净度从高→低),确保洁净室内的洁净度要求。

洁净室布置的基本原则:①洁净室内设备布置尽量紧凑,以减少洁净室的面积。②洁净室内不安排窗户或窗户与洁净室之间隔以封闭式外走廊。③洁净室的门要求密闭,人、物进出口

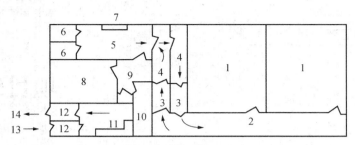

图 4-4　洁净室平面布置图

　1. 洁净室　2. 走廊　3. 风淋(气闸)　4. 非污染区
　5. 亚污染区　6. 厕所　7. 水洗　8. 休息室　9. 擦脚
　10. 管理室　11. 更衣　12. 气阀　13. 进口　14. 出口

处装有气闸。④同级别洁净室尽可能安排在一起。⑤不同级别的洁净室由低级向高级安排，彼此相连的房间之间应设隔门，按洁净等级设计相应压差，一般 10 Pa 左右，门的开启方向朝着洁净度级别高的房间。⑥洁净室应保持正压，洁净室之间按洁净度等级的高低依次相连，并有相应的压差以防止低级洁净室的空气逆流到高级洁净室。空气洁净度级别不同的相邻房间之间的净压差应大于 5 Pa，洁净室(区)与室外大气的净压差应大于 10 Pa，门的开启方向朝着洁净度级别高的房间。⑦照光度按 GMP 规定应超过 300 lx 以上。⑧无菌区紫外光灯，一般安装在无菌工作区之上侧或入口处。⑨除工艺对温度、湿度有特殊要求外，洁净室温度宜保持在 18~26℃，相对湿度 45%~65%。

　2. 洁净室对人员等的要求

　洁净室的设计方案、所用材料是保证洁净室洁净度的基础，但洁净室的维护和管理同样不可缺。一般认为，设备和管理不善造成的污染各占 50%。

　(1)人员。人员是洁净室粉尘和细菌的主要污染源。如人体皮屑、唾液、头发、纤维等污染物质。为了减少人员污染，操作人员进入洁净室之前，必须水洗(洗手、洗脸、淋浴等)，更换衣、鞋、帽，风淋。服饰应专用，头发不得外露，尽量减少皮肤外露；衣料采用发尘少、不易吸附、不易脱落的紧密尼龙、涤纶等化纤织物。

　(2)物件。物件包括原料、仪器、设备等，这些物件在进入洁净室前均需洁净处理。长期置于洁净室内的物件应定时净化处理，流动性物料一般按一次通过方式，边灭菌边送入无菌室内。如安瓿和输液瓶经洗涤、干燥、灭菌后，采用输送带将灭菌容器经洁净区隔墙的传递窗送入无菌室。由于传递窗一般设有气幕或紫外线，以及洁净室内的正压，可防止尘埃进入洁净室。亦可将灭菌柜(一般为隧道式)安装在传递窗内，一端开门于生产区，另一端开门于洁净室，物料从生产区装入灭菌柜，灭菌后经另一端(洁净室)取出。

　(3)内部结构。主要对地面和墙壁所用材料以及设计有一定的要求，材料应具备防湿、防霉、不易块裂、燃烧、耐磨性、导电性好，经济实用等性质，设计应满足不易染尘、便于清洗等。

项目5

注射剂的制备

🍁 知识目标

1. 理解纯化水和注射用水的含义、热原组成和性质、制备纯化水和蒸馏水的原理。

2. 理解注射剂渗透压的意义、深层滤器的过滤原理。

3. 熟悉注射剂的溶剂和附加剂的应用特点,注射剂、输液、无菌分装制剂的工艺设计和环节要求。

4. 掌握影响安瓿质量、灌封质量、输液和无菌分装制剂质量的因素。

🍁 技能目标

1. 能进行纯化水和注射用水制备过程中的质量监控和用鲎试剂法测定热原。

2. 会利用数据计算和调整注射剂的渗透压、投料量的计算。

3. 会进行注射剂生产过程中的质量控制、离子交换法生产纯化水的全程操作、包装容器与包材的处理。

4. 熟练注射剂、输液、无菌分装制剂的各环节制备技术,设备的操作和运行维护。

基础知识

一、注射剂的定义和分类

(一)定义

注射剂俗称针剂,是指将药物制成的供注入机体内的灭菌溶液、混悬液、乳浊液,以及临用前配成溶液或混悬液的无菌粉末或浓缩液的制剂。注射剂在兽医临床应用广泛,是因为其药物作用迅速可靠,生物利用度高,对于一些不宜经口服用或不能经口服用药物是更为适合的制剂形式,剂量准确,但注射剂处方工艺复杂,生产成本高,贮藏、运输、使用不方便是其缺点。

(二)分类

注射剂的种类较多,按分散系统分类,注射剂可分为 4 类。

(1)溶液型注射剂。易溶于水且在水溶液中比较稳定的药物可制成水溶液型注射剂,如葡萄糖注射剂、氯化钠注射剂等。由于水无显著生理作用，又适用于各种注射途径，所以注射剂绝大部分是水溶液型。不溶于水而溶于油的药物可制成油溶液型注射剂。

（2）混悬型注射剂。水难溶性药物或注射后要求延长药效作用的药物，可制成水或油的混悬液型。《中华人民共和国兽药典》2010年版规定，药物的细度应控制在 15 μm 以下，15～20 μm（间有个别 20～50 μm）者不应超过 10%。

（3）乳浊型注射剂。水不溶性液体药物，根据临床需要可以制成乳剂型注射剂。

（4）固本型注射剂。又称注射用灭菌粉剂，或称粉针，是将供注射用的灭菌粉状药物装入安瓿或其他适宜容器中，临用前用适当的溶剂溶解或分散的制剂，比如青霉素等。

二、注射剂的给药途径

根据临床需要，注射剂的给药途径可分为静脉注射、肌内注射、腹腔注射、皮下注射、皮内注射、穴位注射等。

（一）静脉注射

药液直接注入血管，起效最快。静脉注射剂主要是水溶液，油溶液和混悬液一般不能静脉给药。除另有规定外，凡添加抑菌剂、易导致红细胞溶解或使蛋白质沉淀的药液，均不得静脉注射。

（二）肌内注射

药液直接注入肌肉组织内。除水溶液外，油溶液和混悬液等均可肌内注射。

（三）腹腔注射

药液直接注入腹腔，适用于用量大、刺激性小的药物，利用腹腔面积大容易吸收药物的特点。特别是适用于静脉注射不宜操作的患畜等。如促反刍注射液以及猪的腹腔注射等。

（四）皮下注射

药液注射于真皮和肌肉组织之间的松软组织内。皮下注射剂主要是水溶液型和长效型。

（五）皮内注射

药液注射于表皮和真皮之间的注射剂。皮内注射一般用于过敏性试验或疾病诊断。

（六）脊椎腔注射

药液注入硬膜外腔内的注射剂，比如局麻药盐酸普鲁卡因注射剂。

（七）穴位注射

少量药液注入特定穴位内产生特殊疗效的注射剂。

三、注射剂的质量要求

注射剂直接注入体内发挥药效，为了保证用药安全，配制注射剂时使用的原料、辅料、溶媒、容器等均应符合兽药典或农业部批准的质量标准规定。注射剂应符合下列要求：

（一）无菌

注射剂中不应含有任何活的微生物，必须符合药典的无菌检查要求。

（二）无热原

无热原是注射剂质量要求中的重要指标，特别是用量大的、供静脉注射及脊椎腔注射用的注射剂，必须进行热原检查，符合药典对热原的检查要求。

（三）澄明度

注射剂在规定条件下检查，不得含有肉眼可见的混浊或异物。

（四）渗透压

注射剂的渗透压要求与血浆的渗透压相等或接近。

（五）pH

注射剂 pH 要求与血液相等或相近，血液的 pH 为 7.4 左右，注射剂的 pH 一般控制在 4～9的范围内。

（六）安全性

注射剂不能对动物机体产生毒性反应，必须进行必要的动物实验，确保动物安全。

（七）稳定性

注射剂要求必要的物理稳定性、化学稳定性和生物学稳定性，确保在规定的贮存期内安全有效。

（八）其他

注射剂的药物含量、不溶性微粒、色泽、装量等均应符合兽药典及有关质量标准的规定。

四、注射剂的溶剂

（一）注射用水

注射剂的溶媒对肌体应无不良影响，性质稳定，无菌、无热原。并且与主药不发生反应。其用量应不影响药物疗效，且能被组织吸收。

1. 质量要求

注射用水是最常用的水性溶媒，也可用氯化钠注射液、复方氯化钠注射液或其他适宜的水溶液为溶媒。一切水性溶媒均应符合《中华人民共和国兽药典》热原检查项中的规定要求。注射用水为重蒸馏所得的水，要求无色、澄明、无臭、无味；pH(5.7～7.0)、氨、氯化物、硫酸盐、钙盐、二氧化碳、易氧化物、不挥发性物质、重金属等均应符合规定，并要求在制备后 24 h 内使用完。

2.热原

(1)热原的组成。凡能引起动物(恒温)体温异常升高的物质称为热原。热原可以是微生物的代谢产物,属内毒素,主要由脂多糖(致热活性物质)、磷脂和蛋白质构成,属高分子复合物,其相对分子质量一般为100万~200万,且分子质量越大,致热活性就越强。

(2)热原的性质。

①耐热性。热原的耐热性能强,在60℃加热1 h不受影响,100℃也不发生热解,120℃加热4 h仅能破坏98%,80~200℃加热2 h以上或250℃加热30 min以上才能彻底破坏,650℃时使其彻底破坏还需1 min。在注射剂灭菌的通常条件下,往往不足以使热原破坏。

②水溶性。热原可溶于水,呈分子状态,似真溶液,其浓缩的水溶液呈现乳光。

③不挥发性。热原本身并不具有挥发性,但在制备蒸馏水时可随水气微粒雾滴而被夹带进入蒸馏水中,造成污染。

④滤过性。热原体积小,在1~5 nm,因而能通过一般滤器,也能通过微孔滤膜。

⑤吸附性。热原能够被活性炭、树脂所吸附,也能被以石棉为滤材的滤器所吸附。

⑥其他。能被强酸、强碱或氧化剂等破坏。例如,热原能被盐酸、硫酸、氢氧化钠、高锰酸钾等物质所破坏。另外,超声波也能破坏热原。

(3)污染热原的途径。注射剂污染热原的途径可能有下几种:

①从溶媒中带入。这是注射剂污染热源的主要途径。比如,制备注射用水时,蒸馏水器结构不合理、操作不当或注射用水贮藏时间过久等都会污染热原。为此,必须选用合格的注射溶媒(注射用水),同时须使用新鲜的注射用水,做到随蒸随用。

②从原料中带入。原料质量不合格或包装不好,都有可能污染了热原或微生物,微生物的增殖会产生热原。

③从容器、用具、管道和装置中带入。由于没有及时洗净或灭菌,都可能会污染热原。为此,在生产中,对这些容器、用具、管道等物必须认真处理,合格后方可使用。

④生产过程中的污染。生产过程中,生产车间内卫生条件差,生产时间过长,装置不密闭或灭菌不完全等都有可能污染了热原或微生物。

⑤使用过程中带入。注射剂(输液剂)本身是合格产品,但使用后机体出现热原反应,这很可能是注射器、注射针头、输液胶管或注射时注射部位未消毒等而引起。

(4)除去热原的方法。

①高温法。注射器、针头、输液瓶或其他玻璃器皿等,在洗涤烘干后,于250℃干热灭菌30 min,即可破坏热原。

②酸碱法。由于热原能被强酸、强碱或强氧化剂等破坏,所以玻璃容器、用具等可使用重铬酸钾硫酸清洗液浸洗或用2%氢氧化钠溶液处理。

③吸附法。配制注射液时常加入活性炭,用以除去热原,一般用量为溶液总量的0.1%~0.5%,特别适用于药物浓度高、溶解度大的药液。活性炭的吸附没有特异性,同时兼有脱色作用,使用时应加以考虑。离子交换法也是常用的吸附除去热原的方法。有时,将活性炭与白陶土、硅藻土等合用来除去热原效果也很好。

④凝胶过滤法。用二乙氨基乙基葡聚糖凝胶(分子筛)制备无热原去离子水。

⑤其他。利用反渗透法通过三醋酸纤维膜或聚酰胺膜来除去热原。还有超滤法以及二次

湿热灭菌法和微波法等。

虽然除去热原有上述方法,但都各具局限性。因此,在注射剂生产的整个过程中,应尽量减少微生物的污染,即减少热原污染的机会。

(二)注射用油

根据药物的性质或需要在机体内延长药效时,注射可用注射用油作溶媒。常用的油有精制的麻油、花生油或茶油等。

1. 注射用油的质量要求

(1)无异臭、无酸败味、色泽不得深于黄色 6 号标准比色液;10℃时应保持澄明。

(2)皂化值应为 185～200;碘值应为 79～128;酸值不大于 0.56。

其他植物油如果符合上述要求,在使用量范围内对机体安全无害,不影响主药疗效,并能被机体吸收,均可选为注射用油,如杏仁油、橄榄油等。

2. 注射用油的精制

植物油是由各种脂肪酸的甘油酯组成,在贮藏过程中与空气、光线接触可发生化学变化而酸败,酸败的油脂产生低分子化合物如醛类、酮类和脂肪酸,使其酸值增高,并具有刺激性,因而需要精制。精制方法如下:

(1)中和游离脂肪酸。先按兽药典方法测定植物油的酸值,计算需用氢氧化钠(钾)的近似量。然后取植物油置于水浴上加热,滴加 5%～10% 的醇制氢氧化钠(钾)溶液以中和游离脂肪酸,边加边搅拌,加至近似用量时取 1 油滴加酚酞指示液,显粉红色为止,表示中和完成。继续升温至 60～70℃保持 30 min,静置过夜。

(2)油皂分离。取样测定酸值如在 0.3 以下即可分离油液,并用 50～60℃的蒸馏水反复洗涤至油液澄清为止。洗涤时不可剧烈振摇或搅拌,以防乳化。

(3)脱色与除臭。取已分离的澄清油液,加入油量的 0.5%～1% 活性炭及 3% 活性白陶土,加热至 80℃并搅拌 30 min,以除去挥发性杂质。静置过夜,压滤至澄清,经酸值、杂质、水分等项目检验合格并经灭菌后即可使用。

许多药物在植物油中的溶解度不大,因此注射用油在应用上有一定的局限性,油溶液不易与液体混合,故药物释放缓慢。一般油溶液不能供静脉注射。药物的油溶液肌注可引起局部组织反应如囊肿、异物性肉芽肿或神经损害,故油溶液型注射剂应在标签上注明所用油的名称。

(三)其他注射用非水溶剂

乙醇、甘油、丙二醇、聚乙二醇(PEG)等,为常用的亲水性溶媒。一般均用其低浓度的水溶液为复合溶媒,用于增加主药的溶解度,防止水解,增加溶液中稳定性。亲脂性溶媒有油酸乙酯、三乙酸甘油酯和二甲基亚砜(DMSO)等,常与注射用油合用降低油的黏滞性。采用 40% 二甲基亚砜水溶液配制注射液,有明显的抗冻作用。

1. 乙醇

本品与水、甘油、氯仿或乙醚能任意混溶组成复合溶媒。适用于在水中溶解度小或不稳定,而在稀乙醇中易溶稳定的药物。在注射剂中乙醇的最高用量可达 50%,一般为 20%,过高影响安瓿的熔封。用乙醇作溶媒的注射剂可供肌内注射和静脉注射,但要注意,含醇量超过

10％的注射剂，肌内注射时会有疼痛感。乙醇对小白鼠的 LD_{50} 皮下注射为 8.285 g/kg，静脉注射为 1.973 g/kg。

2. 甘油

无色、澄清的黏稠液体，味甜，具有引湿性，能与乙醇、水任意混溶，与氯仿、乙醚不溶。因甘油黏度、刺激性较大，故不宜单独作溶媒，但甘油对许多药物的溶解性能好，常将其与水、乙醇、丙二醇等混合作复合溶媒。甘油对小白鼠的 LD_{50} 皮下注射为 10 mL/kg，静脉注射为 6 mL/kg。

3. 丙二醇

丙二醇无毒但有刺激性，溶解范围广。常与水混溶作复合溶媒，用于在水中溶解度小且不稳定的药物，常用浓度为 1％～50％，如盐酸土霉素注射液。丙二醇对小白鼠的 LD_{50} 皮下注射为 5 g/kg，静脉注射为 5～8 g/kg，腹腔注射为 9.7 g/kg。

4. 聚乙二醇（PEG）

聚乙二醇为环氧乙烷的聚合物，其平均相对分子质量在 300～400 的聚乙二醇为中等黏性、无色化学性质稳定的液体，适用于作注射剂的溶媒。常用浓度为 1％～50％，如扑热息痛注射液等。聚乙二醇 300 在大鼠腹腔注射的 LD_{50} 为 19.125 g/kg。

此外，还有油酸乙酯、乙酸乙酯、三乙酸甘油酯、二甲基亚砜（DMSO）、二甲基乙酰胺、α-吡咯烷酮、甘油甲缩醛等。

五、注射剂的附加剂

注射剂中除主药、溶媒外，还需加入一些辅助物质，用以达到增溶、助溶、抗氧化、抑菌、调节渗透压及 pH 等目的，这些附加的辅助物质统称为注射剂的附加剂。附加剂必须在其有效浓度内，对机体安全无害，对主药疗效和检测无影响。

（一）主要作用

1. 增溶和助溶作用

有些药物溶解度较小，其饱和溶液的浓度远小于制剂所需浓度，不能满足兽医临床需求。为此，必须采用适宜的方法来增加药物溶解度，这类附加剂为增溶剂和助溶剂。

2. 抗氧化作用

药物的氧化反应是引起注射剂不稳定的主要因素之一。例如维生素 C、肾上腺素等制成注射剂后极易氧化变质，能够使注射液发生变色、分解、沉淀、降低疗效，甚至能产生有毒物质。为了防止或延缓注射剂中药物的氧化变质，可采用在溶液中添加抗氧剂、金属络合物和惰性气体的方法来克服。

3. 调节 pH 作用

调整 pH 的附加剂，又叫 pH 调整剂，其作用主要是增加注射剂的稳定性以及减少注射液对机体组织的不良作用等。注射剂的 pH 通常要求在 4～9。常用的 pH 调整剂有：盐酸、枸橼酸、硫酸及其盐；氢氧化钠、碳酸氢钠、磷酸二氢钠和磷酸氢二钠等。选择适宜的 pH 调整剂，主要根据药物的性质确定。

4. 抑菌作用

抑制微生物生长繁殖的化学物质称为抑菌剂（或防腐剂）。凡采用低温灭菌、过滤除菌或无菌操作法制备的注射剂,以及多剂量装的注射剂,均应加入适宜的抑菌剂。抑菌剂的加入量应能抑制注射液内微生物的生长,同时应对动物机体无毒害作用,抑菌剂本身不因受热或 pH 改变而降低抑菌效能,也不影响主药疗效和稳定性。

5. 止痛作用

减轻疼痛或对组织的刺激性。

6. 调节渗透压的作用

凡与血浆或泪液等体液具有相同渗透压的溶液称为等渗溶液,例如,0.9％氯化钠注射液、5％葡萄糖注射液等。高于体液渗透压的溶液为高渗溶液,低于体液渗透压的溶液为低渗溶液。高渗溶液会使机体组织细胞发生萎缩(细胞内脱水),甚至引起死亡;低渗溶液会使机体组织细胞发生体积膨胀,甚至破裂而死亡。为此,注射液一般均应调成等渗溶液。常用的调整渗透压的附加剂有氯化钠、葡萄糖、磷酸盐或枸橼酸盐等。

(二)常用附加剂

1. 增溶剂

增溶剂主要为无毒性的非离子型表面活性剂,如吐温类、卖泽类、月桂醇硫酸钠等,广泛应用于各种油溶性、水难溶性药物的增溶,如挥发油、脂溶性维生素、甾体类激素、生物碱类、苷类等的增溶。

2. 助溶剂

有些难溶性药物因加入第三种物质,能在溶液(通常指水溶液)中形成络合物、复盐等而增加其溶解度,这个过程称为助溶,第三种物质称为助溶剂。例如,苯甲酸钠可作为咖啡因在水中的助溶剂(形成苯甲酸钠咖啡因,即安钠咖);乙二胺可作为茶碱在水中的助溶剂(形成氨茶碱);水杨酸钠可作为痢菌净在水中的助溶剂等。

3. 抗氧剂

注射剂中的抗氧剂本身就是极易氧化的还原性物质,当其与易氧化药物同时存在于药液中时,空气中的氧气首先与还原性物质发生反应,从而保护了药物不被氧化。选择抗氧剂应以还原性强、使用量小、对机体安全无害、不影响主药稳定性和疗效为准。常用的抗氧剂和使用浓度见表 5-1。

表 5-1 常用的抗氧剂和使用浓度

名称	使用浓度	应用范围
焦亚硫酸钠	0.1％～0.2％	水溶液呈弱酸性,适用于偏酸性药液
亚硫酸氢钠	0.1％～0.2％	水溶液呈弱酸性,适用于偏酸性药液
亚硫酸钠	0.1％～0.2％	水溶液呈中性或弱碱性,适用于偏碱性药液如磺胺类药物的钠盐
硫代硫酸钠	0.1％	水溶液呈中性或弱碱性,适用于偏碱性药物。不可与重金属盐类配伍
抗坏血酸	0.05％～0.2％	水溶液呈酸性,适用于 pH4.5～7.0 的药物水溶液。常与焦亚硫酸钠合用
焦性没食子酸酯	0.05％～0.1％	主要用于油溶性药物

4. 金属络合物

微量金属离子对氧化反应具有催化作用，尤以 Cu^{2+}、Fe^{2+}、Pb^{2+}、Mn^{2+} 等作用最强。注射液中的微量金属离子常由原辅料、溶媒中带入。如果在这些药液中加入金属络合物，使其与药液中存在的微量金属离子生成稳定的、几乎不解离的络合物，就可消除金属离子对药物氧化的催化作用。常用的金属络合物有依地酸钙钠和依地酸二钠（EDTA-Na$_2$），使用浓度为 0.005%～0.05%，与抗氧剂合用。

5. 惰性气体

注射液中的药物氧化反应过程极为复杂，但主要根源在于溶媒中和容器空间的氧气。在配制易氧化药物的注射液时，除加入抗氧剂、金属络合物外，还可通入惰性气体以驱除尽注射用水中溶解的氧气和容器空间的氧气，效果较好。常用的惰性气体有氮气和二氧化碳两种气体。

根据主药的理化性质选择惰性气体。一般凡与二氧化碳不发生作用的产品通入二氧化碳驱氧效果比通氮气的好，因为二氧化碳在水中溶解度大于氮气的溶解度，比重比氮气的大。

生产上常用二氧化碳和氮气两种气体，含有少量气体杂质以及水分、细菌、热原等，必须经过洗气瓶处理后再通入。例如，氮气可经过浓硫酸洗气瓶除去水分，再经过碱性没食子酸洗气瓶和1%高锰酸钾洗气瓶以除去氧气及还原性有机物，最后经过注射用水洗气瓶即可得到较纯净的氮气；二氧化碳气体可通过浓硫酸、硫酸铜、高锰酸钾、注射用水等洗气瓶即可除去各种杂质。

配液前先将惰性气体通入注射用水中使其饱和，配液时再直接通入药液中。在实际生产中，对1～2 mL安瓿注射液常采用先灌药液后通惰性气体；对5～10 mL安瓿注射液则常采用先通惰性气体，后灌药液，最后再通惰性气体。

6. 抑菌剂

抑制微生物生长繁殖的化学物质称为抑菌剂（或防腐剂）。凡采用低温灭菌、过滤除菌或无菌操作法制备的注射剂，以及多剂量装的注射剂，均应加入适宜的抑菌剂。抑菌剂的加入量应能抑制注射液内微生物的生长，同时应对动物机体无毒害作用，抑菌剂本身不因受热或pH改变而降低抑菌效能，也不影响主药疗效和稳定性。

加有抑菌剂的注射液，仍应采用适宜的方法进行灭菌。注射量较大的注射液，抑菌剂必须经过谨慎选择；供静脉注射或椎管注射用的注射液，均不得添加抑菌剂。凡添加抑菌剂的注射液，均应在标签或说明书上注明抑菌剂的名称、用量。常用的抑菌剂和使用浓度见表5-2。

7. 其他附加剂

如pH调节剂、渗透压调节剂、止痛剂、延效剂（如PVP）等。见表5-3。

表 5-2　常用的抑菌剂和使用浓度　　　　　　　　　　　　　　%

名称	使用浓度	应用范围
苯酚	0.5	适用于偏酸性注射液，在碱性溶液中抑菌效果会降低
甲酚	0.25～0.3	适用于药物油液，不宜与铁盐或生物碱类配伍
三氯叔丁醇	0.5	适用于偏酸性药液，在高温及碱性溶液中易分解，从而降低抑菌能力

续表 5-2

名称	使用浓度	应用范围
苯甲醇	1～3	适用于偏碱性药液,但有一定的溶血性能,并具有局部止痛作用
尼泊金酯类	0.1左右	其水溶液呈中性,使用范围较广,但不宜与吐温类配合使用
硫柳汞	0.001～0.02	适用于中药、生物药物溶液

表 5-3　其他常用的附加剂和使用浓度　　　　　　　　　　　　　　　　　%

名称	使用浓度	名称	使用浓度
缓冲剂		螯合剂	
醋酸-醋酸钠	0.22,0.8	EDTA-2Na	0.01～0.05
枸橼酸-枸橼酸钠	0.5, 4.0	增溶剂、润湿剂、乳化剂	
乳酸	0.1	聚氧乙烯蓖麻油	1～6
酒石酸-酒石酸钠	0.65,1.2	聚山梨酯20	0.01
磷酸氢二钠-磷酸二氢钠	1.7, 0.71	聚山梨酯40	0.05
碳酸氢钠-碳酸钠	0.005,0.06	聚山梨酯80	0.04～4.0
止痛剂		聚维酮	0.2～0.1
利多卡因	0.5～1.0	聚乙二醇-40 蓖麻油	7.0～11.5
盐酸普鲁卡因	1.0	卵磷脂	0.5～2.3
苯甲醇	1.0～2.0	Pluronic F-180	0.21
三氯叔丁醇	0.3～0.5	助悬剂	
等渗调节剂		明胶	2.0
氯化钠	0.5～0.9	甲基纤维素	0.03～1.05
葡萄糖	4.0～5.0	羧甲基纤维素	0.05～0.75
甘油	2.25	果胶	0.2

六、渗透压调节剂

(一)相关概念

　　凡与血浆或泪液等体液具有相同渗透压的溶液称为等渗溶液,例如 0.9%氯化钠注射液、5%葡萄糖注射液等。高于体液渗透压的溶液为高渗溶液,低于体液渗透压的溶液为低渗溶液。高渗溶液会使机体组织细胞发生萎缩(细胞内脱水),甚至引起死亡;低渗溶液会使机体组织细胞发生体积膨胀,甚至破裂而死亡。为此,注射液一般均应调成等渗溶液。常用的调整渗透压的附加剂有氯化钠、葡萄糖、磷酸盐或枸橼酸盐等。

　　因为渗透压是溶液的依数性之一,可用物理化学实验法求得。但按物理化学概念计算出的某些药物的等渗溶液,仍有不同程度的溶血现象。说明不同物质的等渗溶液不一定都能使红细胞的体积和形态保持正常,因而提出等张的概念。所谓等张溶液是指与红细胞膜张力相等的溶液,也就是能使其中的红细胞保持正常体积和形态的溶液。"张力"实际上是指溶液中不能透过红细胞细胞膜的颗粒(溶质)所造成的渗透压。例如,氯化钠不能自由透过细胞膜,所以0.9%既是等渗溶液也是等张溶液。而尿素、甘油、普鲁卡因等能自由通过细胞膜,同时促使细胞外水分进入细胞,使红细胞胀大破裂而溶血。所以1.9%的尿素溶液是与血浆等渗但不等张,2.6%的甘油溶液,是等渗但仍100%溶血。故注射液渗透压的调整应注意等张问题,必要时用溶血测定法确定药物的渗透压。

等渗溶液是一个物理化学的概念,等张溶液是一个生物学概念。静脉注射液必须调节成等渗或偏高渗且等张的溶液,脊椎腔注射则必须调节成等渗且等张的溶液。肌内注射一般可耐受0.45%~2.7%的氯化钠溶液,即相当0.5~3个等渗浓度的溶液。

(二)渗透压调整的计算方法

1. 渗透压摩尔浓度法

渗透压具有依数性,即渗透压的大小由溶液中溶质的质点数目决定,药物溶液中溶质的质点数目与血液中的溶质的质点数目相同,则药物溶液与血液等渗。渗透压大小是以每升溶液中溶质的毫渗透压摩尔(mOsmol)表示。1 mOsmol为1毫摩尔分子(非电解质)或1毫摩尔离子(电解质)所产生的渗透压。即1毫摩尔质点产生1个mOsmol的渗透压,如葡萄糖分子和Na离子、Cl离子等。显然1 mmol NaCl=2 mOsmol,而1 mmol $CaCl_2$=3 mOsmol。大多生物体的体液(包括血浆)渗透压平均为298 mOsmol,一般在280~310 mOsmol范围内。

举例计算:要制备等渗NaCl注射液1 000 mL,需要多少克氯化钠,计算如下。

1 mmol NaCl产生2mOsmol,要产生298 mOsmol,需要x mmol NaCl,

则有1 mmol:2mOsmol=x:298 mOsmol　得x=149 mmol

需要NaCl的重量=毫摩尔数×毫克分子质量=149×58.5=9 g

故0.9%的氯化钠注射液,即为等渗溶液。

或用下式来计算

毫渗透压摩尔浓度(mOsmol/L)=溶质的重量(g/L)×n×1 000 分子质量(g)

式中,n为溶质分子溶解时生成的离子数或化学物种数(分子数),在理想溶液中如葡萄糖n=1,氯化钠或硫酸镁n=2,氯化钙n=3,枸橼酸n=4。

2. 冰点降低数据法

相同冰点的溶液都具有相等的渗透压。人血液的冰点为-0.52℃,任何溶液只要调节其冰点为-0.52℃,即与人血液等渗。动物血液的冰点为:牛-0.56℃、马-0.56℃、猪-0.32℃、犬-0.57℃、兔-0.59℃。任何溶液只要将其冰点调整为各种动物相应的冰点下降度(例如牛、马为-0.56℃)时,即成为各该种动物的等渗溶液(表5-4)。

低渗溶液可通过加入附加剂来调整为等渗,需加入附加剂的量可按下列公式求得:

$$W=\frac{0.52-a}{b} \quad \text{或} \quad W'=\frac{0.56-A}{B} \tag{5-1}$$

式中,W或W',为每100 mL低渗溶液中需添加附加剂的克数;a为未调整的低渗溶液的冰点下降度数值(如果溶液中药物冰点下降度的总和);b为1%(g/mL)等渗调整剂水溶液的冰点下降度数值;0.52℃为人血液的冰点下降值,0.56℃为牛、马血液的冰点下降值。

表 5-4　一些药物水溶液的冰点降低与氯化钠等渗当量

名称	1%(g/mL)水溶液 冰点降低/℃	每1g药物氯化钠 等渗当量/g	等渗浓度溶液的溶血情况		
			浓度/%	溶血/%	pH
硼酸	0.28	0.47	1.9	100	4.6
硼砂	0.25	0.35			
氯化钠	0.58	1.00	0.9	0	6.7
氯化钾	0.44	0.76			
葡萄糖(H_2O)	0.091	0.16	5 051	0	5.9
无水葡萄糖	0.10	0.18	5.05	0	6.0
依地酸二钠	0.132	0.23			
枸橼酸钠	0.18	0.31			
亚硫酸氢钠	0.35	0.61			
无水亚硫酸钠	0.375	0.65			
焦亚硫酸钠	0.389	0.67			
磷酸氢二钠($2H_2O$)	0.24	0.42			
磷酸二氢钠($2H_2O$)	0.202	0.36			
乳酸钠	0.318	0.52			
碳酸氢钠	0.375	0.65	1.39	0	8.3
吐温 80	0.01	0.02			
甘油	0.20	0.35			
硫酸锌	0.085	0.12			
硝酸银	0.190	0.33			
盐酸麻黄碱	0.16	0.28	3.2	96	5.9
盐酸吗啡	0.086	0.15			
盐酸乙基吗啡	0.19	0.15	6.18	38	4.7
硝酸毛果芸香碱	0.131				
盐酸普鲁卡因	0.122	0.21	5.05	91	5.6
盐酸犹卡因	0.109	0.18			
盐酸丁卡因	0.10	0.18			
盐酸可卡因	0.091	0.16	6.33	47	4.4
氢溴酸东莨碱	0.07	0.12			
氢溴酸后马托品	0.097	0.17	5.67	92	5.0
硫酸毒扁豆碱	0.080	0.13			
硫酸阿托品	0.073	0.13	8.85	0	5.0

续表 5-4

名称	1%(g/mL)水溶液 冰点降低/℃	每 1 g 药物氯化钠 等渗当量/g	等渗浓度溶液的溶血情况		
			浓度/%	溶血/%	pH
青霉素 G 钾	0.101	0.16	5.48	0	6.2
氯霉素	0.06	/			
盐酸土霉素	0.061	0.14			
盐酸四环素	0.078	0.14			

例 1 配制 1%盐酸普鲁卡因注射液 100 mL,应加入氯化钠多少克才可调整为等渗溶液?(按牛、马冰点下降度计算)

解:查表可知,1%盐酸普鲁卡因冰点下降度为 0.122℃,1%氯化钠的冰点下降度数值为 0.578℃,代入公式,得

$$W' = \frac{0.56 - 0.122}{0.578} \approx 0.758(g)$$

答:应加入氯化钠 0.758 g,即可调整为等渗溶液。

例 2 配制 100 mL 2%盐酸普鲁卡因溶液,问需加入多少氯化钠使成为等渗溶液?(按人冰点下降度计算)

解:查表得,1%盐酸普鲁卡因溶液的冰点降低度为 0.122℃,则 2%盐酸普鲁卡因溶液冰点降低度为 0.122×2=0.244(℃)代入公式,得

$$W = \frac{0.52 - 0.244}{0.578} \approx 0.48(g)$$

答:需要加入 0.48 g 的氯化钠,可使 2%盐酸普鲁卡因溶液成为与人血浆等渗的溶液。

例 3 欲配制 10 000 mL 葡萄糖等渗溶液(牛、马使用),问需用多少葡萄糖(含水)?

解:查表得,1%葡萄糖冰点下降度为 0.091℃,设需用 x g 葡萄糖,则有:

$$\frac{1\%}{\frac{x}{1\,000} \times 100\%} = \frac{0.091}{0.56} \qquad 所以 \ x \approx 615.4(g)$$

答:需要 615.4 g 葡萄糖,能使之配成 10 000 mL 等渗溶液。

3. 氯化钠等渗当量法

氯化钠等渗当量是指能与 1 g 药物在溶液中产生的渗透压相等的氯化钠的量(g),通常用 E 来表示。例如维生素 C 的氯化钠等渗当量为 0.18,即 1 g 维生素 C 在溶液中产生的渗透压与 0.18 g 氯化钠在溶液中产生的渗透压相等。因此,查出药物的氯化钠等渗当量后,即可计算出等渗调整剂的用量。计算公式如下:

$$X = 0.009V - E \cdot W \tag{5-2}$$

式中,X 为配制 y 毫升等渗溶液需加入氯化钠的克数;E 为药物的氯化钠等渗当量;V 为欲配制溶液的毫升数;W 为药物的克数;0.009 为每毫升等渗氯化钠溶液所含氯化钠的克数。

例 1 配制 1%盐酸普鲁卡因注射液 200 mL,问需加多少氯化钠使成等渗溶液?

解:查表得,盐酸普鲁卡因的氯化钠等渗当量为 0.21,$W = 1\% \times 200 = 2(g)$,代入公式,得

$$x = 0.009 \times 200 - 0.21 \times 2$$

$$所以 \quad x = 1.38(g)$$

答:需加 1.38 g 氯化钠能调整为等渗溶液。

例 2　配制 2% 盐酸普鲁卡因注射液 100 mL,问需加多少氯化钠才能调整为等渗溶液?

解:查表得,盐酸普鲁卡因的氯化钠等渗当量为 0.21,代入公式,得

$$x = 0.009 \times 100 - 0.21 \times (2\% \times 100)$$

$$所以 \quad x = 0.48(g)$$

答:需加 0.48 g 氯化钠就能调整为等渗溶液。

4. 任何非电解质溶液

当其浓度为 0.291 g/L 时,即与人的血浆等渗。

当查不到某药物的冰点下降数据或氯化钠等渗当量时,可以利用药物的分子质量计算其等渗溶液的浓度。例如无水葡萄糖溶液的等渗浓度为分子质量与 0.291 的乘积,即:

$$180 \times 0.291 = 52.38(g/L) = 5.238\%(g/100 \text{ mL})$$

(三)等张浓度的调节和测定

药物的等张浓度,可用溶血法进行测定。将某种动物的红细胞放在各种不同的氯化钠溶液中,则出现不同程度的溶血。如将某种动物的红细胞放在不同浓度的药物溶液中,也可能出现不同程度的溶血。将两种溶液的溶血情况比较,溶血情况相同的,则认为它们的渗透压也相同。根据渗透压的大小与物质的量浓度成正比的原理,可以列出下式:

$$P_{NaCl} = \bar{i}_{NaCl} \cdot c_{NaCl} ; P_D = \bar{i}_D \cdot c_D \tag{5-3}$$

式中,P 为渗透压;c 为物质的量浓度;D 代表药物;$\bar{i}$ 为渗透系数。如果 $P_{NaCl} = P_D$ 则下式成立:

$$\frac{1.86 \times 100 \text{ mL 溶液中 NaCl 的克数}}{58.48} = \frac{\bar{i}_D \times 100 \text{ mL 溶液中某药物的克数}}{药物的分子质量} \tag{5-4}$$

式中,1.86 是 NaCl 的渗透系数,58.48 是 NaCl 的相对分子质量,根据上式可以计算出 $\bar{i}_D$ 值,即药物的等张浓度。

例如:用上述溶血法测得无水氯化钙的 $\bar{i}_D$ 值为 2.76,则可求出相当于 0.9% 氯化钠的氯化钙质量:

$$\frac{1.86 \times 0.9}{58.48} = \frac{2.76 \times X}{110.99}$$

解得　$X = 1.15 \text{ g}$　即 1.15 g 为无水氯化钙的等张浓度。

在新产品试制中,即使所配溶液为等渗溶液,也应该进行溶血试验,必要时加入等张调节剂。

任务 1　注射用水的制备

为了提高注射用水的质量,可采用综合法制备注射用水,即将离子交换法与反渗透法相结合,或将离子交换法与蒸馏法相结合,此法的流程为图5-1。

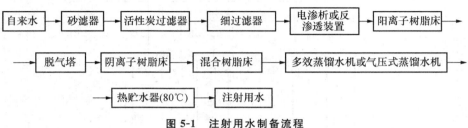

图 5-1　注射用水制备流程

工作步骤 1　原水的过滤

一般水中含有悬浮物、气体、无机物、有机物、细菌及热原等。因此,需要将此种污染严重的原水经过预处理,使其成为具有一定澄清度的常水,再经过净化处理,成为有相当洁净度的纯水,用来作制备注射用水的水源。预处理常用过滤吸附法。

工作步骤 2　反渗透法对水的处理

在 U 型管内用一个半透膜将纯水和盐溶液隔开,则纯水可透过半透膜扩散到盐溶液一侧,这就是渗透过程。两侧液柱产生的高度差,就是此盐溶液所具有的渗透压。如果开始时在盐溶液上施加一个大于此盐溶液渗透压的压力,则盐溶液中的水将向纯水一侧渗透,结果水就从盐溶液中分离出来,这一过程就是反渗透。用反渗透法制备注射用水常用的膜有醋酸纤维膜(如三醋酸纤维膜)和聚酰胺膜。其原理见图5-2。

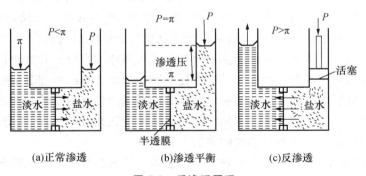

图 5-2　反渗透原理

一般一级反渗透装置能除去一价离子 $90\%\sim95\%$、二价离子 $98\%\sim99\%$,同时能除去微生物,但除去氯离子的能力达不到药典的要求,只有二级反渗透装置才能较彻底地除去氯离子。有机物的排除率与分子质量有关,相对分子质量大于 300 的几乎全部除尽,因而可除去热原。

工作步骤 3 电渗析法对水的处理

电渗析法净化水较离子交换法经济,节约酸碱。但此法制得的水比电阻低,一般在 10 万 Ω·cm 左右。故常与离子交换法联用,以制备纯水。

电渗析法是在外加电场作用下,使水中的离子发生定向迁移,通过具有选择性和良好导电性的离子交换膜,使水净化的技术。其工作原理如图 5-3 所示。

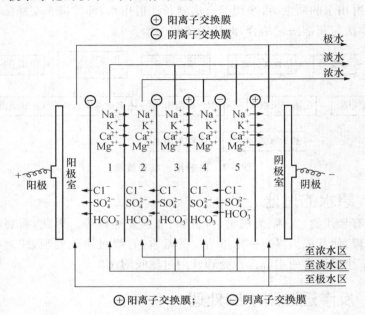

图 5-3　电渗析原理示意图

工作步骤 4 离子交换树脂法对水的处理

离子交换树脂法是原水处理的基本方法之一,通过离子交换树脂法处理原水可制得去离子水。所谓去离子水,是指用适宜的方法将水中的电解质分离去除而制得的水。本法的主要优点是所得的水化学纯度较高,所需设备简单,节约燃料,成本低等。其缺点是在除热原的性能上,不如重蒸馏法可靠,一般仅供注射剂生产或其他用途的洗涤用水。

(1)离子交换树脂。离子交换树脂是一种球形网状固体的高分子共聚物,不溶于水、酸、碱和有机溶剂,但吸水后能膨胀。树脂分子由极性基团和非极性基团两部分组成,吸水膨胀后非极性基团作为树脂的骨架,如乙烯型树脂是以苯乙烯作为该种树脂的骨架;极性基团又称交换基团(功能基团)。在交换时,极性基团上的离子与水中同性离子交换,进行阳离子交换的树脂叫阳树脂,进行阴离子交换的树脂叫阴树脂。

离子交换树脂最常用的有两种,一种是 732 型苯乙烯强酸性阳离子交换树脂,其极性基团是磺酸基,可简化为 $RSO_3^- H^+$ 和 $RSO_3^- Na^+$,前者叫氢型,后者叫钠型;另一种是 717 型苯乙烯强碱性阴离子交换树脂,其极性基团为季铵基团,可简化为 $R—N^+(CH_3)_3 Cl^-$ 或 $R—N^+(CH_3)_3 OH^-$,前者叫氯型,后者叫 OH 型,氯型较稳定。

阳、阴树脂在水中是解离的。氢型的阳树脂 $RSO_3^- H^+$ 解离成 RSO_3^- 和 H^+;阴树脂 $R—N^+(CH_3)_3 OH^-$ 解离成 $R—N^+(CH_3)_3$ 和 OH^-。如果原水中含有 K^+、Na^+、Ca^{2+}、Mg^{2+} 等

阳离子和 SO_4^{2-}、Cl^-、HCO_3^-、$HSiO_3^-$ 等阴离子,在原水通过阳树脂层时,水中阳离子被树脂吸附,树脂上的阳离子 H^+ 被置换到水中,并与水中的阴离子组成相应的无机酸,其反应式如下:

$$R—SO_3^-H^+ + \begin{Bmatrix} K^+ \\ Na^+ \\ \frac{1}{2}Ca^{2+} \\ \frac{1}{2}Mg^{2+} \end{Bmatrix} \begin{Bmatrix} \frac{1}{2}SO_4^{2-} \\ Cl_5 \\ HCO_3^- \\ HSiO_3^- \end{Bmatrix} = R—SO_3^- \begin{Bmatrix} K^+ \\ Na^+ \\ \frac{1}{2}Ca^{2+} \\ \frac{1}{2}Mg^{2+} \end{Bmatrix} + H^+ \begin{Bmatrix} \frac{1}{2}SO_4^{2-} \\ Cl^- \\ HCO_3^- \\ HSiO_3^- \end{Bmatrix}$$

含无机酸的水再通过阴树脂层时,水中阴离子被树脂所吸附,树脂上的阴离子 OH^- 被置换到水中,并和水中的 H^+ 结合成水,其反应式如下:

$$R—N^+(CH_3)_3OH^- + H^+ \begin{Bmatrix} \frac{1}{2}SO_4^{2-} \\ Cl^- \\ HCO_3^- \\ HSiO_3^- \end{Bmatrix} = R—N^+(CH_3)_3 \begin{Bmatrix} \frac{1}{2}SO_4^{2-} \\ Cl^- \\ HCO_3^- \\ HSiO_3^- \end{Bmatrix} + H_2O$$

(2)新离子交换树脂的处理。新树脂往往因混有可溶的低聚物及其他杂质而影响树脂的交换。为此,新树脂在使用前必须进行处理和转型。市售的阳树脂多为钠型(钠型较氢型稳定),阴树脂多为氯型(氯型较氢氧型稳定)。

新阳树脂用常水浸泡约 1~2 d,使其充分吸水膨胀,反复用常水冲洗,去除水中可溶物至洗出水澄明无色为止,并将余水尽量除去。然后加入等量 7%(g/mL)盐酸溶液浸泡约 1 h 并随时搅拌,去除酸液,再用常水洗至洗出水 pH 为 3.0~4.0 为止,倾去余水。接着加入等量 8%氢氧化钠溶液浸泡 1 h,并随时搅拌,去除碱液,用通过阳树脂交换的水或去离子水洗至洗出液 pH 9.0 止,倾去余水。最后再加入 3 倍体积的 7%盐酸溶液浸泡 2 h 并搅拌,使阳树脂转为氢型,除去酸液,用去离子水洗至 pH 为 3.0~4.0 时即可装柱。

新阴树脂用常水浸泡,再用水反复洗涤以除去浓厚的气味。如气味洗除不尽,可用 95%乙醇浸泡除去气味,倒去乙醇,再用常水洗至澄明无臭。加入等量的 8%氢氧化钠溶液浸泡 1 h 并搅拌,去除碱液,再用通过阴树脂的水或去离子水洗至洗出液 pH 为 9.0 时,倾去余水(不宜用常水洗,由于常水中的 Ca^{2+}、Mg^{2+} 遇碱液会生成不溶性的氢氧化物沉淀,滞留在树脂内不易洗净),加入等量 7%盐酸溶液浸泡 1 h,去除酸液,再用常水洗至洗出液 pH 为 3.0 时为止,倾去余水。最后加入 3 倍量的 8%氢氧化钠溶液浸泡 2 h 并搅拌,使阴树脂转为氢氧型,倾去碱液,用去离子水洗至 pH 为 8.0~9.0 时,即可装柱应用。

(3)旧离子交换树脂的处理。在离子交换树脂交换一定量的水后,树脂分子上可交换的 H^+、OH^- 逐渐减少,交换能力下降,交换水质量不合格,此种现象称为树脂失效或老化。为了恢复原有功能,就要进行交换的逆反应,即再生。再生的目的是使失效的树脂重新成为氢型阳树脂和氢氧型阴树脂,以供反复循环使用。

树脂的再生,主要利用酸、碱溶液中的 H^+ 和 OH^- 离子分别与失去活性的树脂相互作用,将树脂所吸附的阴离子、阳离子置换下来,即:

$$R-SO_3^- \begin{cases} K^+ \\ Na^+ \\ \frac{1}{2}Ca^{2+} \\ \frac{1}{2}Mg^{2+} \end{cases} +HCl \longrightarrow R-SO_3^-H^+ + \begin{cases} K^+ \\ Na^+ \\ \frac{1}{2}Ca^{2+} \\ \frac{1}{2}Mg^{2+} \end{cases} Cl^-$$

$$R-N^+(CH_3)_3 \begin{cases} \frac{1}{2}SO_4^{2-} \\ HCO_3^- \\ Cl^- \\ HSiO_3^- \end{cases} +NaOH \longrightarrow R-N^+(CH_3)_3OH^- + Na^+ \begin{cases} \frac{1}{2}SO_4^{2-} \\ HCO_3^- \\ Cl^- \\ HSiO_3^- \end{cases}$$

树脂再生的方法有电解再生法和化学药品再生法。一般使用化学药品再生法,如酸碱再生和氯化钠再生。酸碱再生一般分静态再生和动态再生两种方法。

(4)离子交换器的安装。树脂柱或交换柱是指盛装树脂的容器。因树脂在再生处理中需要酸碱,所以要求各种设备的材料化学性质稳定,耐酸、碱的腐蚀,且能耐受一定的压力。树脂柱可由硬质玻璃管、塑料管(聚乙烯或聚氯乙烯)、有机玻璃管及橡胶衬里的钢罐等材料制成。树脂柱的直径与高度之比以 1∶4 到 1∶5 较为适宜。见图 5-4。

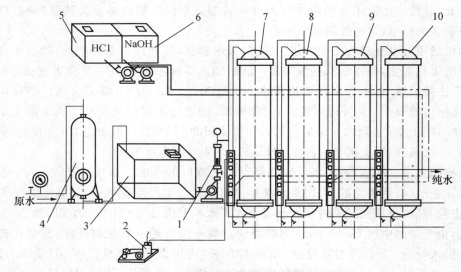

图 5-4 离子交换法制纯水设备示意图

1. 转子流量计;2. 真空泵;3. 贮水箱;4. 过滤器;5. 酸液罐;6. 碱液罐;
7. 阳离子交换柱;8. 阴离子交换柱;9. 混合交换柱;10. 再生柱

树脂柱的组合一般有 4 种形式,即:

①单床。一根树脂柱内装阳树脂或阴树脂。

②复合床。复合床为一阳树脂柱与一阴树脂柱串联组成。如果复床与复床串联组合称为多级复床。制得的去离子水纯度较单一复合床的高。

③联合床。联合床为复合床与混合床串联组成。出水质量高,多采用联合床的组合形式来制备去离子水。

④混合床。阳、阴树脂以一定的比例量混合均匀装于同一根柱内。混合床出水纯度高,但再生操作较麻烦。

在各种组合中(除混合床外),阳树脂床需放首位,不可颠倒。其原因是水中含有碱土金属阳离子(Ca^{2+}、Mg^{2+}),若不首先经过阳树脂床而进入阴树脂床后,阴树脂与水中阴离子进行交换,交换下来的OH^-就与碱土金属离子生成沉淀,包在阴树脂外面,从而影响到树脂的交换能力。在各种组合中,阳、阴树脂的用量比例为1∶1.5。

(5)离子交换水的质量监控。关于交换水的质量,生产上多通过测定比电阻控制,一般要求比电阻在100万$\Omega \cdot cm$以上。测量比阻的仪器为DDS-Ⅱ型导电仪。这种方法具有速度快、可连续测量、便于自动化等优点。反渗透水和蒸馏水设备可通过自动测量电导率表示水中的离子多少。常用的测量电导率的仪器为DDS-12A型,去离子水的要求是电导率不大于3 $\mu s/cm$,而反渗透水的要求是电导率不大于5 $\mu s/cm$,注射用水电导率则不大于0.2 $\mu s/cm$。

工作步骤5　蒸馏法对水的处理

蒸馏法制备注射用水,其设备式样很多,但基本结构都是共同的,均由汽化、隔沫和冷凝3个基本部分组成。常用的设备有塔式、多效式、气压式和亭式蒸馏水器。

(1)塔式蒸馏水器。塔式蒸馏水器的基本结构如图5-5所示。制备过程及方法如下。

①在蒸发锅内放入大半锅蒸馏水或去离子水;

②打开进气阀;

③从锅炉来的蒸气经蒸气选择器除去夹带的水珠;

④蒸气经过加热蛇管进行热交换;

⑤不冷凝气、废气(CO_2、NH_3等)从废气排出器内的小孔中排出,回气水则流入蒸发锅内,以补充蒸发锅中的水量,过量的水经溢流管排出;

⑥蒸发锅内的单蒸馏水因加热蛇管继续加热而汽化;

⑦汽化的蒸馏水通过隔沫装置(由挡板、中性玻璃管组成),沸腾的泡沫和大部分雾滴被挡住,流回蒸发锅内;

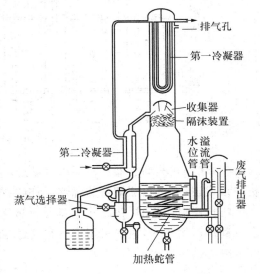

图 5-5　塔式蒸馏水器的基本结构

⑧通过隔沫装置的蒸气继续上升,碰到拱形挡水罩,蒸气则绕过挡水罩,雾滴再一次被蒸馏分离;

⑨继续上升的蒸气先在塔顶的 U 形冷凝管(第一冷凝管)冷凝后落于挡水罩上,并汇集到挡水罩周围的凹槽中而流入第二冷凝器,继续冷却,最后得到重蒸馏水,即注射用水。

塔式蒸馏水器有产水量为 50、100、150、200 L/h 等多种规格。亭式蒸馏水器的工作原理与塔式蒸馏水器的基本相同。

(2)多效式蒸馏水器。多效式蒸馏水器结构如图5-6所示。该蒸馏水器的主要特点为耗能低、产量高、质量好,并有自动控制系统,它是制备注射用水的重要设备。该机主要由5

只圆柱形蒸馏塔和冷凝器以及一些控制元件组成。前4级塔的上半部装有盘管,并且互相串联。蒸馏时,进料水(去离子水)先进入冷凝器(也是预热器),被由塔5进来的蒸气预热,然后依次通过4级塔、3级塔和2级塔,最后进入1级塔,此时进料水温度达130℃或更高。在1级塔内,进料水在加热室受到高压蒸气加热,一方面蒸气本身被冷凝为回笼水,同时进料热水迅速被蒸发,蒸发的蒸气即进入2级塔加热室,供2级塔热源,并在其底部冷凝为蒸馏水,而2级塔的进料水是由1级塔底部在压力作用下进入。依同样的方法,供给3级、4级和5级塔。由2级、3级、4级和5级塔生成的蒸馏水加上5级塔蒸气被第一、第二冷凝器冷凝后生成的蒸馏水,都汇集于蒸馏水收集器而成为注射用水,废气则由废气排出管排出。

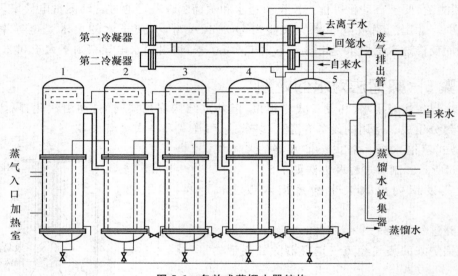

图5-6 多效式蒸馏水器结构

(3)气压式蒸馏水器。主要由自动进水器、热交换器、加热室、蒸发室、冷凝器及蒸气压缩机等组成,具有多效蒸馏器的优点,但电能消耗较大。

收集注射用水时,初滤液应弃去一部分,检查合格后,方可收集,并且应注意防止空气中灰尘及其他污物落入,最好采用带有空气过滤装置的密闭收集系统。注射用水出机温度达80℃以上或灭菌后密封保存。

工作步骤6 注射用水的收集、保存和检查

收集蒸馏水时,初蒸馏水应弃去一部分,经初步检查合格后开始收集,接收器应先用新鲜重蒸馏水洗涤几次,最好采用带有空气过滤装置的密封收集系统。收集蒸馏水应每2h检查一次氯化物;每天检查一次氨,每周刷洗一次蒸馏水管道和储罐。收集器与蒸馏水流出口应装有避尘罩,防止空气中尘埃和污物落入。

注射用水不论如何制取,配制注射液时,都以用新鲜的为好。注射用水易用优质不锈钢容器密闭贮存。若注射用水从制备到使用需超过12h,必须采用80℃以上保温、65℃以上循环或2~10℃冷藏及其他适宜方法无菌贮存。贮放时间以不超过24h为宜。注射用水贮槽、管件、管道都不得采用聚氯乙烯材料制作。

注射用水的质量必须符合兽药典中的规定。除一般蒸馏水的检查项目,如酸碱度、氨、氯

化物、硫酸盐、钙盐、硝酸盐、亚硝酸盐、二氧化碳、易氧化物、不挥发性物质、重金属等均应符合规定,还应通过热原检查。

注射剂生产工艺流程可用下列简图 5-7 表示,即:

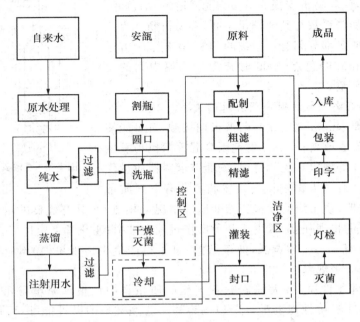

图 5-7　注射剂生产工艺流程与环境区域划分

巩固训练

1. 反复用不同方法练习渗透压调整的计算。
2. 进行新老树脂的活化与再生的技术练习。
3. 反复练习使用电导率测定仪和比电阻测定仪。
4. 练习蒸馏水器制备蒸馏水的控制。

任务 2　注射剂小针剂的制备

注射剂生产工艺过程主要包括原辅料的准备、配液、灌封、灭菌、质量检查、包装以及与这些过程密切相关的优良环境和性能完善的生产设备。

工作步骤 1　注射剂的容器与处理方法

1. 安瓿的种类和式样

根据分装剂量的不同,可分为单剂量、多剂量和大剂量装容器 3 种。单剂量装的容器是供灌装液体或粉末用的(水针剂与粉针剂),一般由中性玻璃、含钡玻璃或含锆玻璃制成,俗称安瓿(图 5-8),其式样有直颈与曲颈两种,其容积一般有 1、2、5、10 或 20 mL 多种规格容量安瓿。

通常采用无色安瓿。

目前生产中用的均为曲颈安瓿,用时无须切割,较为方便,且易折断,不易造成玻璃碎屑和微粒的污染。这种曲颈易折安瓿有两种,色环易折安瓿是在安瓿颈部有一个色环,这个色环玻璃的膨胀系数与其他部位不同,容易折断。点刻痕易折安瓿是在曲颈部分刻有一微细的刻痕,在刻痕上方中心标有直径为 2 mm 的色点,折断时施力于刻痕中间的背面,折断后,断面平整。

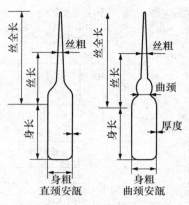

图 5-8 直颈安瓿和曲颈安瓿

2. 安瓿的质量要求与注射剂稳定性的关系

安瓿的质量要求。玻璃安瓿与药液长期接触,有可能使注射剂药液性质发生改变;安瓿注射剂因高温灭菌也易发生热爆或冷爆或脱片等现象。也就是说,安瓿玻璃容器质量优劣对注射剂的质量有很大影响。安瓿玻璃容器有下列质量要求:①应无色透明,便于澄明度和药液变质等情况的检查;②具有优良的耐热性能和低膨胀系数;③具有一定的物理强度,减少或避免操作过程中破损;④化学稳定性好,不易被药液所浸蚀,不易改变药液的 pH;⑤熔点低,便于熔封,且不得产生失透现象;⑥不应有气泡、麻点、砂粒、粗细不匀及条纹等现象。

安瓿玻璃的理化性质,极大地影响着安瓿的质量。中性玻璃是低硼酸盐玻璃,化学稳定性好,可作为 pH 近中性或弱酸性药液的容器。含钡玻璃耐碱性能好,可作为碱性较强的注射液的容器。含锆玻璃为含有少量锆的中性玻璃,化学稳定性高,耐酸、耐碱,不受药液的浸蚀。含氧化铁的玻璃为琥珀色,可滤除紫外线,适用于对光敏感的药物,但性质不稳定,不常用。

3. 安瓿的检查

(1)外观清洁度检查。包括长度、粗细的检查,以及色泽、麻点、砂粒、气泡、铁锈、油污等的检查。玻璃安瓿无论有色或无色均必须透明,内外光洁。被检查的安瓿中有麻点的不得超过3%。为避免灰尘进入,安瓿瓶颈最好密封。

(2)耐热压性能检查。检查安瓿受热会不会破损,检查时将安瓿洗净,注入注射用水,熔封,热压灭菌 30 min 后,有破碎和裂纹现象,5～20 mL 安瓿不应超过 2%,50 mL 的不应超过3%,一般不应超过 5%。

(3)耐酸性能检查。取安瓿容器 110 支(容量大的酌减),用水洗净、烘干,分别注入0.01 mol/L 盐酸溶液至正常装量,熔封或严封,剔除含有玻璃屑、纤维以及质点等异物的安瓿,热压灭菌 30 min,放冷,取出检查,全部容器都不得有易见到的脱片。

(4)耐碱性能检查。根据注射液性质的要求,可选择下列一项进行检查:取容器 220 只(容器大的酌减)洗净、烘干。①分别注入 0.004%氢氧化钠溶液至正常装量,熔封或严封,剔除含有玻璃屑、纤维等质点等异物的容器,热压灭菌 30 min,放冷,取出检查,全部容器不得有易见到的脱片。②或用 0.03%氢氧化钠溶液,照上述方法检查,不合格容器不得超过 2%。

(5)中性检查。取容器 10 只,用新煮沸过的冷蒸馏水洗净,干燥,注入甲基红酸性溶液至正常装量,熔封或严密,热压灭菌 30 min,放冷,取出,容器内甲基红酸性溶液的 pH 均应在4.2～6.2。

(6)装药试验。

4. 安瓿的切割与圆口

适用于直颈安瓿的处理,现不常用。

5. 安瓿的洗涤

一般品质较好的清洁安瓿,可直接冲洗;品质较差或有特殊需要时,在洗涤前要经过灌水蒸煮的热压处理或灌 0.1％～0.5％盐酸或 0.5％醋酸水溶液,100℃蒸煮 30 min,可使污物溶于水中,便于洗涤。

洗涤方法有 3 种:

(1)加压喷射气水法。有脚踏式喷射洗涤机和半自动喷射洗涤机(图 5-9),主要利用已滤过的蒸馏水或纯化水与滤过的压缩空气,经电动开关,往复摆动使气和水交替喷入安瓿内的一种洗涤方法。洗涤质量好,适用于容量较大的安瓿。冲洗顺序为气→水→气→水→气,尤其要注意的是洗涤水要符合水质标准,压缩空气要先冷却,再平衡压力,后经焦炭(或木炭)、泡沫塑料、瓷圈、砂棒等过滤,使空气净化。简单方法是将洗涤水和压缩空气用微孔滤膜过滤即可。

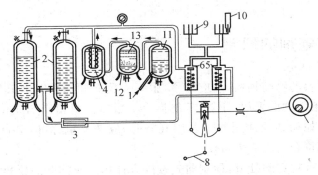

图 5-9　半自动加压喷射气水洗安瓿机示意图

1. 压缩空气进口;2. 贮水罐;3、4. 双层洗纶装滤器;5. 喷水阀;6. 喷气阀;7. 偏心轮;
8. 脚踏板;9. 针头;10. 安瓿;11. 洗气罐;12. 木炭层;13. 瓷圈层

(2)甩水洗涤法。利用安瓿灌水机(图 5-10)向铝盘中的安瓿灌水,然后再置于甩水机(离心机)中将水甩出,如此反复 3 次。本法效率高,但洗涤质量不如加压喷射气水法好,一般适合 5 mL 以下无颈小安瓿的洗涤。

(3)超声波安瓿洗涤机组。洗法是采用超声波洗涤与气水喷射洗涤相结合的方法。先超声粗洗,再经气→水→气→水→气精洗,是最佳的洗瓶方法。

6. 安瓿干燥或灭菌

安瓿的干燥一般采用烘箱干燥,其目的是为了防止残留的水稀释注射液。将洗净的安瓿口向下或平放于铝盒内,加盖,置烘箱 100℃以上干燥,或 200℃以上干热灭菌 45 min,除去水分或破坏安瓿中可能污染的细菌或热原。大生产时,多采用隧道式红外线烘箱。红外线是一种辐射热,热能大,烘箱内配备较强排风机,把含有水蒸气的热空气迅速排除,温度在 200℃左右,一般小安瓿 10 多分钟便可干燥,即烘干效率高,且烘干的安瓿比较洁净。烘干后的安瓿应密闭保存并及时使用,以免落入异物。

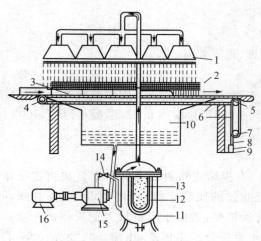

图 5-10 安瓿灌水机

1. 多孔喷头；2. 尼龙网；3. 盛安瓿铝盘；4. 链轮；5. 止逆链轮；6. 连带；

7. 偏心凸轮；8. 垂锤；9. 弹簧；10. 水箱；11. 过滤缸；12. 涤纶滤带；

13. 多孔不锈钢胆；14. 调节阀；15. 离心泵；16. 电动机

工作步骤 2　注射剂的配制

1. 注射剂原料的准备

配制注射液的原料药物与辅料，均应符合《中华人民共和国兽药典》以及农业部批准使用的兽药质量标准，有条件的应采用"注射用"规格。一般非注射用制剂或化学试剂均不宜作注射剂的原料或辅料。如果必须使用非注射用规格时，应按质量标准，进行药理试验和杂质检查，或进行精制，使其符合要求后方可使用。

配制注射液时应有规定的处方，配制前先按处方计算出应称取的原料及附加剂的量，精密称取后方可投料。对灭菌后易于降低含量的原料，可酌情增加投料量。如使用的原料和处方中规定的药物规格不同时（如含量、含结晶水等）应注意换算。溶液的浓度，除另有规定外，一律采用百分浓度（g/100 mL）表示。

投料可按下列公式计算

$$原料实际用量 = \frac{原料理论用量 \times 成本标示量\,\%}{原料实际含量} \qquad (5-5)$$

原料理论用量＝实际配液数×成品含量%

实际配液数＝实际灌装数＋实际灌装时耗损量

注射液装量的增加量见表 5-5。

表 5-5　注射液装量的增加量　　　　　　　　　　　　　　　　　　　　　　mL

标示量	增加量	
	易流动液	黏稠液
0.5	0.10	0.12
1.0	0.10	0.15

续表 5-5

标示量	增加量	
	易流动液	黏稠液
2.0	0.15	0.25
5.0	0.30	0.50
10.0	0.50	0.70
20.0	0.60	0.90
50.0	1.0	1.5

例　今欲配制 2 mL 装的 2% 盐酸普鲁卡因注射液 2 万支,原料实际含量为 99%,灌装时耗损量为 5%,问需该原料多少?

解:实际灌装时应增加的量为 0.15 mL

实际灌装数 $= (2 + 0.15) \times 2 \times 10^4 = 4.3 \times 10^4 (mL)$

实际配液数 $= (1 + 5\%) \times 4.3 \times 10^4 = 4.515 \times 10^4 (mL)$

原料理论用量 $= 4.515 \times 10^4 \times 2\% = 903.0 (g)$

制剂的含量范围是根据主药含量的多少、测定方法、生产过程和贮存期间可能产生的偏差或变化而制定的,任何剂型在生产中应按标示量 100% 投料。

$$原料实际用量 = \frac{903 \times 100\%}{99\%} \approx 912.1 (g)$$

即需要该原料 912.1 g。

2. 配置用具的选择与处理

配液室是无菌操作区,要求达到洁净区规定的洁净度标准。使用前对室内地面、墙壁、工作台等均应消毒和擦拭,并利用紫外线照射 30 min 以上。工作人员按规定处理个人卫生,并且更换灭菌衣、帽、鞋等。配制注射液要有详细记录,包括日期、品名、规格、数量、配制法、灭菌法、检查与包装入姓名、原辅料情况等。配制注射液的用具和容器均不应影响药液的稳定性。大量生产时,可选用夹层配液锅,也可用玻璃、搪瓷、不锈钢配液罐(图 5-11)或无毒聚氯乙烯桶等,但不得使用铝质容器。用具、容器以及自动化或半自动化机械均应按规定事先清洁处理干净。每次配液后容器和用具等都要及时洗净、干燥或灭菌,以备下次使用。

3. 配液方法

配液方法一般采用溶解法,具体有两种方法:

(1)稀配法。将原料直接加入到所需的溶媒中,一次配成所需的浓度。原料质量好、药液浓度不高或配液量不大时,可采用此法。

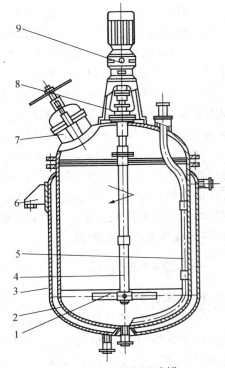

图 5-11　不锈钢配液罐

1. 搅拌器;2. 罐体;3. 夹套;
4. 搅拌轴;5. 压出管;6. 支座;
7. 入孔;8. 轴封;9. 传动装置

(2)浓配法。将全部原辅料加入到部分溶媒中,配成浓溶液,经加热或冷藏、过滤等处理后,根据含量测定结果,稀释至所需浓度。

如果处方中有两种或两种以上药物时,难溶性药物应先溶;如果易氧化药物需加抗氧剂时,则应先加抗氧剂,后加药物;如果需要加入增溶剂或助溶剂时,则最好将增溶剂或助溶剂与待助溶的药物预先混合后再加水稀释。溶解度小的杂质在浓配时可以滤过除去,原料药质量较差或药液不易滤清时,可加入配液量的 $0.1\%\sim1\%$ 针剂用 767 型活性炭。活性炭在较高温度下,吸附速度快,但吸附量有所下降。所以,一般采用加炭后煮沸片刻,放置冷却至 5℃ 再脱炭过滤。另外,活性炭在微酸性条件下吸附能力强,在碱性条件下会出现脱吸附,反而使药液中杂质含量增加。药液配制好后,要取样进行半成品质量检查,合格后再进行过滤。

4. 注意事项

(1)注射液配制时要尽可能地避免污染,一般要求无菌。

(2)配制剧毒药品注射液时,要严格称量和校核,且防止交叉污染。

(3)活性炭在碱性溶液中有时出现"胶溶"或脱吸附,反而使注射液杂质增加,所以活性炭最好用酸碱处理并活化后使用。

(4)应用溶剂注射用油时,要先经 150℃ 干热灭菌 $1\sim2$ h,冷却至适宜温度(一般在主药熔点以下 $20\sim30$℃),趁热配制、过滤(一般在 60℃ 以下),温度过低不易过滤。

工作步骤 3　注射液的滤过

注射液的滤过,是除去药物溶液中杂质、保证药液澄明的主要手段和关键步骤。滤过有粗滤和精滤两种。粗滤常用砂滤棒、滤纸、长絮棉花或绸布,精滤多采用滤膜、垂熔玻璃漏斗等。

(1)滤过原理。滤过是借多孔性材料把固体阻留、使液体通过,从而将固体与液体分离的过程。滤过的机理有两种,一种是机械的过筛作用,即大于滤器孔隙的微粒全部被截留在滤过介质的表面,例如用尼龙筛和微孔滤膜为滤材时的滤过。另一种是在滤器的深层截留微粒,例如用砂滤棒、垂熔玻璃漏斗等的滤过,这种在深层被截留的微粒常能小于介质孔径的平均大小,这些滤器具有不规则的多孔性能,孔径错综迂回,使微粒在这种弯曲袋形孔道中被截留。

(2)滤过的影响因素与滤速的增加。①滤过面积增大,可加快滤过速度;②液体黏稠度与滤过速度成反比;③改变滤器上下压力差,如加压或减压滤过都能增加流速;但絮状的、软的和可压缩性的沉淀,在加压或减压时常可堵塞孔道,使滤速反而减慢;④沉积滤渣的厚度和滤渣颗粒的大小都能影响流速。为此,在杂质较多的情况下可先进行粗滤,同时设法使沉淀颗粒变粗,减少滤饼对流速的阻碍。

一、滤材与滤器

1. 微孔滤膜

(1)微孔滤膜的性质。微孔滤膜是一种高分子的薄膜过滤材料,能截留一般常用滤器(垂熔玻璃滤器等)不能截留的微粒。使用时,最好先用其他滤材进行预过滤,同时在滤膜的上下两侧,衬以网状的保护材料,以防止过滤液冲压而破坏滤膜。

(2)微孔滤膜的处理。微孔滤膜在使用前,需用 70℃ 左右的注射用水浸泡 $12\sim24$ h 备用,经冲洗后辨别正反面,反面朝上安装于滤器中。工艺过滤前,药液必须先进行预滤,预滤装置可采用任何一种常规滤过装置。开车前,应检查滤过系统的完整性。使用时先让一定量药液通过膜滤器,使滤膜全部湿润,关闭进液阀,停止药液进入。打开阀门通入氮气或压缩空气,使其压力在该滤膜起泡点以下(约 0.33 kg/cm²),关闭右侧的阀,保持 15 min,如压力表指示的压力不变时,则表示膜滤器不漏气或膜没有破裂,若压力下降则表示膜滤器装置不严或膜破裂。

(3)微孔滤膜使用注意。①常用的滤膜为纤维素混合酯材料,可 121℃热压灭菌,85℃条件下过滤;②在 pH3～10 范围内稳定,pH 达到 11 时则水解破裂,如磺胺嘧啶注射液不宜用此膜过滤;③可耐受 10%～20% 的乙醇、2% 的苯甲醇、50% 的甘油、30%～50% 的丙二醇;④2% 的聚山梨酯-80 对膜有显著影响,聚乙二醇 400 可以使膜溶解,不耐有机溶剂;⑤纤维素混合酯膜,不适用于酮类、酯类、乙醚—乙醇混合溶液、强酸、强碱溶液等;⑥聚四氟乙烯滤膜适应性强,适用于强酸、强碱溶液和各种有机溶剂,可用聚四氟乙烯滤膜替代纤维素混合酯膜,或用尼龙膜替代。

微孔滤膜由于其孔隙率达到 80%,滤速快,主要用于终端精滤。孔径 0.025～14 μm,0.45～0.8 μm 用于除微粒,0.22 μm 用于除菌。

(4)不锈钢微孔滤膜过滤器。以微孔滤膜作过滤介质的过滤装置称为微孔滤膜过滤器。常用的有圆盘形和圆筒形两种。圆筒形内有微孔滤膜器若干个,过滤面积大,适用于注射剂的大生产。圆盘形不锈钢微孔滤膜过滤器见图 5-12。

(5)微孔滤膜过滤器的特点。①微孔孔径小,截留能力强,有利于提高注射剂的澄明度;②孔径大小均匀,即使加快速度,加大压力差也不易出现微粒"泄露"现象;③在过滤面积相同、截留颗粒大小相同的情况下,微孔滤膜的滤速比其他滤器(垂熔玻璃漏斗、砂滤棒)快 40 倍;

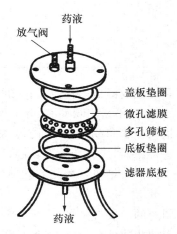

药液
放气阀
盖板垫圈
微孔滤膜
多孔筛板
底板垫圈
滤器底板
药液

图 5-12 不锈钢微孔膜滤器结构图

④滤膜无介质的迁移,不会影响药液的 pH,不滞留药液;⑤滤膜用后弃去,不会造成产品之间的交叉感染。缺点:易堵塞,有些滤膜化学性质不理想。

2. 助滤剂

若滤液中含有极细微粒时,在过滤介质上形成一致密的滤饼而堵塞孔道,使过滤无法进行;另外在待滤液中含有黏性或高度可压缩性微粒时,形成的滤饼对滤液的阻力很大。此时可将某种质地坚硬的,能形成疏松滤渣层的另一种固体颗粒加入滤浆中,或将其制成糊状物辅于过滤介质表面,用以形成较疏松的滤饼,使滤液得以畅流,此固体颗粒称为助滤剂。其作用就是减少过滤的阻力。

常用的助滤剂有:①硅藻土,主要成分为二氧化硅,有较高的惰性和不溶性,是最常用的助滤剂。②活性炭,常用于注射液的过滤。有较强的吸附热原、微生物的能力,并具有脱色的作用。但它能吸附生物碱类药物,应用时应注意其对药物的吸附作用。③滑石粉,吸附性小,能吸附溶液中过量不溶性挥发油和色素,适用于含黏液、树胶较多的液体。在制备挥发油芳香水剂时,常用滑石粉作助滤剂。但滑石粉很细,不易滤清。④纸浆,有助滤和脱色作用,中药注射剂生产中应用较多,特别适用于处理某些难以滤清的药液。

3. 垂熔玻璃滤器

分为垂熔玻璃漏斗、滤器及滤棒 3 种。按过滤介质的孔径分为 1～6 号,生产厂家不同,代号亦有差异。G3 号和 G2 号多用于常压过滤,G4 号和 G3 号多用于减压或加压过滤,G5、G6 号常用作无菌过滤。国产的垂熔玻璃滤器规格见表 5-6。

表 5-6 常见垂熔玻璃滤器规格比较 μm

上海玻璃厂		长春玻璃厂		天津玻璃厂	
滤器号	滤板孔径	滤器号	滤板孔径	滤器号	滤板孔径
1	80～120	G1	20～30	IG1	80～120
2	40～80	G2	10～15	IG2	40～80
3	15～40	G3	4.5～9	IG3	15～40
4	5～15	G4	3～4	IG4	5～15
5	2～5	G5	1.5～2.5	IG5	2～5
6	<2	G6	<1.5	IG6	<2

垂熔玻璃滤器的优点是化学性质稳定(强碱和氢氟酸除外);吸附性低,一般不影响药液的 pH;易清洗,不易出现漏裂,碎屑脱落等现象。缺点是价格高,脆而易破。使用时可在垂熔漏斗内垫上一稠布或滤纸,可防污物堵塞滤孔,也有利于清洗,提高滤液的质量。

这种滤器,操作压力不得超过 98.06 kPa(1 kg/cm²),可热压灭菌。垂熔漏斗使用后要用 1‰～2‰硝酸钠浓硫酸洗液和纯化水浸泡并反复抽洗处理,不可用其他常用玻璃洗液。

4. 砂滤棒

国产的主要有两种,一种是硅藻土滤棒(苏州滤棒),另一种是多孔素瓷滤棒(唐山滤棒)。硅藻土滤棒质地疏松,一般使用于黏度高、浓度大的药液。根据自然滤速分为粗号(500 mL/min 以上)、中号(500～300 mL/min)、细号(300 mL/min 以下)。注射剂生产常用中号。多孔素瓷滤棒质地致密。滤速比硅藻土滤棒慢,适用于低黏度的药液。

砂滤棒价廉易得,滤速快,适用于大生产中的粗滤。但砂滤棒易于脱砂,对药液吸附性强,难清洗,且有改变药液 pH 现象,滤器吸留滤液多。砂滤棒用过后要用洗液浸泡,用水冲洗进行反复处理。

5. 扳框式压滤机

由多个中空滤框和实心滤版交替排列在支架上组成,是一种在加压下间歇操作的过滤设备。此种滤器的过滤面积大,截留的固体量多,且可在各种压力下过滤。可用于黏性大、滤饼可压缩的各种物料过滤,特别适用于含少量微粒的待滤液。在注射剂生产中,多用于预滤用。缺点是装配和清洗麻烦,容易滴漏。

6. 钛滤器

钛滤器是用粉末冶金工艺将钛粉末加工制成,有钛滤棒与钛滤片。注射剂配制中的脱炭滤过,可以使用 $T_{2300}G$ -30 的钛滤棒,其气泡点试验最大孔径大于 30 μm,而注射液的除微粒预滤过则可选用 $F_{2300}G$ -60 的钛滤片,该片气泡点试验最大孔径不大于 60 μm,厚度1.0 mm,直径 145 mm。钛滤器在注射剂生产中是一种较好的预滤材料。钛滤器具有抗热性能好、强度大、重量轻、不易破碎、耐腐蚀、寿命长、耐磨、过滤阻力小、滤速大、无微粒脱落、不吸附主药成分等优点。主要用于过滤压力小于0.3 MPa的加压过滤。过滤粗度为 5 μm 以下。如图 5-13。

7. 其他滤器

另外还有超滤装置、多孔聚乙烯烧结管过滤器等。

在注射剂生产中,一般采用二级过滤,先将药液用常规的滤器,如砂滤棒、垂熔玻璃漏斗、板框压滤器或加预滤膜等办法进行预滤后,才能使用滤膜过滤,即可将滤膜器串联在常规滤器后作末端过滤之用。但还不能达到除菌的目的,过滤后还需灭菌。

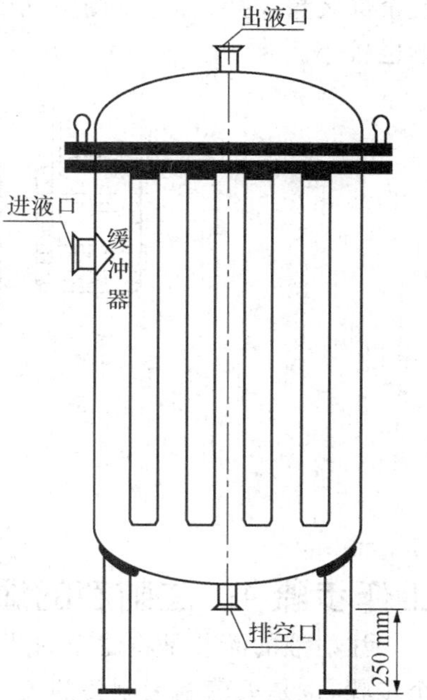

二、滤过装置

注射液的滤过一般分两步完成,即先初滤(滤纸、滤布、滤棒等)后精滤(垂熔玻璃滤器、微孔滤膜等)。根据滤过方法,滤过装置有下列几种:

1. 高位静压滤过装置

适用于没有加压或减压设备的情况下使用。主要依靠药液本身的液位差进行滤过,适用于药液在楼上配制、通过管道滤过到楼下灌封。本装置设备简单,压力较稳定,但滤速较慢,因而生产效率低,故大量生产时较少采用。

2. 减压滤过装置

如图5-14所示,本装置设备简单,可以连续进行滤过操作。由于药液处于密闭状态,不易被污染。但压力往往不够稳定,再加上操作不当,易使滤层松动,很容易影响到滤过质量。滤过系统中的空气必须经过洗涤等处理才能进入。

图 5-13　钛滤器装置

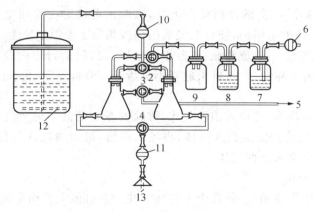

图 5-14　减压滤过和自然滴滤连续装置

1,2,3,4. 三路活塞;5. 抽气;6. 空气滤球;7. 高锰酸钾溶液;8. 注射用水;
9. 缓冲瓶;10. 滤球 G4;11. 滤球 G3;12. 待滤溶液;13. 接灌装容器

3. 加压滤过装置

如图5-15所示,主要采用离心泵送药液通过滤器进行滤过,这种装置适合于配液、滤过及灌封等工段在同一平面下使用。本装置具有压力稳定、滤速快、药液澄明度好、产量高等特点,且全部装置保持正压,不受空气中的杂质、微生物等的影响。即使中途停止滤过,对滤层的影响也较小。

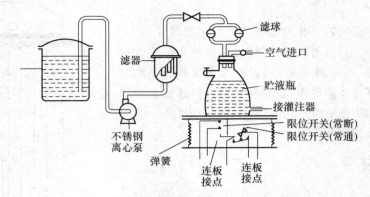

图 5-15　自动加压过滤装置

工作步骤 4　注射液的灌装

注射液的灌装是将滤净的药液定量地装到安瓿中并加以封闭的过程,包括灌装和封口两个步骤,也是灭菌制剂制备的关键。

1. 药液灌装与封口

注射液灌装,要求做到剂量准确,药液不沾瓶颈,以防熔封时发生焦头或爆裂,注入容器中的量要比标示量稍多,以抵偿在给药时由于瓶壁黏附和注射器及针头的吸留而造成的损失。

注射剂灌装好后,应立即进行熔封。要求严密不漏气,顶端圆整光滑,无尖头和小泡。封口方法有拉丝封口和顶封两种。由于拉丝封口严密,不会像顶封那样易出现毛细孔,所以生产中皆用拉丝封口,拉丝灌封机是专用机械。

灌封中可能出现的问题有:剂量不准确、封口不严、出现泡头、平头、焦头等。焦头是最常见的现象,引起焦头的原因有:灌注时给药太急,溅起的药液黏在安瓿壁上,封口时形成炭化点;针头注药后不能立即缩水回药,使针头尖端的药液黏附于安瓿颈壁上,封口时形成焦头;针头安装不正或安瓿粗细不一,造成黏瓶;机器压药与针头打药的行程配合不好,针头尖端在进出瓶口时黏有药液附着于瓶壁造成;针头起降不灵活等。分析原因,积极解决。

2. 通入惰性气体

对于某些不稳定的药物,要通入惰性气体,排除安瓿与药液中的空气(氧气),常用的惰性气体是 CO_2 和 N_2,应先将空安瓿充入气体,再灌入药液,最后再通入气体。必要时在药液配制过程中即向配液罐内充入惰性气体。

3. 注射剂生产联动化

积极推动注射剂生产联动化,将几个工艺环节在一台机械上自动完成,减少人和环境带来的不利影响,把质量和安全贯穿与生产中。

工作步骤 5　注射剂的成品处理

一、注射剂灭菌

安瓿熔封后要立即灭菌。它是注射剂生产的一个重要工序,也是最重要的质量指标。灭菌方法有多种,主要根据注射剂中原辅料的性质来选择,既要保证成品完全无菌,又要不影响注射剂的质量。1～5 mL 安瓿剂一般可采用 100℃流通蒸气灭菌 30 min;10～20 mL 安瓿剂则用 100℃流通蒸气灭菌 45 min。对热稳定的品种,应采用热压灭菌为好。如有条件,还可采用微波灭菌法、高速热风灭菌法、辐射灭菌法等。

二、注射剂检漏

安瓿熔封时,如果不严密,则存在毛细孔或微小的裂缝,因而微生物或污物就可进入安瓿内,或安瓿内药液泄漏出来。为此,必须要认真检查,把漏气者剔除。检漏一般采用灭菌检漏两用的灭菌器。操作时将安瓿置于密闭容器中,抽气后再放入有色溶液及空气,由于漏气安瓿中的空气被抽出,当空气放入时,有色液即借大气压力压入漏气安瓿内而被检出。

三、注射剂的质量检查

(一)澄明度检查

澄明度检查不但可以保证用药安全,而且可以发现生产中出现的问题。例如,注射液中的白点多来源于原料或安瓿;纤维多半因环境污染所致;玻屑往往是由于割颈、灌封不当等造成。除特殊规定外,注射剂必须完全澄明,不得有肉眼可见的不溶性微粒异物,检查发现时应及时剔除。生产中多采用人工灯检,常用的检查装置是伞棚式澄明度检查仪。

1. 检查装置

(1)光源。检查灯采用长 57 cm、直径 3.8 cm、20 W 的青光日光灯做光源。

(2)光照强度。检查无色溶液用 1 000～2 000 lx,检查有色溶液或用透明塑料容器的用 2 000～3 000 lx。

(3)式样。灯座为伞棚式装置,可两面使用。

(4)背景。不反光的黑色背景在背部右侧 1/3 处,底部应呈不反光的白色,以便检查有色异物。

2. 检查方法

取供试品置检查灯下距光源约 20 cm 处,在伞棚边缘处,先与黑色背景,再与白色背景对照,用手持安瓿颈部,轻轻翻动药液,在与供试品同高的位置,相距约 15～20 cm 处,用眼睛检查。伞棚式澄明度检查仪示意图见图 5-16。

(二)装量检查

注射剂的标示装量为 2 mL 或 2 mL 以下者取样 5 支;2 mL 至 10 mL 者取样 3 支;10 mL 以上者取样 2 支。开启时注意避免损失,将内容物分别置于相应的干燥量筒中放冷至室温时检视。每支注射剂的装量均不得少于其标示量。如有一支的装量少于标示量时,应再按上述规定取样检查,检查结果均应全部符合规定。

(三)热原检查

按《中国兽药典》方法进行检查,注射剂量一般按家兔体重 1～2 mL/kg 计算。

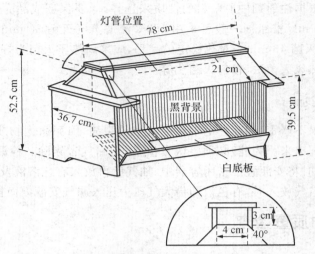

图 5-16 伞棚式澄明度检查仪示意图

(四)无菌检查

按《中国兽药典》"无菌检查法"项下的规定进行检查。

(五)其他检查

主要进行主药含量测定、pH 测定、毒性试验、刺激性试验、渗透压等项的检查,以保证注射剂安全有效。

四、注射剂的印字与包装

注射剂经检查合格后,即可进行印字和包装。印字内容包括品名、规格、批号、厂名、批准文号等。印字可采用手工和机器操作。印字后的安瓿,可装入纸盒内,同时放入说明书。盒外应贴标签,标明注射剂名称,内装数目(支),每支装量,主药含量,附加剂名称,批号,生产日期与失效期,商标,批准文号,应用范围,用量,配伍禁忌,贮藏方法等。

小针剂制备举例

1. 维生素 C 注射剂的制备

处方:维生素 C   52.0 g

  碳酸氢钠   25.0 g

  EDTA-2Na   0.025 g

  亚硫酸氢钠   1.0 g

  注射用水 加至   1 000.0 mL

制法:在容器中加配制量 80% 的注射用水,通二氧化碳气体饱和,加维生素 C 溶解后,分次缓缓加入碳酸氢钠,搅拌使完全溶解,加入预先配制好的 EDTA-2Na 溶液和亚硫酸氢钠溶液,搅拌均匀,调节 pH 为 6.0~6.2,再通入二氧化碳气体饱和,同时加注射用水至全量,用垂熔玻璃漏斗与膜滤器过滤,在二氧化碳或氮气流下灌封,最后流通蒸汽 100 ℃,15 min 灭菌。

注解:(1)维生素C分子中含有烯二醇式结构,故显酸性,注射时刺激性大,产生疼痛,可加入碳酸氢钠(或碳酸钠)中和部分维生素C使之成盐,以减轻疼痛,而且调节了pH,增强了维生素C的稳定性。

(2)维生素C的水溶液与空气接触,自动氧化成脱氢抗坏血酸。脱氢抗坏血酸再经水解则生成2,3-二酮L-古洛糖即失去治疗作用,此化合物再被氧化成草酸及L-丁糖酸。本品分解后呈黄色,原因可能由于维生素C自身氧化水解生成糠醛或原料中带入的杂质糠醛,糠醛在空气中继续氧化聚合而呈黄色。

维生素C注射液质量好坏的关键在于维生素C原料药物和碳酸氢钠的质量,影响维生素C注射液稳定性的因素还有空气中的氧、溶液的pH和金属离子(特别是铜离子)。因此生产上采取充惰性气体、调节药液pH、加抗氧剂和金属离子螯合剂等措施。实验表明,抗氧剂只能改善本品色泽,对制剂的含量变化几乎无作用,用亚硫酸盐和半胱氨酸对改善本品色泽作用显著。

(3)本品稳定性与温度有关。实验证明用100℃,30 min灭菌,含量减少3%,而100℃,15 min只减少2%,所以用100℃,15 min灭菌为好。但操作过程尽量在避菌条件下进行,以防污染。在灭菌时间达到后,可立即小心开启灭菌器,用温水、冷水冲淋安瓿,以促进迅速降温。

2. 复方磺胺甲基异噁唑注射液的制备

处方:
磺胺甲基异噁唑	20.0 g
甲氧苄啶	4.0 g
乙醇胺(pH8.5~10)	适量
丙二醇	50.0 g
苯甲醇	1.0 g
无水亚硫酸钠	0.3 g
注射用水　加至	100.0 mL

制法:用少量注射用水分散磺胺甲基异噁唑,加入乙醇胺调节pH在8.5~10,搅拌溶解。另将丙二醇加热后溶解甲氧苄啶,加入用水溶解的苯甲醇、无水亚硫酸钠溶液,与前液合并,加注射用水至全量,过滤,充入氮气灌封,最后流通蒸汽100℃,15 min灭菌。

注解:(1)磺胺甲基异噁唑(新诺明,SMZ)分子中的磺酰亚胺—SO_2—NH—上的氢显酸性,可与碱成盐而溶解,但碱性很强;甲氧苄啶(TMP)分子中有—NH_2,可与酸成盐显酸性;二者都可在丙二醇中溶解,但磺胺甲基异噁唑浓度要求较高,故可采取综合措施,将SMZ与乙醇胺成盐,用丙二醇溶解TMP,解决溶解的问题。

(2)金属离子、原料质量对本品色泽影响较大,需加入抗氧剂。实验证明,0.3%无水亚硫酸钠可使本品在100℃、80 h不变色。

(3)空气中的氧气、光线、pH均影响本品的稳定性,二氧化碳可使本品出现结晶,故通入二氧化碳气体可起稳定作用。

巩固训练

1. 正确操作安瓿洗涤设备。

2. 正确操作安瓿拉丝灌封机整套设备。

3. 正确使用澄明度检查仪。

4. 正确使用和维护过滤装置。

5. 反复练习投料量的计算。

6. 设计恩诺沙星注射液的处方和工艺并加以说明。

7. 设计安乃近的处方和工艺并加以说明。

任务3 输 液 剂

基础知识

一、概述

输液剂是指通过静脉滴注方式输入机体血液中的大剂量注射液。由于它的一次用量和给药方式与一般注射剂不同,所以在生产工艺、质量要求、设备、包装和临床应用等各方面亦与一般注射剂有所区别。由于临床用量和生产成本的原因,兽医临床使用输液多直接利用人用输液,本节简要介绍主要的工艺和应用。

(一)输液剂的临床应用

①用于腹泻等各种原因形成的严重脱水和电解质紊乱。

②用于各种原因引起的有效血循环量减少,如严重疾病引起的大量失血及重症感染性休克时需要扩充血容量,改善血循环等。

③用于各种原因引起如饲料、药物或农药中毒时,常需要输液来扩充血容量、稀释毒素、改善血循环、促进代谢、加速利尿,以促使毒物排泄。

④酸中毒或碱中毒时(代谢性或呼吸性),均可通过输液剂调节体液的酸碱平衡。

⑤多种注射剂,如抗生素类、中药精提物等常需要加入输液剂中静脉滴注,可迅速起效,并保持稳定的有效血药浓度,以达到速效和高效作用,且可避免高浓度药液静脉推注时对血管的刺激。

(二)输液剂的种类

家畜常用的输液剂种类有以下几种。

①电解质输液剂。用以补充体内水分、电解质及纠正体液的酸碱平衡。常用的有等渗的氯化钠注射液;含有钾、钠、钙离子的复方氯化钠注射液;乳酸钠注射液;复方乳酸钠注射液;碳酸氢钠注射液等。

②糖类输液剂。常用的有等渗葡萄糖注射液和高渗葡萄糖注射液。

③糖和电解质混合输液剂。用于纠正脱水性酸中毒。

④代血浆输液剂。代血浆输液必须是胶体溶液,具有与血浆近似的渗透压和黏度。当外伤引起大量失血时,常由于全瓶来源及输血前的配血试验等均需要一定时间,因此在抢救时可先输给代血浆,由于这些高分子化合物的分子较大,不易透过血管壁,输入后可以在血管内停

留较长时间,故有维持血容量和提高血压作用。但应注意代血浆并不能代替全血。最常用的有右旋糖酐注射液,其他还有羧甲基淀粉钠、羟乙基淀粉、明胶、聚乙烯吡咯烷酮、果胶类等配制的代血浆输液剂。

(三)输液剂的质量要求

①应无菌、无热原;澄明度、含量、色泽等均应符合《中华人民共和国药典》规定。
②在保证疗效和稳定性的基础上,溶液的 pH 应力求接近动物机体血液的正常值。
③应具有适宜的渗透压,即等渗或偏高渗,不得配成低渗溶液。
④输液剂输入后不应引起血象异常变化,不得有溶血、过敏和损害肝、肾现象。
⑤输液剂中不得添加任何抑菌剂和化学试剂。
⑥任何种类的输液剂选用原辅料,应都能参与机体的新陈代谢过程,并能被机体吸收。

二、输液剂的生产工艺

输液剂的生产工艺流程如图 5-17 所示。

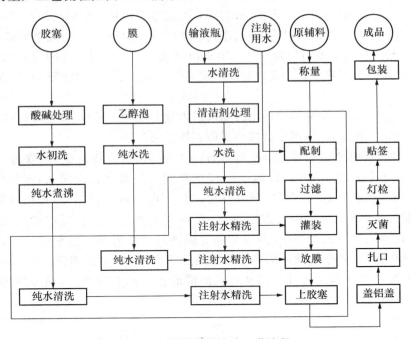

图 5-17　输液剂的生产工艺流程

工作步骤 1　输液剂包装材料的处理

输液剂的包装材料包括输液瓶、橡胶塞、隔离膜、铝盖等。

1. 输液瓶的质量要求和清洁处理

输液瓶应为中性硬质玻璃制成,应无色透明且具有耐酸性、耐碱性、耐水和耐药液腐蚀性能。外观应光滑、端正、无条纹、无气泡、无毛口等。瓶口内径应适度并光滑,以利密封。

生产中采用机器洗瓶操作,即将先用常水冲洗瓶内、外壁后,倒插在碱水喷头上,2%氢氧化钠溶液于 60～70℃下,间歇喷冲 4～5 次,再送至热水刷瓶槽中,边刷边喷热水,继续传送,用滤清的注射用水冲洗 4~5 次,达洁净要求,即可供用。

2. 橡胶塞和隔离膜的质量要求和清洁处理

橡胶塞主要成分为天然橡胶、合成橡胶或二者混合物,其中还加有各种附加剂,组成比较复杂。

(1)橡胶塞的质量要求。①具有弹性和柔曲性,使针头易于刺入,拔出后应能立即闭合,且能耐受多次穿刺而无碎屑落下。②能耐受热压灭菌的温度和压力而不变形。③具有较高的化学稳定性并对输液中的药物有较小的吸附作用。④具有一定耐溶性能以免增加药液中的杂质含量。⑤不易老化,表曲应光滑无斑点,厚薄均匀。⑥供配制输液剂用的橡胶塞应一律使用新的。

橡胶塞的处理方法。新橡胶塞使用前先在 0.2%氢氧化钠溶液中浸泡 2 h,以除去表面沾有的硬脂酸、矿油及硫化物等,再用常水反复搓洗干净。然后用 1%盐酸溶液煮沸 30 min 至 1 h,再用常水洗除其表面黏附的氧化锌、碳酸钙、硫化钡等,最后用蒸馏水反复洗净。临用时再用滤清的注射用水冲洗或漂洗。

(2)隔离膜的质量要求。由于橡胶塞虽经洗涤处理,若直接接触药液,在灭菌时和贮存期仍可能有杂质脱落,影响药液的澄明度,故需要在橡胶塞下衬垫一层隔离膜。隔离膜应具备以下要求:①具有一定耐热性,经热压灭菌后不应破裂。②无渗透性。③大小规格应适宜,厚度在 10 μm 以下较好。过大或过厚均易产生皱折而形成与外界相通的毛细管以引起漏气;过小时在灭菌后,膜易落入药液中。④理化性质稳定,抗水、抗张力强,弹性好、不皱折、不脆裂、无异臭。

隔离膜的处理方法。输液剂中使用的隔离膜大致有两种,一种是涤纶薄膜,适用于微酸性药液;另一种是聚丙烯薄膜,适用于微酸性或微碱性溶液。

隔离膜的洗涤和处理方法繁琐,可用毛刷轻轻刷掉薄膜边缘的尘粒,放入含 0.9%氯化钠的 85%乙醇溶液中,逐渐捻开,浸泡 2 h,浸泡期间要间歇地轻轻振荡,起到洗涤作用,用以洗脱吸附的有机杂质与异物微粒,效果良好。但不可用玻璃棒搅拌,以防变皱。此外,在处理涤纶薄膜时,主要是选用适当方法漂洗,而不在于漂洗时间长短和换水次数。并要随洗随用,不能在蒸馏水或乙醇中贮存,以免部分醇解或产生霉菌。浸泡完毕后取出薄膜,用蒸馏水洗除氯化钠后,置于纯化水中于 115℃热压灭菌 15 min,或煮沸 30 min,再用滤清注射用水漂洗至洗脱的水澄明为度。用新鲜且滤清的注射用水冲洗后,随即使用。目前也在试用隔离膜清洗机。

3. 塑料容器

主要有聚乙烯、聚氯乙烯及聚丙烯等制品,有瓶和袋两种。优点是易于成型、质轻、不易破碎且具有弹性。缺点是不透明并有透水和透气性,且能泄出有害物质。输液剂的软包装是发展的方向,成品具有体积小、重量轻、耐震、耐压、运输和使用方便,且适用空投等优点。

工作步骤 2 输液的配制与生产技术

1. 输液的配制

新鲜注射用水,一般多采用浓配法。例如,葡萄糖注射液可先配成 50%~70%浓溶液,氯化钠注射液可先配成 20%~30%浓溶液,且可进行一些必要的处理,如煮沸、加活性炭吸附、冷藏、滤过、含量测定等,然后再用滤清的注射用水稀释至需要浓度。浓配法不仅缩短配液时间以减少污染,可更好发挥活性炭的吸附作用,且可使原料中溶解度较小的少量杂质在高浓度时不易溶解而被滤除。

输液配液时使用的活性炭目,应选用符合注射剂用标准的"针用"级,最大限度地吸附药液中的热原、色素及其他杂质。活性炭的吸附性能取决于被吸附物质的性质、环境温度、介质的pH 等因素。一般使用量为溶液总量的 0.1%～1.0%。药液的 pH 在 3～5 时活性炭的吸附力最强,吸附时间以 20～30 min 为宜,并应充分搅拌以促使发挥最大吸附效果。通常采用加热煮沸后冷却至 45～50℃(临界吸附温度)时再行过滤除炭。一般认为,分次吸附比一次吸附效果好,因为活性炭吸附杂质至一定程度后,吸附与脱吸附处于平衡状态时,吸附效力降低。由于活性炭吸附药液中的细微粒子和一些杂质而同时被滤除,因此亦是常用的助滤剂。

2. 输液的滤过

输液的滤过装置与所用滤器和安瓿剂基本相同,大量生产可采用加压滤过。无论采用何种滤过装置均应在密闭连续管道中进行,以避免药液与外界空气接触而增加污染的机会。同时在保证滤液质量的原则下应尽量提高滤过速度以缩短整个制备过程。实践证明,洁净的操作环境和使用微孔滤膜过滤是减少输液中微粒数的关键性措施。

3. 输液的灌封

精滤合格后的滤液,应立即经管道输送至灌封室。灌封室是无菌操作中要求最高的洁净区,洁净度在 100 级。

灌封工序实际包括灌装药液、衬垫隔离膜、塞橡胶塞、轧压铝盖等 4 步操作。过滤和灌装都应采取在持续保温条件下进行,有利于控制热原。如灌装含盐输液可在 45～50℃,而不合盐的输液可保持在 80℃左右灌装。灌装前先将已处理过的输液瓶用滤清的注射用水倒冲,动作要敏捷,避免污染瓶口,装至刻度后,立即将已洗净的隔离膜再用滤清的注射用水冲洗后轻轻平放在瓶口中央。再取已处理过的橡胶塞同样用滤清的注射用水临时冲洗后,甩去余水并对准瓶口塞下,不可扭转,翻下帽口,轧上铝盖严封。铝盖注意封紧,以免灭菌后冒塞或漏气。大量生产时可采用旋转式自动灌装机、自动翻塞机和自动轧口机。产量可达 60 瓶/min。

4. 输液的灭菌

灌封后应立即灭菌,从配液到灭菌的时间应尽量缩短,一般应不超过 4 h。一般采用115.5℃热压灭菌。对大容器输液剂按照 115.5℃热压灭菌 30 min,并再适当延长灭菌时间如表 5-7 所示。

表 5-7　药液容积对应的延长灭菌时间

药液容积/mL	延长灭菌时间/min
100～250	5～10
250～500	10～15
500～1 000	15～20

塑料袋装输液剂灭菌条件为 109℃热压灭菌 45 min。

5. 输液剂的质量检查

与安瓿注射剂的检查相同,侧重检查的项目有:①澄明度与微粒检查;②无菌与热原检查;③含量测定与 pH 检查等。

6. 标签与包装

经检查合格的成品,可贴上标签。标签上注明品名、规格、批号(表示生产日期)、使用时注意事项,以备用时参考。包装一般用纸板箱,注意塞紧,冬季注意防冻。

7. 输液剂生产中易出现的问题与解决办法

输液剂大生产中主要存在以下 3 个问题:澄明度、染菌和热原问题。

(1)澄明度问题。注射液中常出现的微粒由炭黑、碳酸钙、氧化锌、纤维素、纸屑、黏土、玻璃屑、细菌和结晶等,微粒的存在影响输液剂的澄明度。

微粒的产生是由于工艺操作不当,如空气净化不合规定,原辅料不洁净,包装容器与辅材质量不好等原因,严格按照工艺要求操作和 GMP 管理要求执行,从生产过程中保证产品的质量。

(2)染菌与热原反应。输液染菌后出现雾团、云雾状、浑浊、产气等现象,也有一些外观并无变化。如果使用这些输液,将会造成脓毒症、败血症、内毒素中毒甚至死亡。染菌主要原因是生产过程污染严重、灭菌不彻底、瓶塞松动不严等,应特别注意防止。有些芽孢需 120℃、30~40 min,有些放射菌 140℃、15~20 min 才能杀死。若输液为营养物质时,细菌易生长繁殖,即使经过灭菌,大量菌尸体的存在,也会引起致热反应。最根本的办法就是尽量减少制备生产过程中的污染,严格灭菌条件,严密包装。但污染的 84% 是在临床使用过程中发生的,必须引起注意。

输液剂制备举例

葡萄糖注射液的制备

本品为葡萄糖的灭菌水溶液。含葡萄糖($C_6H_{12}O_6 \cdot H_2O$)应为标示量的 95.0% ~ 105.0%。本品中不得加入任何抑菌剂。

处方:葡萄糖　　　　　　100.0 g　　　　50.0

　　　1%盐酸　　　　　　适量　　　　　适量

　　　注射用水　加至　　1 000.0 mL　　100.0 mL

制法:取注射用水适量,加热煮沸,分次加入葡萄糖,不绝搅拌,配成 50%~70% 浓溶液,用 1% 盐酸溶液调整 pH 至 3.8~4.0,加入配液量 0.1%~1.0% 的注射剂用活性炭,在搅拌下煮沸 30 min,冷却至 45~50℃时滤除活性炭,滤液中加注射用水至全量,测定 pH 及含量,精滤至澄明,灌封,于 110℃热压灭菌 30 min。

注解:(1)认真选择原料是提高葡萄糖注射液质量的一个关键。使用时仔细检查原料有无包装破损及受潮、发霉。如系大量包装,一次投料用不完时,必须妥善严封贮藏。否则原料本身污染热原,即不应再供注射剂原料用。

(2)葡萄糖是由淀粉经糖化作用制成,在制造过程中可能含有少量未完全糖化的糊精,也可能带入淀粉中存在的少量杂质,如蛋白质、水解蛋白类、脂肪类等。这些杂质,特别是糊精和蛋白质,在加热灭菌后常会析出胶状沉淀或小白点。有时因生产厂的制造方法不同,或因使用滤材、水质不同,生产的葡萄糖虽然全部检查项目都合格,但用以制备输液时,对澄明度的影响就不相同。这些小白点常在热时溶解而冷时析出,不仅影响溶液的澄明度,亦能使药液变色。因此在配液时用 1% 盐酸溶液调整 pH,用以中和胶粒上的电荷(常带负电),使胶粒凝聚而易于滤除,亦可促使微量未完全水解的糊精继续水解。

(3)本品 pH 应为 3.2~5.5,在配液时一般认为调至 3.8~4.0 较稳定,且在热压灭菌时pH 的变化不大,颜色亦不致变深。因葡萄糖易脱水形成 5-羟甲基呋喃甲醛,此形成物可聚合继而再分解为甲酸、乙酰丙酸。5-羟甲基呋喃甲醛聚合物呈淡黄色。溶液颜色的深浅与5-羟甲基呋喃甲醛产生量成正比。生产实践证明,在pH为4时,反应进行最慢,而当pH在3以下或6以上时,均易分解变色。

(4)葡萄糖注射液的溶液变色,除与溶液的pH有关外,灭菌的温度越高、时间越长,颜色也会变深,因此在灭菌完毕后应立即缓缓放气,待压力降至常压时,立即打开灭菌器,避免受热时间过长,但也应防止骤冷而引起爆裂。

巩固训练

1. 设计碳酸氢钠输液剂的处方和工艺并加以说明。
2. 设计复方氯化钠输液剂的处方和工艺并加以说明。

◆◆◆ 任务4 注射用无菌粉末 ◆◆◆

基础知识

一、概述

注射用无菌粉又称针粉,临用前用灭菌注射用水溶解后注射,或加入输液注射,主要是针对容易吸湿且在水中不稳定的药物,如对湿热敏感的抗生素以及生物技术药物等设计的一种特殊形式的注射剂。

1. 注射用无菌粉末的分类

依据产生工艺不同,可分为注射用冷冻干燥制品和注射用无菌分装产品。前者是将灌装了药液的安瓿或小瓶进行冷冻干燥后封口而得,常见于生物制品如疫苗等;后者是将已经用灭菌溶剂法或喷雾干燥法精制而得的无菌药物粉末在避菌条件下分装而得,常见于抗生素药品,如青霉素等。

2. 注射用无菌粉末的质量要求

除应符合《中华人民共和国药典》对注射用原料药物的各项规定外,还应符合下列要求:①粉末无异物,配成溶液或混悬液后澄明度检查合格;②粉末细度或结晶度应适宜,便于分装;③无菌、无热源。

通常情况下,将稳定性较差的药物制成粉针,不能灭菌,或用小瓶包装后不利于灭菌,所以只能对无菌操作有较严格的要求,特别在分装、封口等关键工序,应采用层流洁净措施,局部达到100级,以保证操作环境的洁净程度。

工作步骤1 注射用无菌粉末的分装及制备

将符合注射要求的药物粉末在无菌操作条件下直接分装于洁净灭菌的小瓶或安瓿中,密封而成。在制定合理的生产工艺之前,首先应了解药物的理化性质,主要测定内容为:①物料的热稳定性,确定产品最后能否进行灭菌处理;②物料的临界相对湿度。生产中分装室的相对湿度必须控制在药品的临界相对湿度以下,以免吸潮变质;③物料的粉末晶型与松密度等,使之适于分装。工艺见图 5-18。

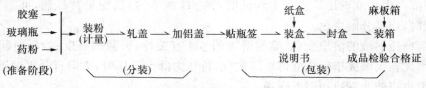

图 5-18 无菌分装工艺流程

1. 原材料的准备

自制无菌原料可以用灭菌结晶法或喷雾干燥法制备,必要时需进行粉碎,过筛操作,在无菌条件下制得符合注射用的无菌粉末。大多数兽药生产企业没有原料药生产,分装所用原料是直接购进,用前要按质量要求进行检查,且要注意无菌操作。安瓿或玻瓶以及胶塞的处理按注射剂的要求进行,但均须进行灭菌处理。

2. 分装

分装必须在高度洁净的无菌室中按无菌操作法进行,分装后小瓶应立即加塞并用铝盖密封。药物的分装及安瓿的封口宜在局部层流下进行。目前分装的机械设备有插管分装机、螺旋自动分装机(图 5-19)、真空吸粉分装机等。此外,青霉素分装车间不得与其他抗生素分装车间轮换生产,以防止交叉感染。

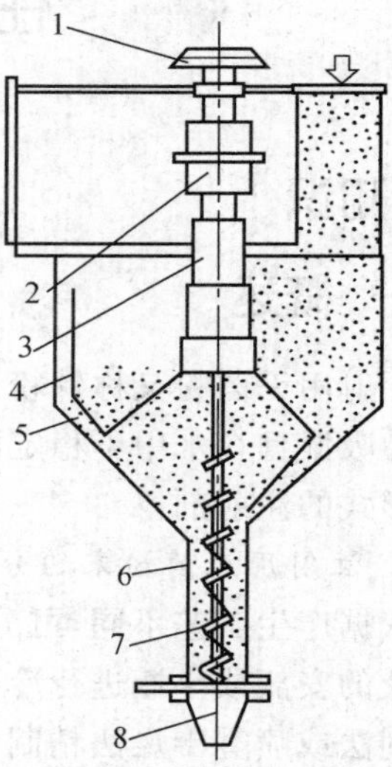

3. 灭菌及异物检查

对于耐热的品种,如青霉素(不含水),一般可用干热灭菌法进行补充灭菌,以确保安全。对于不耐热的品种,必须严格无菌操作。异物检查一般在传送带上目检。

4. 无菌分装工艺中存在的问题及解决办法

(1)装量差异。物料流动性差是主要原因。物料含水量、吸潮以及药物的晶态、粒度、比容以及机械设备性能等均会影响流动性,以至于影响装量,应根据具体情况分别采取措施。

(2)澄明度问题。由于药物粉末经过一系列处理,污染

图 5-19 螺杆式计量装置

1. 传动齿轮;2. 单向离合器;3. 支承座;
4. 搅拌叶;5. 料斗;6. 导料管;
7. 计量螺杆;8. 送药嘴

机会增加,以至于澄明度不符合要求。应严格控制原料质量及其处理方法和环境,防止污染。若包装容器和材料处理不好也可影响。

(3)无菌度问题。由于产品是无菌操作制备,稍有不慎就有可能受到污染,且微生物在固体粉末中的繁殖慢,不易被肉眼所见,危险性大。为解决此问题,一般都采用层流净化装置。

(4)吸潮变质。一般认为是由于胶塞透气性和铝盖松动所致。因此,一方面要进行橡胶塞密封性能的测定,选择性能好的胶塞,另一方面,铝盖压紧后瓶口应烫蜡,以防水汽透入。

工作步骤 2 注射用冷冻干燥制品

1. 流程图

制备冻干无菌粉末,前药液的配置基本与水性注射剂相同,其冻干粉末的制备工艺流程如

图 5-20 所示。

分装好药液的安瓿或小瓶 → 预冻 → 升华干燥 → 再干燥

图 5-20 冷冻干燥流程图

2. 制备工艺

冷冻粉末的制备工艺可以分为预冻、减压、生化、干燥等几个过程。此外,药液在冻干前需经过滤、罐装等处理过程。

(1)预冻。预冻是恒压降温过程。药液随着温度的下降而冻结成固体,温度一般应降至产品共熔点以下 10～20℃,以保证冷冻完全。若预冻不完全,减压过程中则可能产生沸腾冲瓶的现象,使制品表面不平整。

(2)升华干燥。升华干燥首先是恒温减压过程,然后在抽气条件下,恒压升温,固态水升华逸去。生华干燥法分两种,一种是一次升华法,适用于共熔点为 -10～-20℃ 的制品,且熔点黏度不大。它首先将预冻后的制品减压,待真空度达一定数值后,启动加热系统缓缓加热,使制品中的冰升华,升华温度约为 -20℃,药液中的水分可基本除尽。

另一种是反复冷冻升华法。该法的减压和加热升华过程与一次升华法相同,只是预冻需在共熔点以下 20℃ 之间反复升降预冻,而不是一次降温完成。通过反复升温降温处理,制品晶体的结构被改变,由致密变为疏松,有利于水分的升华。因此,本法常用于结构较复杂、稠度大及熔点较低的制品,如生物制品等。

(3)再干燥。升华完成后,温度持续升高至 0℃ 或室温,并保持一段时间,可使已升华的水蒸气或残留的水分被抽尽。再干燥可保证冻干制品含水量<1%,并有防止回潮作用。

3. 冷冻干燥中存在的问题及处理方法

(1)含水量偏高。装入容器的药液过厚,升华干燥过程中供热不足,冷凝器温度偏高或真空度不够,均可能导致含水量偏高。可采用旋转冷冻机及其他相应的方法解决。

(2)喷瓶。如果供热太快,受热不均或预冻不完全,则易在升华过程中使制品部分液化,在真空减压条件下产生喷瓶。为防止喷瓶,必须控制预冻温度在共熔点以下 10～20℃,同时加热升华,温度不宜超过共熔点。

(3)产品外形不饱满或萎缩。一些黏稠的药液由于结构过于致密,在冻干过程中内部水蒸气逸出不完全,冻干结束后,制品会因潮解而萎缩,遇到这种情况通常可在处方中加入适量甘露醇、氯化钠等填充剂,并采取反复预冻法,以改善制品的通透性,产品外观即可得到改善。

巩固训练

1. 熟练操作各种无菌粉末分装设备。

2. 熟练操作冷冻干燥设备。

项目6

粉散剂的制备工艺

❋ 知识目标

1. 理解粉碎、筛分、混合、干燥的原理和影响因素。
2. 掌握粉散剂固体制剂的生产工艺流程。

❋ 技能目标

1. 能给出固体制剂生产过程中可能出现的问题的解决方案。
2. 会设计粉散剂的处方和制备工艺。
3. 会进行粉散剂制剂生产过程中的质量控制。
4. 掌握粉碎、筛分、混合、干燥的各种机械设备的操作,并能维护。

基础知识

粉剂是指药物或与适宜的辅料经粉碎、均匀混合制成的干燥粉末状制剂,一般特指化学药品。分为内服和局部用粉剂。内服如可溶性粉、预混剂,局部用粉剂可用于皮肤、黏膜和创伤等疾患,制剂学上亦称撒粉,另外还有消毒剂等。

散剂是指药材或药材提取物经粉碎、均匀混合制成的粉末状制剂,一般特指天然药物,分为内服散剂和外用散剂。

粉散剂是在兽医临床使用得较为广泛的一种剂型,一般用于治疗、预防、促生长等。一般内服粉散剂应通过 2 号筛(相当于 24 目),外用粉散剂应通过 5 号筛(相当于 80 目)。

粉剂和散剂的制备工艺基本相同,一般包括粉碎、过筛、混合、分剂量、质量检查及包装等。个别散剂因成分或数量的不同,可将其中几步操作结合进行。

一般情况下,生产前需要对固体物料进行前处理,是指将原料、辅料粉碎成符合要求的粒度,且达到规定的干燥程度等。粉碎技术直接关系到产品的质量和应用性能。制备粉散剂的粉碎、过筛、混合等单元操作适用于其他固体制剂如片剂、颗粒剂等的制备过程。

任务 1 固体制剂粉散剂的制备

散剂、粉剂的一般工艺流程如图6-1所示。

工作步骤 1 粉碎

粉碎主要是借助机械力将大块固体物料破碎成大小适宜的颗粒或细粉的操作过程。通常要对粉碎后的物料进行过筛,以获得均匀粒子。粉碎的主要目的在于减小粒径,增加比表面积。粉碎既要考虑药物本身性质的差异,也要注意使用要求的不同,过度的粉碎不一定切合实际。例如易溶的药物不必研成细粉,在胃中不稳定的药物、有不良嗅味的药物及刺激性较强的药物也不宜粉碎得太细;难溶的药物需要研成细粉以便加速其溶解和吸收;制备外用散剂需要极细粉末,但在浸出生物中有效成分时,极细的粉末易于形成糊状物而不易达到浸出目的,同时浪费工时、提高成本,所以固体药物的粉碎应随需要而选用适当的粉碎度。

1. 粉碎的意义

(1)粉碎可减少药物粒径,增加药物的比表面积,促进药物的溶解和吸收,提高药物的生物利用度。

(2)粉碎可调节药物粉末的流动性,促进制剂中各成分混合均匀,利于制成多种分剂量剂型。

(3)有助于药材中有效成分的提取。

(4)有利于提高固体药物在液体、半固体、气体中的分散度。

但必须注意粉碎过程可能带来的不良影响,例如一些多晶型药物经粉碎后,晶型受到破坏,引起药效下降或出现晶型转变、粉碎过程产生的热效应可使热不稳定药物发生热分解、黏附团聚的增大,堆密度的减少,在粉末表面吸附的空气对润湿性的影响、粉尘飞扬、爆炸等。因此实际生产中应根据药物的性质,在制备过程中采用适合的粉碎机,以达到一定的粉碎程度。

2. 粉碎的机理

物料是依靠其分子间内聚力而聚结成一定形状的块状物。

起粉碎作用的机械力有冲击力、压缩力、研磨力、弯曲力和剪切力。参见图6-2。粉碎过程一般是上述几种力综合作用的结果,在这些机械力作用下物体内部产生相应的应力,当应力超过一定的弹性极限,且超过物质本身分子间的内聚力时,物料被粉碎或产生塑性

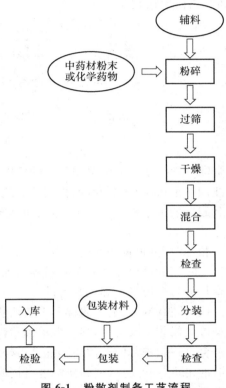

图6-1 粉散剂制备工艺流程

变形,塑性变形达到一定程度后即粉碎。弹性变形范围内的破碎称为弹性破碎(或脆性粉碎),塑性变形之后的破碎称为韧性粉碎。极性晶体药物的粉碎为弹性粉碎,比较容易;非极性晶体药物的粉碎为韧性粉碎,比较困难。被处理物料的性质、粉碎程度不同,所施加的外力也有所不同。冲击、压缩和研磨作用对脆性物质有效;纤维状物料用剪切方法更为有效;粗碎以冲击力和压缩力为主,细碎以剪切力、研磨力为主;要求粉碎产物能产生自由流动时,用研磨法较好。

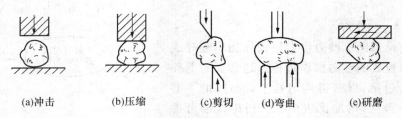

(a)冲击　　　(b)压缩　　　(c)剪切　(d)弯曲　　(e)研磨

图 6-2　粉碎用外加力

药物粉碎度对其制品质量的稳定性至关重要。尤其是固体药物粉末,其粉碎度的大小直接或间接地影响有关制剂的稳定性。此外,药物粉碎不均匀或颗粒太大,既增加制剂难度,又使其制剂的剂量或含量不准确,从而影响其疗效的发挥。

3. 粉碎的方法

粉碎时,可根据物料的性质、状态、组成粉碎度要求以及设备条件等,合理选择不同的粉碎方法。常用的粉碎方法有单独粉碎与混合粉碎、干法粉碎与湿法粉碎、开路粉碎与闭路粉碎、闭塞粉碎与自由粉碎和低温粉碎等。

(1)单独粉碎与混合粉碎。一般药物通常单独粉碎。如果药物能够单独粉碎而且不引起晶型等性能较大改变时,尽可能单独粉碎,这样便于在不同的制剂中配伍应用。两种以上的物料掺合在一起进行的粉碎叫作混合粉碎,这样可以避免一些黏性物料或热塑性物料在单独粉碎时的困难,同时也可使粉碎与混合同时进行,混合粉碎还能提高粉碎效果,如灰黄霉素和微晶纤维素按 1∶9 的比例混合粉碎后,灰黄霉素的结晶可变成无定形,因此使溶出速率提高 2.5～5.0 倍。

如果药物混合后会产生理化性质改变,必须单独粉碎。如氧化性药物与还原性药物必须单独粉碎,以免引起理化性质改变,甚至引起爆炸。

(2)干法粉碎与湿法粉碎。干法粉碎是物料处于适当的干燥状态下(一般含水量<5%)进行粉碎的操作。一般药物粉碎常采用此法。湿法粉碎是在难溶性药物中加入适量水或其他液体介质进行研磨粉碎的操作。这种方法可减少粉尘飞扬、减少物料的黏附性,从而提高研磨粉碎效果,因此,刺激性和有毒药物粉碎多用此法。

(3)低温粉碎。低温粉碎是利用物料在低温时脆性增加、韧性和延展性降低的性质进行粉碎,从而提高粉碎效果的操作。低温粉碎一般采用:①物料先冷却,迅速通过高速锤击粉碎机粉碎,碎料在机器内滞留时间短暂;②粉碎机内壳先通入低温冷却水,物料在冷却下进行粉碎;③将液氮或干冰与物料混合后进行粉碎;④组合以上几种方法进行粉碎。

(4)开路粉碎与闭路粉碎。开路粉碎是一边把物料连续地供给粉碎机,一边不断地从粉碎机中取出已粉碎的细物料的操作。该法工艺流程简单,物料一次通过粉碎机,操作方便,设备少,占地面积小,但成品粒度分布宽,适用于粗碎或粒度要求不高的粉碎。闭路粉碎是粉碎机和颗粒分级设备串联起来,经粉碎机粉碎的物料通过分级设备分出细粒,将粗颗粒重新送回粉碎机反复粉碎的操作。本操作的动力消耗相对较低,成品粒径可以任意选择,粒度分布均匀,成品纯度高、质量好。适用于粒度要求比较高的粉碎,但设备投资大。

(5)闭塞粉碎与自由粉碎。闭塞粉碎是粉碎过程中不能及时排出已达到粉碎度要求的细粉而继续和粗粒一起重复粉碎的操作。本法中细粉不能及时排出,从而成了粉碎过程中的缓冲物,影响粉碎效果而且能耗大,只适用于小规模的间歇操作。自由粉碎是在粉碎过程中及时排出以达到要求的细粉而不影响粗粒继续粉碎的操作,粉碎效率高,常用于连续操作。

4. 粉碎的机械

粉碎机械类型很多,依据粉碎原理、对产物粒度的要求和其他目的选择适宜的粉碎机。

(1)研钵。一般用瓷、玻璃、玛瑙、铁或铜制成。但以瓷制研钵和玻璃研钵最为常用。主要用于小剂量药物的粉碎或实验室规模粉剂的制备。

(2)球磨机。球磨机是最古老的粉碎设备之一。目前在制药工业和精细化工领域仍然被广泛使用。球磨机具有一个可旋转的筒体,筒体由不锈钢或瓷制成。筒内装有一定数量、大小不等的钢球、瓷球或不规则鹅卵石作为研磨介质。使用时将药物装入圆筒内密盖后,打开电动机,当圆筒旋转时,由于离心力和筒壁摩擦力的作用,筒内研磨介质和物料被带到一定的高度,然后在重力作用下抛落,球的反复上下运动使物料受到强烈的撞击力或研磨力而被粉碎,同时物料不断改变其相对位置可达到混合目的。球磨机的研磨机理如图 6-3 所示。

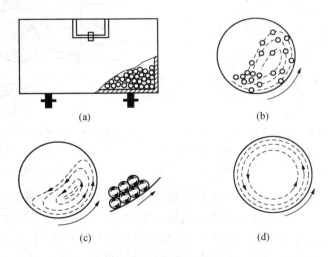

(a)　　　　　　　　　(b)

(c)　　　　　　　　　(d)

图 6-3　球磨机的研磨机理

粉碎效果与圆筒转速、球与物料的装量、球的大小与重量有关。研磨介质在不同的转速下,有 3 种运动轨迹,如图 6-3(b)、(c)、(d)所示。如圆筒转速过小[图 6-3(c)],研磨介质提升高度不够,球和物料在摩擦力作用下随罐体上升至一定高度后往下滑落,冲击力小,这时物料的粉碎主要靠研磨作用,效果较差;当转速适宜[图 6-3(b)],研磨介质不断被提升,在离心力和惯性作用下,圆球和物料随筒体上升至一定高度后沿抛物线抛落,此时产生撞击和研磨的联合作用,粉碎效果最好,物料被粉碎成细粒子;若转速过大时[图 6-3(d)],离心力起主导作用,球与物料在离心力的作用下随罐体一起旋转,失去物料与球体的相对运动,从而失去粉碎和混合作用,不能粉碎物料。

由此可见,圆筒的转速对药物的粉碎作用影响较大。球体开始发生离心运动的转速称为临界转速。球磨机粉碎效率最高时的转速称为最佳转速。最佳转速一般为临界转速的60%～85%。此外,圆球应有足够的重量和硬度,使其能在一定高度落下时具有最大的击碎力。圆球的大小不一定完全一致,这样可以增加圆球间的研磨作用。一般球和粉碎物料的总装量为罐体总容积的50%～60%。

球磨机的结构和粉碎机理比较简单,能处理多种物料,应用范围很广,特别适用于粉碎结晶性或脆性药物。密闭操作,粉尘少,能达到无菌无尘的要求,常用于毒、剧、贵重药物以及黏附性、凝结性的粉粒状物料的粉碎或混合。但球磨机也存在粉碎时间长,粉碎效率低,球磨机在使用之后清洗较为麻烦的缺点。

(3)冲击式粉碎机。冲击式粉碎机属于机械式粉碎机之一,对物料的作用以冲击力(或称撞击力)为主,几乎可用于任何类型的粉碎操作。故又有"万能粉碎机"的美誉。此类粉碎机的粉碎比一般为20～70。典型的粉碎机有锤击式(图6-4)与冲击柱式(图6-5)。

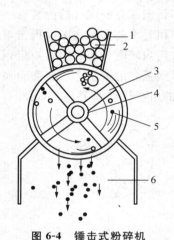

图6-4　锤击式粉碎机

1. 料斗;2. 原料;3. 锤头;4. 旋转轴;

5. 未过筛颗粒;6. 过筛颗粒

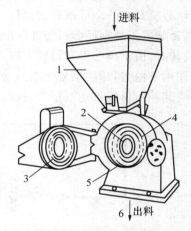

图6-5　冲击柱式粉碎机

1. 料斗;2. 转盘;3. 固定盘

4. 冲击柱;5. 筛圈;6. 出料

锤击式粉碎机由设置在高速旋转主轴上的多个T形锤、带有衬板的机壳、筛网、加料斗、螺旋加料器等组成。当物料从加料斗进入到粉碎室时,由于高速旋转的锤头的冲击力和剪切作用以及被跑向衬板的撞击作用下被粉碎,细粒通过筛板由出口排出,成为成品。粗粒继续在机内被粉碎,粉碎粒度可由锤头形状、大小、转速以及筛网的目数来调节。从锤击式粉碎机可以获得粒径为4～325目细度的粉碎物料,但过于细微的粒子容易堵住筛子,因此以30～200目为好。

冲击柱式粉碎机(又称为转盘式粉碎机),在高速旋转的转盘上固定有若干圈冲击柱,另一与转盘相对应的固定盖上也固定有若干圈冲击柱。物料由加料斗加入,由固定板中心轴向进入粉碎机,高速旋转转盘的离心作用将物料从中心部位抛向外壁,此过程中受到冲击柱的冲击,而且冲击力越来越大(因为转盘外圈线速大于内圈线速),粉碎的越来越细,最后物料到达转盘外壁环状空间,细粒由底部的筛孔出料,粗粒在机内重复粉碎。粉碎程度与盘上固定的冲击柱的排列方式有关。

(4)流能磨。与其他超细粉碎设备不同的是,它的粉碎机理是利用高速弹性气流(压缩空气或惰性气体)作为粉碎动力,因此又称为气流粉碎机。在弹性气流的作用下,使物料颗粒之间相互激烈冲击、碰撞、摩擦,以及气流对物料的剪切作用而达到粉碎目的,同时进行均匀混合。压缩空气夹带的细粉由出料口进入旋风分离器或袋滤器进行分离,而较大的物料颗粒在离心力的作用下沿着机器壁外侧重新带入粉碎室,重复粉碎过程。

流能磨粉碎有如下特点:①由于粉碎是由气体完成,整个机器无活动部件,粉碎效率高,可以完成粒径在 5 μm 以下的超细粉碎,因而有"微粉机"之称。②气流粉碎时,能自行分级,粗粒不会混到成品中,而且粉碎粒径分布均匀。③流能磨在粉碎过程中,由于气体自喷嘴喷出时的冷却效应,因而可以适用于热敏性物料和低熔点物料的粉碎,同时可以实现联合操作,如可利用热压缩空气同时进行粉碎和干燥处理。④设备简单,易于对机器及压缩空气进行无菌处理,可用于无菌粉末的粉碎。⑤设备结构紧凑、简单、磨损小,容易维修。⑥与其他类型粉碎机相比,动力消耗较大,粉碎成本较高,一般仅用于精细粉碎。

流能磨的形式很多,其中最常用的典型结构为圆盘形和椭圆形气流粉碎机,这两种粉碎设备的结构分别如图 6-6 所示。

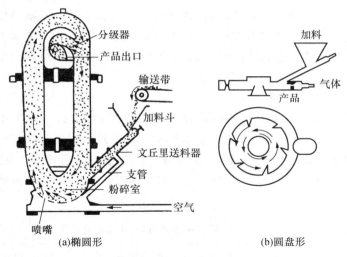

图 6-6 流能磨示意图

下面以椭圆形流能磨为例,简要介绍流能磨粉碎的工作过程。圆盘形流能磨由粉碎室、加料斗、送料器、喷嘴、分级器等组成。压缩空气以 0.709~1.01 MPa 的压力自椭圆形粉碎室底部由喷嘴喷入粉碎室,之后立即膨胀为超音速气流并室内高速旋转;物料自加料斗经送料器输送至粉碎室底部喷嘴上,被压缩空气牵引射入粉碎室,使物料粒子之间、粒子与室壁之间发生高速撞击、冲击、研磨以及气流的剪切作用达到粉碎。粉碎后的细颗粒随气流上升,经产品出口被吸入分级器,再被捕集器捕集起来,较粗的颗粒由于旋转气流的离心力作用,沿环形粉碎室外侧下至室底部与新输入的物料一起重新进行粉碎。

(5)几种常用的粉碎设备性能比较。表 6-1 列出了一些常用粉碎机的作用原理、适用范围等,在生产中,可根据物料性质与粉碎产品粒度的要求选择适宜的粉碎机。

表 6-1　几种常用的粉碎设备性能比较

粉碎机类型	粉碎作用力	粉碎后粒度/μm	适应物料
球磨机	磨碎、冲击	20～200	可研磨的结晶性、脆性物料
冲击式粉碎机	冲击	4～325	脆性、韧性物料均可
流能磨	撞击、研磨	1～30	中硬度物质
滚压机	压缩、剪切	20～200	软性粉体
胶体磨	磨碎	20～200	软性纤维状

工作步骤 2　筛分

1. 筛分

筛分是将不同粒度的混合物通过网孔性工具(通常称为筛),按照粒度的大小进行分离的操作。一般机械粉碎所得的颗粒总是不均匀的,筛分可以将粉碎好的颗粒或粉末按粒度大小进行分级,而且也可以起到均匀混合的作用。在药品生产过程中,原料、辅料和中间产品,都需要通过筛分进行分级筛选以获得粒径均匀的物料,这对药品质量以及制剂生产的顺利进行都有重要的意义。例如,散剂,除另有规定外,一般均应通过 6 号筛,其他粉末剂也有相应的粒度要求。在片剂生产过程中,进行混合、制粒、压片等单元操作时筛分对混合度、粒子流动性、充填性、片重差异、片剂的硬度、裂片等都具有显著影响。

2. 筛的种类与规格

药典中规定的用筛,称为药筛或标准筛,其规格用"号"表示,有 9 种筛号,1 号筛的筛孔内径最大,依次减小,9 号筛的筛孔内径最小。我国工业标准筛的规格常用"目"来表示。"目"是指每 2.54 cm(1 英寸)长度上的筛孔数目为,即 2.54 cm 长度上含有几个孔就称为几"目",如 2.54 cm 长度上有 10 个孔的筛号就成为 10 目筛(1 号筛)。孔径大小常用微米表示。具体规格如表 6-2 所示。

表 6-2　《中华人民共和国兽药典》标准筛号对照表

筛号	筛孔内径(平均值)/μm	目号	药粉等级及规格(以能通过各种规格筛的百分率计)	
1 号筛	2 000±70	10	最粗粉	1 号通过 100%,3 号≤20%
2 号筛	850±29	24	粗粉	2 号通过 100%,4 号≤40%
3 号筛	355±13	50		
4 号筛	250±9.9	65	中粉	4 号通过 100%,5 号≤60%
5 号筛	180±7.6	80	细粉	5 号通过 100%,6 号≥95%
6 号筛	150±6.6	100	最细粉	6 号通过 100%,7 号≥95%
7 号筛	125±5.8	120		
8 号筛	90±4.6	150	极细粉	8 号通过 100%,9 号≥95%
9 号筛	75±4.1	200		

药筛的性能主要取决于筛网。筛按制作方法可分为冲眼筛(也称模压筛)和编织筛两种。

冲眼筛是在金属板上冲制出圆形的筛孔而成。这种筛孔坚固、耐用、孔径不易变形,但筛孔通常不是很细,多用于高速旋转粉碎机的筛板及药丸等粗颗粒的筛选。编织筛是由具有一定机械强度的金属丝(如铜丝、不锈钢丝、铁丝),或其他非金属丝(如尼龙丝、绢丝)编织而成。编织筛单位面积上的筛孔多、筛分效率高,可用于细粉的筛选。用非金属制成的筛网具有一定的弹性,比较耐用。尼龙丝对一般药物较稳定,在制剂生产中应用较多。但编织筛使用时筛线容易移位,导致筛孔变形,分离效率下降,因此也常将筛线交叉处压扁固定。

3. 筛分设备

常用筛分设备的操作要点是将欲分离的物料放在筛网面上,采用多种方法使物料运动,小于筛孔的粒子漏到筛下,达到筛分的目的。根据对粉末粗细的要求、粉末的性质和数量等方面的考虑,可选用筛分设备如摇动筛和震荡筛。

(1)摇动筛。将筛按孔径从小到大、从上到下的顺序排列,最上为筛盖,最小为接收器。如图 6-7 所示。取一定量的物料置于最上层筛网上,加上筛盖后,固定在摇动台进行摇动和振荡数分钟,即可完成对物料的分级。常用于测定粒度分布或少量剧毒药、刺激性药物的筛分。

(2)振荡筛。如图 6-8 所示,不平衡重锤分别装在电机的上轴及下轴,上轴与筛网相连,筛框用弹簧支撑于底座上,开动电机后上部重锤带动筛网做水平圆周运动,而下部重锤又使筛网作垂直方向运动,故筛网的振荡方向有三维性,物料加在筛网中心部位,筛网上面的粗粉由上部的出料口排出,筛分的细粉由下部的出料口排出。振荡筛分离效率高,单位筛面积处理面积大,占地面积小等优点,适用于流水作业,是物料颗粒大小比例不等筛分连续出料的理想设备。

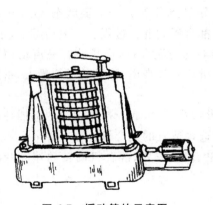

图 6-7 摇动筛的示意图

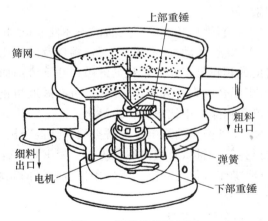

图 6-8 振荡筛的示意图

工作步骤3 混合

1. 混合

广义上把两种以上的物质均匀混合的操作统称为混合,包括固-固、固-液、液-液等组分的混合。通常将固-固粒子的混合简称为混合;将大量固体与少量液体的混合称为捏合;将少量不溶性固体或液体与大量液体的混合称为均化,如乳剂、混悬剂等的混合。混合的目的在于使药物各组分在制剂中均匀一致。混合操作对制剂的外观质量和内在质量都有重大影响,如在片剂生产中,混合不好会出现斑点,崩解时限和脆碎度不合格、主药含量不均匀等,从而影响制剂质量、生物利用度和治疗效果。如果是主要含量小的药物混合不均匀,还可能给畜禽带来危险。

2. 混合方式

混合是固体制剂生产中最重要的单元操作之一,合理、有效的混合是制剂质量的重要保证。固体物料粉碎后的混合一般分为实验室混合方法,如搅拌、研磨与过筛;规模化生产混合方法,如搅拌或容器旋转的混合等。其混合机理有:

(1)对流。固体粒子在机械转动的作用下产生较大幅度位移而达到均匀混合。

(2)剪切。固体粒子群内部力的作用,使不同层面之间发生剪切作用,产生相对滑动,破坏粒子团聚状态而进行的局部混合。

(3)扩散。由于粒子的无规则运动,在相邻粒子间发生相互交换位置而进行的局部混合。

上述3种混合机理在实际操作过程中是相互联系的,都是以产生物料的整体和局部的移动而达到均匀混合,只不过所表现的程度因混合器的类型、物料性质、操作条件等不同而存在差异而已。例如,水平圆筒混合器内以对流混合为主,而搅拌混合器内以强制的对流与剪切混合为主;一般来说,在混合开始阶段以对流和剪切为主导,随后扩散作用增加。需要注意的是,以剪切和扩散作用混合不同粒径的自由流动流体,常常伴随分离而影响混合效果。

3. 影响混合的因素

在混合器内多种固体物料进行混合时往往伴随离析现象。离析是与粒子混合相反的过程,它的存在妨碍良好的混合,也可以使已经混合好的混合物料重新分层,降低混合程度。在实际生产中,影响混合速度和混合程度的因素很多,总的来说可分为物料因素、设备因素和操作因素。

(1)物料性质的影响。物料的粉体性质,如粒度分布、粒子形态及表面状态、粒子密度及堆密度、含水量、流动性、黏附性、凝聚性以及组分比等都会影响混合过程。一般情况下,小粒径、大密度的颗粒易于在大颗粒的缝隙中往下流动而影响均匀混合;球形颗粒容易流动而易产生离析;当混合物料中含有少量水分,可有效地防止离析。一般来说,粒径的影响最大,密度的影响在流态化操作中比粒径更为显著。

(2)设备类型的影响。设备类型包括混合机的形状及尺寸、起搅拌作用的内部插件(挡板、强制搅拌等)、材质及表面情况等。应根据物料性质选择适宜的混合机。

(3)操作条件的影响。操作条件有物料的充填量、装料方式、混合机的转动速度及混合时间等。

4. 混合注意事项

(1)各组分的混合比例。当各组分比例量相差悬殊时,难以混合均匀,应采用等量递加混合法(又称为配研法)进行混合,即将量大的药物先取出部分,与量小药物等量混合研匀,如此倍量增大,直至全部混匀,再过筛混合即成,将这种方法称为"倍量递增"混合。如马杜米星铵预混剂或亚硒酸钠添加剂等。

"倍散"是指要求小剂量应用的药物中添加一定量的填充剂制成的稀释散。稀释倍数由剂量而定:常用的有五倍散、十倍散、百倍散、千倍散等。剂量 0.1～0.01 g 可以配制 10 倍散(即 9 份稀释剂与 1 份药物混合);剂量 0.01～0.001 g 可以配制成 100 倍散(即 99 份稀释剂与 1 份药物混合);0.01 g 以下应配制 1 000 倍散。配制倍散常采用配研法。常用的稀释剂有乳糖、无水葡萄糖、淀粉、糊精、沉降碳酸钙、磷酸钙和白陶土等惰性物质。为便于观察是否混合均匀,可加入少量色素。

（2）各组分的密度与粒度。各成分间密度差及粒度差较大时,先装密度小的或粒径大的物料,然后装密度大或粒径小的物料,并且混合时间应适当。

（3）各组分的黏附性与带电性。有的药物粉末对混合机器壁有黏附性,影响混合均匀。一般将量大的或不易吸附的药粉或辅料垫底,量少或易吸附物料后加入。物料在混合摩擦时,往往产生表面电荷而阻止粉末的混合。通常可以加入少量表面活性剂（十二烷基磺酸钠）或润滑剂（硬脂酸镁）加以克服。

（4）含液体成分或易吸湿成分的混合。如果处方中含有液体组分时,可用处方中的固体组分或吸收剂吸收该液体至不润湿为止。常用的吸收剂有磷酸钙、白陶土、硅酸盐等。如果含有易吸湿组分,则应针对吸湿原因加以解决。若物料所含结晶水在研磨过程中释放出来引起润湿,则可用等摩尔的无水物替代;若混合引起吸湿性增强,则不应混合,要分别包装;控制环境的相对湿度低于物料的临界相对湿度等。

（5）形成低共熔混合物。有些药物以不同比例混合后,所得混合物的熔点至少低于组成该混合物的某一纯物质的熔点,其中有最低熔点的混合物称为低共熔物,低共熔物的熔点称为低共熔点。低共熔混合物在室温条件下即可出现润湿或液化现象。药剂配制中常见的可发生共熔现象的药物有水合氯醛、樟脑、麝香草酚、薄荷脑等,以一定比例混合研磨时极易润湿、液化,此时应尽量避免形成低共熔物的混合比。

5. 混合的方式与设备

固体物料的混合设备大致分为容器旋转型和容器固定型两类。

（1）容器旋转型混合机。容器旋转型是靠容器本身的旋转作用带动物料上下运动而使物料混合的设备。形式多样,如图6-9所示。

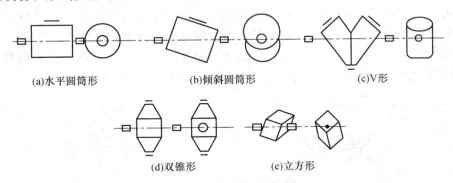

图 6-9　旋转型混合机形式

①水平圆筒形混合机。物料受筒体轴向旋转时,离心力作用向上运动,其后物料在重力作用下往下滑落,如此反复运动而混合。总体混合主要以对流、剪切混合为主,而轴向混合以扩散为主。此种混合机的混合相对较低,但构造简单、成本低,操作中最适宜的转速为临界转速的70%～90%。最适宜充填量或容积比（物料体积/混合机全容积）约为30%。

②V形混合机。由两个圆筒呈V形交叉结合而成。交叉角 $\alpha=80°\sim81°$,直径与长度之比为0.8～0.9。物料在圆筒内旋转时被分成两部分,再使这两部分物料重新混合在一起,反复循环,在较短时间内即可混合均匀。本混合机以对流混合为主,混合速度快,在旋

转混合机中混合效果最好,应用广泛。图6-10 V形混合机结构示意图。

③双锥型混合机。在短圆筒两端各与一个锥形圆筒结合而成,旋转轴与容器中心线垂直,混合机内物料的运动状态与混合效果类似于V形混合机。

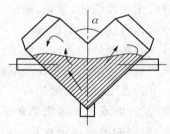

图6-10 V形混合机

④三维混合机。三维混合机是一种新型的容器回转式混合机。三维混合机具有特殊的运动性能,即可以产生独特的运动方式—转动、平移、颠倒、摇旋、交叉、翻滚等多向混合运动。在混合操作进行时,因混合筒同时进行自转和公转,使多角混合筒产生强烈的摇旋、滚动作用,并在混合筒自身多角功能的牵动下,增大物料的倾斜角,加大滚动范围,消除了离心力,使物料形成自身流动和扩散双重作用,避免了分层、密度差异、聚积和死角等弊端。本设备混合均匀度高,流动性好,容载率高,对有一定湿度、柔软性和相对密度不同的颗粒或粉末状物料的混合能达到最佳效果。

(2)容器固定型混合机。这种类型的混合机是物料在容器内靠叶片、螺旋或气流的搅拌作用下进行混合的设备。常用的混合机如下。

①搅拌槽型。这是一种以机械方法对混合物料产生剪切力而达到混合目的的设备。由搅拌桨、混合槽、驱动装置和机架组成。搅拌桨为螺旋状。物料在搅拌桨的作用下不停地上下、左右、内外等方向运动,从而达到均匀混合。混合时以剪切混合为主。由于混合强度较小,混合时间较长,混合度与V形混合机类似。槽型混合机结构简单,操作及维修都很方便,应用广泛。图6-11为搅拌槽型混合机结构示意图。

②锥形垂直螺旋型。这是一种新型混合装置,对于大多数粉粒状物料都能满足混合要求。该混合机由锥体部分和传动部分组成。传动部分由电动机、变速装置、横臂传动件等组成。锥形容器内装有一个或两个与锥壁平行的提升螺旋。混合过程主要由螺旋的自转和公转以不断改变物料的空间位置来完成,可实现在全容器内产生涡旋和上下循环运动。这种混合机的特点是混合速度快,混合度高,混合量比较大,也能达到均匀混合,混合动力消耗相对较小。图6-12为锥形垂直螺旋型混合机工作原理与结构示意图。

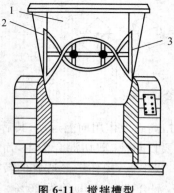

图6-11 搅拌槽型
混合机结构示意图
1. 混合槽; 2. 搅拌桨; 3. 固定轴

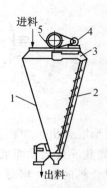

图6-12 锥形垂直螺旋型混合机
1. 锥型筒体; 2. 螺旋桨; 3. 摆动臂;
4. 电机; 5. 减速器

工作步骤 4　分剂量

将混合均匀的散剂(或粉剂),按剂量要求分成等重份数的过程。常用的方法如下。

1. 重量法

该法是指用衡器主要是电子秤或天平逐份称量的方法。此法分剂量准确,但操作繁琐,效率低。特别是用于含剧毒药物、贵重药物散剂的分剂量。

2. 容量法

该法是指用固定容量的容器进行分剂量的方法。本法效率较高,但准确性不如重量法。目前药厂使用的自动分包机、分量机等都采用容量法与重量法相结合的原理进行分剂量。

3. 目测法(又称估分法)

该法是指称取总量的散剂,以目测分成若干等份的方法。此法操作简单,但准确性差。

4. 包装与贮存

散剂(粉剂)的质量除了与制备工艺有关以外,还与散剂(粉剂)的包装、贮存条件密切相关。散剂(粉剂)的分散度大,因此其吸湿性或风化性较显著。散剂吸湿后会发生许多变化,例如湿润、失去流动性、结块等物理变化;变色、分解或效价降低等化学变化及微生物污染等生物学变化。因此防潮是散剂在包装和贮存中应解决的主要问题。包装时应注意选择适宜的包装材料和包装方法,贮存中应注意选择适宜的贮藏条件。

散剂的吸湿特性与物料的临界相对湿度(CRH)密切相关,当空气中的相对湿度高于物料的临界相对湿度时极易吸湿。几种水溶性药物混合后,其混合物的 CRH 约等于各组分的 CRH 的乘积,与各组分的比例无关;几种非水溶性药物混合后,无特定的 CRH 值,其混合物的吸湿量具有加和性。如葡萄糖和抗坏血酸的混合,两者的 CRH 值分别为 82% 和 71%,混合后混合物的 CRH 值为 58.3%,其生产时环境的 CRH 值必须低于 58.3% 才能有效地防止吸潮。

工作步骤 5　粉散剂的质量检查

1. 外观均匀度

取供试品适量,置光滑纸上,平铺约 5 cm²,将其表面压平,在明亮处观察,应色泽均匀,无花纹,色斑。

2. 水分

(1)散剂水分测定。取适量供试品,按照水分测定法测定,除另有规定外,不得超过 10.0%。

(2)粉剂干燥失重测定。取适量供试品,按照干燥失重测定法测定,在 105℃ 干燥至恒重,减失重量不得超过 2%;预混剂若是无机基质不得超过 3.0%,若是有机基质不得超过 8.0%;可溶性粉剂不得超过 10%。

3. 装量检查

单剂量包装的颗粒剂的装量按最低装量检查法检查,应符合规定。具体做法,除另有规定外,取供试品 5 个,除去外盖和标签,容器用适宜的方法清洁并干燥,分别精密称定重量,除去内容物,容器分别用适宜的溶剂洗净并干燥,再分别精密称定空容器的重量,求出每个容器内容物的装量与平均装量,应符合表 6-3 装量差异限度规定。

表 6-3　粉散剂装量差异限度规定

标示装量	固体制剂	
	平均装量	每个容器装量
20 g 以下	不少于标示装量	不少于标示装量的 93%
20～50 g	不少于标示装量	不少于标示装量的 95%
50～500 g	不少于标示装量	不少于标示装量的 97%
>500 g	不少于标示装量	不少于标示装量的 98%

粉散剂制备举例

(1)粉剂举例。盐酸大观霉素、盐酸林可霉素可溶性粉。

处方：　盐酸大观霉素　　　　　　　　400.0 g

　　　　盐酸林可霉素　　　　　　　　200.0 g

　　　　葡萄糖　　　　加至　　　　1 000.0 g

制法：称取盐酸大观霉素、盐酸林可霉素、葡萄糖一定量，分别过筛。再按"等量递加混合法"混匀，即得。

(2)散剂举例。四君子散。

处方：　党参　　　　　　　　　　　　60.0 g

　　　　白术（炒）　　　　　　　　　60.0 g

　　　　茯苓（炙）　　　　　　　　　30.0 g

　　　　甘草（炙）　　　　　　　　　30.0 g

制法：以上四味，粉碎，过筛，混匀，即得。

(3)含小剂量药物的散剂举例。1%硫酸阿托品散。

处方：　硫酸阿托品　　　　　　　　　1.0 g

　　　　胭脂红乳糖（1%）　　　　　　0.5 g

　　　　乳糖　　　　加至　　　　　　100.0 g

制法：先研磨乳糖使研钵内壁饱和后倾出，将硫酸阿托品与胭脂红乳糖置研钵中研和均匀，再按等量递加的混合原则逐渐加入所需量的乳糖，充分研和，待全部物料色泽均匀即得。

注解：①硫酸阿托品为胆碱受体阻断药，可解除平滑肌痉挛，抑制腺体分泌，散大瞳孔。本品主要用于胃肠、肾、胆绞痛。②1%胭脂红乳糖的配制方法：取胭脂红置于研钵中，加 90%乙醇 10～20 mL，研匀，再加小量的乳糖研匀，至全部加入混合均匀，并在 50～60℃下干燥后，过筛即得。

(4)含浸膏散剂举例。10%颠茄浸膏散。

处方：　颠茄浸膏　　　　　　　　　　10.0 g

　　　　淀粉　　　　　　　　　　　　90.0 g

制法：取适量大小的滤纸，称取颠茄浸膏后黏附于杵棒末端，在滤纸背面加适量乙醇浸透滤纸，使浸膏自滤纸上脱落而留在杵棒末端，然后将浸膏移至研钵中加适量乙醇研和，再逐渐加入淀粉混合均匀，在水浴上加热干燥，研细，过筛，即得。

注解：浸膏有干浸膏（粉状）和稠浸膏（膏状）两种形态。如为干浸膏，可按固体药物加入的方法混合;可先加入少量乙醇共研,使其稍稀薄后,再加其他固体成分研匀,干燥,即得。

(5)含共熔成分的散剂举例。痱子粉。

处方:　薄荷脑　　　　　　　　6.0 g

　　　　樟脑　　　　　　　　　6.0 g

　　　　麝香草酚　　　　　　　6.0 g

　　　　薄荷油　　　　　　　　6.0 mL

　　　　水杨酸　　　　　　　　11.4 mL

　　　　硼酸　　　　　　　　　85.0 g

　　　　升华硫　　　　　　　　40.0 g

　　　　氧化锌　　　　　　　　60.0 g

　　　　淀粉　　　　　　　　　100.0 g

　　　　滑石粉　　加至　　　　10 000.0 g

制法:取樟脑、薄荷脑、麝香草酚研磨至全部液化,并与薄荷油混合。另将升华硫、水杨酸、硼酸、氧化锌、淀粉、滑石粉研磨混合均匀,过 7 号筛。然后将共熔混合物与混合的细粉研磨混匀或将共熔混合物喷入细粉中,过筛,即得。

注解:①本品中可发生共熔现象的药物有樟脑、麝香草酚、薄荷脑,因本处方中固体组分较多,可先将共熔组分共熔,再用其他固体组分吸收混合,使分散均匀。②本品有吸湿、止痒及收敛作用,用于痱子、汗疹等,洗净患处,撒布用。

(6)预混剂举例。盐酸氨丙啉、乙氧酰胺苯甲酯预混剂。

处方:　盐酸氨丙啉　　　　　　250.0 g

　　　　乙氧酰胺苯甲酯　　　　16.0 g

　　　　基质　　加至　　　　　1 000.0 g

制法:基质常用淀粉或玉米粉、碳酸氢钙、碳酸钙、葡萄糖等。乙氧酰胺苯甲酯按等量递加的方法与混合基质,再与盐酸氨丙啉、基质混合均匀制成。

注解:①预混剂是指一种或一种以上的药物,与适宜的基质均匀混合制成的粉末状或颗粒状制剂,作为饲料添加剂的一种剂型,专用于混饲给用。②预混剂都是经口投服的,不能用来直接饲喂畜禽,只能混合到饲料中,使畜禽通过采食饲料而获得所需要的药物。凡是饲料中用量在 0.01% 以下的物质都应制成预混剂添加到饲料中去。

巩固训练

1. 操作粉碎、混合、分剂量所用设备并会维护。

2. 将上述举例中的各类型粉散剂制备技术模拟练习。

知识拓展　粉体学简介

一、概述

(一)粉体学的概念

粉体学是研究有关粉体及组成粉体的固体粒子性质的相关理论和技术的科学。

粉体是指固体细小粒子的集合体,即包括粉末(粒径小于 $100~\mu m$)也包括颗粒(粒径大于 $100~\mu m$)。粒子大小不均,种类、来源、形状不同,粒度分布也较广泛,这些都会使粉体整体的性质发生变化。粉体属于固体分散在空气中形成的粗分散体系,其性质包括表面性质、力学性质、电学性质、流体动力学性质等。粉体是一个复杂的分散体系,有较大的分散度、比表面积和表面自由能,因此性质表现多样,与其他物体相比,其性质有很大程度的不同。

(二)粉体学在兽药制剂工艺中的应用

粉体学是药剂学的基本理论之一,粉体的性质对制剂工艺及产品质量均有影响。

1. 粉体理化特性对制剂工艺的影响

(1)对混合均匀性的影响。混合是固体药物制剂的重要过程,影响混合均匀度的因素有:粒子的大小,各组分间粒径差与密度差,粒子形态和表面状态。

(2)对分剂量准确性的影响。片剂、粉散剂、颗粒剂等固体制剂在生产中为了快速而自动分剂量一般采用容积法,因此固体物料的流动性、充填性对分剂量的准确性产生重要影响。

(3)对可压性的影响。压缩成片是片剂生产的重要过程,所以粉体的压缩特性有重要意义,压缩性也称为"可压性"。粉体性质方面的原因可能导致如黏冲、色斑、麻点及裂片等问题,这就需要改善粉体性质(如流动性、润滑性等),甚至通过调节配方解决以上问题。

2. 粉体性质对产品质量的影响

固体制剂的质量控制方面,重量差异、混合均匀度、片剂的强度等多与粉体操作有关,而崩解、溶出度和生物利用度则与药物处方中各种物料的粉体性质有关。

(1)对固体制剂崩解度的影响。崩解是药物溶出及发挥疗效的首要条件,而崩解的前提则是药物制剂能被崩解介质(水溶液)所润湿。因此水渗入片剂内部的速度与程度对崩解起到决定性作用,而这又与片剂的孔隙径、孔隙数目以及毛细管壁的润湿性等有关。若制剂表面润湿性差,甚至表现出强的疏水性,即使制剂孔隙径大、孔隙数目多,水也不能透入,最终影响制剂崩解。

(2)对溶出度的影响。药物的溶出度除了与药物的溶解度有关外,还与物料的比表面积有关。一定温度下固体的溶解度和溶解速度与其比表面积成正比。而比表面积主要与药物粉末的粗细、粒子形态以及表面状态有关,对片剂和胶囊剂来说与崩解后的粒子状态有关。因此,药物粒度大小可以直接影响药物溶解度、溶解速度,进而影响到临床疗效。

(3)对生物利用度和疗效的影响。药物不论以何种形式给药,药物粒径的大小都会影响药物从剂型中的释放,进而影响到疗效。如前所述,在改善药物崩解和溶出的同时,药物的吸收增加,生物利用度和疗效均可得到较好的提高。对气雾剂而言,雾化后药物粒子的大小是药效的主要决定因素。甚至将制剂的粒径减小,可以避免药物大粒子在黏膜黏附而导致的局部药物浓度过高,从而显著地降低药物对胃肠道的刺激并能有效地提高药物的疗效。

二、粉体粒子大小

粉体粒子大小是粉体最基本的性质,与药剂的加工和质量有着密切的关系。粉体粒子大小对粉体的性质有重要影响。

(一)粒子大小(粒子径)

粉体粒子大小也称为粒度,包含粒子大小和粒子分布两种含义。粒子大小可用粒子径表示。因为粉体制备方法不同、甚至同种方法制备,粒子大小也不同,所以需用一定的方法来表示粒子径。

1. 几何学径

即粒子径是通过光学显微镜或电子显微镜观察粒子几何形状确定的。如图6-13所示。

短径	长径	定向等分径	定向接线径	等价径	外接圆等价径
(1)	(2)	(3)	(4)	(5)	(6)

图 6-13 粒子径表示法

(1)短径。指粒子最短两点间距离。
(2)长径。指粒子最长两点间距离。
(3)定向径。指粒子径由所有粒子按同一方向测量到的。
(4)等价径。指粒子径为和粒子投影面积相等的圆的直径。
(5)外接圆等价径。指粒子径为粒子投影外接圆的直径。

2. 比表面积径

比表面积径是指通过吸附法或者透过法测出粉体的比表面积后,再经过推算得出的粒子径。

3. 有效径

又称 Stokes 径,指粒子径是用沉降法求得,与被测定粒子有相同沉降速度的球形粒子的直径。常用于测定混悬剂粒子径。

4. 平均粒径

平均粒径是指用若干粒子径的平均值表示的粒径。用显微镜法测定某粒子径范围内的粒径以及相应的粒子数后,再根据需要分别计算出不同的平均粒径。

(二)粒度分布

粒度分布是指某一粒径范围内的粒子占有的百分率。粒度分布能反映粒子的均匀性,影响粉体的其他性质,还可以影响药物的溶出度和生物利用度。粒度分布常用粒子分布图表示,也称频度分布图。它是以粒径范围为横坐标,以一定粒径范围内粒子数目的百分数或粒子重量的百分数为纵坐标作图,如图6-14所示。

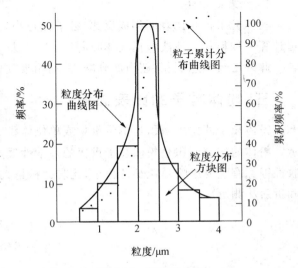

图 6-14 粒度分布图

(三)粒子径测定方法

1. 显微镜法

该法测定的实际上是粒子投影而不是

粒子本身。通常使用光学显微镜、扫描电子显微镜、自动图像分析仪。

为具有平均意义，一般应选择视野中 $300\sim600$ 个粒子测定。该法方便、可靠，能用于测定散剂、混悬剂、乳剂、混悬型软膏剂等粉体粒子径，可测粒子径范围为 $0.2\sim100~\mu m$。

2. 筛分法

指用相邻两筛的孔径平均值表示该层粉体粒子径的大小。该法应用广泛，但误差较大，通常用于测定 $45~\mu m$ 的粒子径，近年来使用的微孔筛可筛分 $10~\mu m$ 以下的粒子径。

3. 库尔特计数法（Coulter counter）

该法测定的粒径为等体积球相当径，可以求得以个数为基数的粒度分布或以体积为基准的粒度分布。通常该法可用于测定粉末药物、混悬液、乳剂、脂质体等制剂，也可以用于注射剂的不溶性微粒检查。原理见图 6-15。

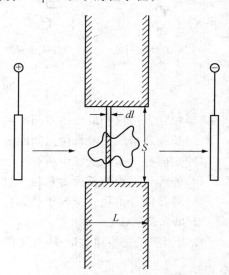

4. 沉降法

该法是通过监测混悬液粒子的沉降速度，利用粒子在液体介质中的沉降速度与粒子大小的关系，即 Stokes 公式，计算出粒子大小的方法。

$$t=\frac{h}{v}=\frac{18\eta h}{(\rho_1-\rho_2)g}\cdot\frac{1}{d^2}\qquad(6\text{-}1)$$

式中，t 为时间，h 为沉降高度，v 为沉降速度，η 为液体黏度，ρ_1 为粒子的密度，ρ_2 为液体的密度，g 为重力加速度，d 为粒子直径。

图 6-15 库尔特计数仪示意图

只要测定 t 时间的粒子沉降高度 h，代入公式即可求出粒子径 d。由于温度对液体黏度的影响，因此必须控制温度以减少误差。该法包括 Andreasen 法、沉降天平法、光扫描快速粒度、离心沉降法测定法、比浊法等，使用微粒沉降仪、沉降管、密度差光学沉降仪、沉降天平等仪器。

5. 比表面积法

粉体粒子径与比表面积成反比，粒子径越小，比表面积越大。因此测定重量比表面积后，可计算平均粒径。该法包括气体吸附法（BET 法）和透过法等。

此外还有全息照相、超声波衰减法、利用吸收技术和低角散射等的 X-射线法等。

三、粉体粒子的比表面积

粉体粒子的比表面积是单位重量或单位体积的粉体所具有的表面积，分别用 S_w 或 S_v 表示。粉体的比表面积是粉体粒子重要的基本性质，对粉体的其他性质，如吸附性、溶解性和吸收性等都有重要影响。粒子径越小，比表面积越大。粉体粒子的比表面积可用吸附法、透过法和折射法测定。

$$S_w=6/\rho d_{vs}\qquad(6\text{-}2)$$
$$S_v=6/d_{vs}\qquad(6\text{-}3)$$

式中，ρ 是粒子的密度，d_{vs} 是体积/面积平均径。非球形粒子比表面积的表示方法比较复杂。

四、粉体的密度及孔隙率

粉体的密度是指单位体积粉体的质量。粉体的体积包括粉体自身的体积、粉体粒子之间的空隙和粒子内的孔隙。粉体的密度和孔隙率的表示方法,因粉体体积表示方法的不同而异。

(一)密度

1. 真密度

真密度是指排除所有的孔隙(即排除粒子本身以及粒子之间的孔隙)占有的体积后求得物质的体积,并测其重量,求得的密度称为真密度,为该物质的真实密度。

$$\rho = W/V_\infty \tag{6-4}$$

2. 粒密度

粒密度是指排除粒子之间的孔隙,但不排除粒子本身的细小孔隙,测定其体积而求得的密度称为粒密度,即粒子本身的密度。

$$\rho_g = W/(V_\infty + V_1) \tag{6-5}$$

3. 松密度

又称堆密度,指单位体积粉体的质量。该体积包括粒子本身的孔隙以及粒子之间空隙在内的总体积。

$$\rho_b = W/(V_\infty + V_1 + V_2) \tag{6-6}$$

式中,V_∞ 为粒子真容积,V_1 为粒子内孔隙,V_2 为粒子间孔隙,V 为表观容积,W 为粉体质量。

对于同一种粉体,真密度>粒密度>松密度。在药剂实践中,松密度是最重要的。散剂的分剂量、胶囊剂的充填以及片剂的压制等都与松密度有关。部分松密度药物有"重质"或"轻质"之分,主要在于它们的粒密度和松密度不同,重质的松密度大,轻质的松密度小,而它们的真密度相等。

(二)孔隙率

由于粉体体积的表示方式有多种,与之相对应的孔隙率也就有多种表示法。孔隙率的公式:

$$\text{粒子内孔隙率 } \varepsilon_1 = V_1/(V_\infty + V_1) = 1 - g/\rho \tag{6-7}$$
$$\text{粒子间孔隙率 } \varepsilon_2 = V_2/(V_\infty + V_1 + V_2) = V_2/V$$
$$\text{全孔隙率 } \varepsilon = (V_1 + V_2)/(V_\infty + V_1 + V_2) = V_1 + V_2/V$$

粉体的孔隙率是粉体层重空隙所占的比率,即粉体粒子间空隙和粒子本身孔隙所占体积与粉体体积之比,常用百分率表示。

粉体的孔隙率是与粒子形态、表面状态、粒子大小及粒度分布等因素有关的一种综合性质,是对粉体加工性质及其制剂质量有较大影响的参数。散剂、颗粒剂、片剂都是由粉体加工制成,其孔隙率的大小直接影响着药物的崩解和溶出。一般说来,孔隙率大,崩解、溶出较快、较易吸收,所以在药剂的科研和生产中,有时需要测算孔隙率,通常利用压汞法测定粉体的孔隙率。国内已有成套的仪器生产。

五、粉体的流动性

粉体的流动性是粉体的重要性质之一,对于药剂工作意义重大。如散剂和颗粒剂的分剂量受粉体流动性的影响,高速压片机和胶囊填充机要求物料具有更高的流动性。

(一)粉体流动性的表示方法

粉体的流动性与粒子的形状、大小、表面状态、密度、孔隙率等有关,加上颗粒之间的内摩擦力和黏附力等复杂关系,其流动性不能用单一值表达。粉体的流动性,常用休止角和流速表示。

1. 休止角

休止角是指物料在水平面堆积形成的堆料自由表面与水平面之间的夹角,又称堆角,用 θ 表示。可用管法、漏斗法、柱孔法等测定休止角,测定方法不同,则休止角不同。

$$\tan\theta = h/r \qquad (6-8)$$

漏斗法测定休止角是将粉体从漏斗自由落下,测定堆料的高度 h 和半径 r,如图 6-16(1)所示。

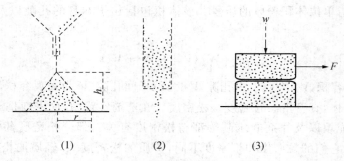

(1)	(2)	(3)

图 6-16 粉体流动性的测定

休止角是检验粉体流动性好坏的最简便方法。粉体流动性越好,休止角越小;粉体粒子表面越粗糙,黏着性越大,则休止角也越大。一般认为,休止角≤30°,流动性好;休止角≤40°,可以满足生产过程中流动性的需要;休止角≥40°,则流动性差,需采取措施保证分剂量的准确。

2. 流速

流速是指单位时间内粉体由一定孔径的孔或管中流出的速度。其具体测定方法是在圆筒容器的底部中心开口,把粉体装入容器内,测定单位时间内流出的粉体量,即流速。一般粉体的流速快,流动性好,其流动的均匀性也较好。如图 6-16(2)所示。

3. 内摩擦系数

如图 6-16(3)所示,用剪断盒剪断粉体层并使其开始滑动,此时对剪断盒面施加的垂直压力为 W,剪断拉力为 F,按 Coulomb 公式:

$$F = \mu W + C_i \qquad (6-9)$$

式中,μ 为内摩擦系数,C_i 为粒子间凝聚力,μ 和 C_i 越小,流动性越好。

(二)影响粉体流动性的因素

药物或辅料的流动性好坏,除与本身的特性有关外,还与粉体的其他特性有关,如粒子的大小及其分布、粒子的形态、粒子表面粗糙程度等。

1. 粒子大小及其分布

一般认为,当粒子的粒径大于 200 μm 时,粉体的流动性良好,休止角较小;当粒径在 200～100 μm 范围时,为过渡阶段,随着粒径的减小,粉体比表面积增大,粒子间的摩擦力所起的作用增大,休止角增大,流动性变差;当粒径小于 100 μm 时,其黏着力大于重力,休止角大幅度增大,流动性差,此时的粒径称为临界粒子径。

粉体的粒度分布对其流动性也有影响。粒径较大的粉体流动性较好,但在其中加入粒径较小的粉末,能使流动性变差,加入的细粉量越多,粒径越小,对休止角的影响越大。反之,在流动性不好的细粉末中加入较粗的粒子,可克服其黏着性,使其流动性得到改善。

2. 粒子形态及其表面粗糙性

粒子呈球形或近似球形的粉体,在流动时,粒子多发生滚动,粒子间摩擦力小,所以流动性较好;而粒子形态明显偏离球形,如呈针状或片状,粉体流动时,粒子间摩擦力较大,流动性一般不好。粒子表面粗糙,也会增加流动的困难。一般粒子形状越不规则,表面越粗糙,其休止角越大,流动性就越差。休止角≤30°时流动性好,是自由流动;休止角≥40°时发生聚集,流动性差。表面积与体积之比越大,流动性越差。

3. 含湿量

粉体在干燥状态时,其流动性一般较好。粉体在一定范围内吸收一定量的水分后,粒子表面吸附了一层水膜,由于水的表面张力等作用,使得粒子间的引力增大,流动性变差。一定范围内吸湿量越大,休止角越大,流动性越差;但当粉体吸湿超过一定量后,吸附的水分消除了粒子表面黏着力而起润滑作用,休止角减小,流动性增大。此外,振动、温度等也可影响粉体的流动性。

4. 加入其他成分的影响

在粉体中加入其他成分,对流动性有时也有影响。例如,在粉体中加入滑石粉和微粉硅胶等,一般可改善其流动性。这种可改善粉体流动性的材料称为助流剂。

(三)改善粉体流动性的方法

1. 适当增加粒径

粉体粒子越小,分散度越大,表面自由能就越大,凝聚性和附着性也越大。因此在制剂生产中要适当控制粒子的大小,以保证良好的流动性。

2. 控制含湿量

根据制剂需要控制适当的粉体含湿量,以减少粉体的凝聚性、附着性,保证其流动性,同时防止粉体过干时引起的粉尘飞扬、分层等。

3. 添加细粉和润滑剂

一般在粒径较大的粉体中添加 1%～2% 的细粉有助于改善流动性。加入润滑剂可减少粒子表面的粗糙性,降低粒子间的凝聚力,减小休止角,增大流动性。

项目7

颗粒剂的制备工艺

❀ 知识目标

掌握粉散剂、颗粒剂、片剂、滴丸剂等固体制剂的生产工艺流程。

❀ 技能目标

1. 能给出颗粒剂生产过程中可能出现的问题的解决方案。
2. 会设计颗粒剂的处方和制备工艺。
3. 会进行颗粒剂生产过程中的质量控制。
4. 掌握制备颗粒剂的机械设备的操作,并能维护。

◆◆◆ **任务 颗粒剂的制备** ◆◆◆

基础知识

颗粒剂是将药物与适宜的辅料混合制成具有一定粒度的干燥颗粒状制剂。颗粒剂可分为可溶性颗粒(通称为颗粒)、混悬颗粒、泡腾颗粒、肠溶颗粒、缓释颗粒和控释颗粒等,兽医临床常用可溶性颗粒,既能饮水也能拌料。

颗粒剂与粉散剂相比有如下特点:①飞散性、附着性、聚集性、吸湿性等均较小;②可以直接投喂,也可以冲入水中供饮,应用和携带都很方便;③必要时可对颗粒进行包衣,根据包衣材料的性质可使颗粒具有肠溶性、缓释性、控释性等,在包衣前需要注意颗粒大小的均匀性及表面的光洁度,以保证包衣的均匀性;④如果颗粒大小不一,在用容量法分剂量时不够准确,且混合性能较差,容易产生离析现象,从而导致剂量不准确。

颗粒剂的传统制备工艺如图7-1所示。从流程图中可以看出,药物的粉碎、过筛、混合操作与散剂的制备过程完全相同。

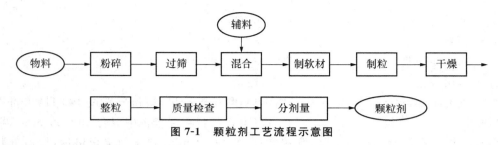

图 7-1 颗粒剂工艺流程示意图

工作步骤 1 制软材

将药物与适当的稀释剂(如淀粉、蔗糖或乳糖等),必要时还加入崩解剂(如淀粉、纤维素衍生物等)充分混合均匀,加入适量的水或黏合剂制软材。制软材是传统湿法制粒的关键技术,黏合剂的加入量可根据经验"手捏成团,轻压即散"为准。

工作步骤 2 制湿颗粒

颗粒的制备常采用挤出制粒法。将软材用机械挤压通过筛网,即可制得湿颗粒。除了这种传统的过筛制粒法以外,近年来有许多新的制粒设备和方法应用于生产实践,其中应用最广的就是流化(沸腾)制粒,流化制粒可在一台机器内依次完成混合、制粒、干燥,因此称为"一步制粒法"。

工作步骤 3 颗粒干燥

除了流化(沸腾)制粒及喷雾制粒所得的颗粒已被干燥外,用其他方法制得的湿颗粒必须用适宜的方法加以干燥,以除去水分,防止结块或受压变形,常用的干燥方法有箱式干燥、流化床干燥等。

工作步骤 4 整粒与分级

湿颗粒在干燥过程中,由于颗粒间相互黏着凝集,往往会导致部分颗粒可能粘连,甚至结块,所以必须通过整粒对干燥后的颗粒给予适当的整理,使结块、粘连的颗粒散开,从而获得具有一定粒度的均匀颗粒。一般采用过筛的办法进行整粒和分级。

工作步骤 5 包衣

为了达到矫味、矫嗅、稳定、缓释、控释或肠溶等目的,可对颗粒剂进行包衣,一般采用包薄膜衣。对于有不良嗅味的颗粒剂,可将芳香剂溶于有机溶剂后,均匀喷入干颗粒中并密封一段时间,以免挥发损失。

工作步骤 6 包装

颗粒剂的包装、贮存要求基本与散剂相同。但应注意保持其均匀性。要求密封包装,并存于干燥处,防止受潮变质。

颗粒剂制备举例

甲磺酸培氟沙星颗粒制备

处方:甲磺酸培氟沙星　　　　　　　200.0 g

淀粉	6 000.0 g
蔗糖	3 000.0 g
10%淀粉浆	800.0 g
食用香精	适量

制法：蔗糖粉碎，过100目筛，细粉备用；甲磺酸培氟沙星、淀粉分别过100目筛，备用；冲成10%的淀粉浆，放凉至50℃以下，备用；将以上各部分在混合机中混合15～30 min，再加入淀粉浆制成软材，在缓慢搅拌下，喷入食用香精，并焖30 min，含量测定合格后，然后分装，密封，包装，即得。

巩固训练

1. 选择设计兽药典中化学药物颗粒剂的处方、工艺并加以说明。

2. 选择设计兽药典中天然药物颗粒剂的处方、工艺并加以说明。

知识拓展　质量检查

颗粒剂的质量检查，除主药含量外，《中国兽药典》还规定了外观、粒度、干燥失重、溶化性及装量等检查项目。

1. 外观

颗粒应干燥、均匀、色泽一致，无吸潮、软化、结块、潮解等现象。

2. 粒度

除另有规定外，一般取单剂量包装的颗粒剂5包或多剂量包装颗粒剂1包，称重，置该品种规定的药筛中，保持水平状态过筛，左往返，边筛动边拍打3 min，不能通过1号筛（200 μm）与能通过5号筛（180 μm）的颗粒和粉末总和不得超过供试量的15%。

3. 干燥失重

除另有规定外，在105℃干燥至恒重，含糖颗粒应在80℃减压干燥，减失重量不得超过2.0%。

4. 溶化性

除另有规定外，可溶性颗粒和泡腾颗粒照下述方法检查。

（1）可溶性颗粒检查法。取供试品10 g，加热水200 mL，搅拌5 min，可溶性颗粒应全部溶化或轻微混浊，但不得有异物。

（2）泡腾颗粒检查法。取供试品10 g，置盛有200 mL水的烧杯中，水温为15～25℃，应迅速产生气体而成泡腾状，5 min内应完全分散或溶解在水中。

混悬颗粒或已规定检查溶出度或释放度的颗粒剂，可不进行溶化性检查。

5. 装量差异

见粉散剂项。

6. 卫生学检查

应符合《中国兽药典》微生物限度检查法项的规定。

项目8

片剂的制备工艺

🍁 知识目标

1. 熟悉片剂处方的一般组成、辅料分类和作用,压片过程中可能出现的问题和原因。
2. 掌握片剂制剂的生产工艺流程。

🍁 技能目标

1. 能给出片剂等固体制剂生产过程中可能出现的问题的解决方案。
2. 会设计片剂的处方和制备工艺。
3. 会进行片剂生产过程中的质量控制。
4. 掌握压片的各种机械设备的操作,并能维护。

基础知识

一、概述

(一)片剂的定义

片剂是指药物与适宜的辅料混匀压制而成的圆片状或异形片状的固体制剂。片剂主要是经口服用的兽药剂型。片剂在兽医临床直接给动物投服,近年不是很多,是由于养殖生产的方式的改变所致,更多的是用于分剂量的准确。在伴侣动物或宠物应用的许多片剂都是借用人用药物片剂。但近年来一些新型片剂逐渐在兽医临床得到认可,如泡腾片、溶液片、分散片等。

(二)片剂的种类

片剂以普通片为主,研究性应用的有泡腾片、肠溶片、溶液片、分散片、缓释片、控释片等。

(1)普通片。药物与辅料混匀压制而成的素片。

(2)泡腾片。泡腾片是指含有碳酸氢钠和有机酸,遇水可产生气体而呈泡腾状的片剂。泡腾片中的药物应是易溶性的,加水产生气泡后应能溶解,有机酸一般用枸橼酸、酒石酸、富马酸等。

(3)缓释片。缓释片是指在水中或规定的释放介质中缓慢地非恒速释放药物的片剂。

（4）控释片。控释片是指在水中或规定的释放介质中缓慢地恒速或接近恒速释放药物的片剂。

（5）肠溶片。肠溶片是指用肠溶性包衣材料进行包衣的片剂。为防止药物在胃内分解失效、对胃的刺激或控制药物在肠道内定位释放，可对片剂包肠溶衣。

（6）分散片。遇水迅速崩解并均匀分散的片剂。在水中形成混悬状液体应用。

（7）溶液片。临用前加水溶解成溶液的片剂。一般用于消毒剂、小剂量药物等。

（三）片剂的特点

片剂是应用悠久的传统剂型，在现代药物制剂中应用也很广泛。主要是因为它有如下特点：①体积小，致密、受外界空气、光线、水分等因素的影响较少，必要时通过包衣加以保护，因而化学稳定性较好，且分剂量准确，是目前兽用片剂的主要应用。②携带、运输和使用均较方便。③生产过程机械自动化程度高，产量大。④片面上印刷或压制主药的名称及含量等标记，也可以用不同颜色着色便于识别或美观。⑤不足之处在于压片时加入的辅料，有时影响药物的溶出和生物利用度，如含有挥发性成分，久贮含量会有所下降。

（四）片剂的质量要求

片剂外观应完整光洁，色泽均匀，有适宜的硬度和耐磨性；重量差异，崩解时限，溶出度，含量均匀度等符合规定。

二、片剂常用的辅料

片剂由药物和辅料组成。辅料是指片剂内除药物以外的所有附加物料的总称，也称为赋形剂。药物能直接压制成片剂的不多，只有应用辅料才可能赋予药物压制成型的特性。不同种类的辅料可以提供不同的功能，即填充作用、黏合作用、吸附作用、崩解作用和润滑作用等。根据需要还可以加入着色剂、矫味剂等。

片剂的辅料必须具有较高的化学稳定性；不与主药发生任何物理、化学反应；对动物机体无毒、无害、无不良反应；不影响主要的疗效和含量测定。根据各种辅料所起的不同作用，可将辅料分为五大类，现介绍如下。

（一）稀释剂

有些小剂量的药物如不加适量的辅料，就难以制成颗粒或压片，这些物料称为稀释剂，也称填充剂。因此，稀释剂的主要作用是增加片剂的重量或体积，此外，稀释剂还可以减少主药成分的剂量偏差，改善药物的压缩成型性。常用的稀释剂有以下8种。

（1）淀粉。淀粉有玉米淀粉、马铃薯淀粉、小麦淀粉，比较常用的是玉米淀粉，其性质非常稳定，可与大多数药物配伍，吸湿性小，外观色泽好，价格便宜。但淀粉的可压型较差，因此常与可压性较好的糖粉、糊精、乳糖等混合使用。

（2）糊精。糊精是淀粉水解的中间产物，在冷水中溶解较慢，较易溶于热水，不溶于乙醇。具有较强的黏结性，使用不当会使片面出现麻点、水印及造成片剂崩解或溶出迟缓；另外在含量测定时若粉碎与提取不充分，将会影响测定结果的准确性和重现性，所以常与糖粉、淀粉配合使用。

（3）糖粉。糖粉是指结晶性蔗糖经低温干燥、粉碎而成的白色粉末。优点是黏合力强，可用来增加片剂的硬度，并使片剂的表面光滑美观；缺点是吸湿性较强，长期贮存可使片剂的硬度过大，崩解或溶出困难，一般不单独使用，常与糊精、淀粉混合使用。

（4）乳糖。乳糖是一种优良的片剂稀释剂。常用的乳糖为含有一分子结晶水，无吸湿性，可压性好，性质稳定，与大多数药物不起化学反应，压制的片剂光洁美观。由喷雾干燥法制得的乳糖为非结晶性乳糖，流动性、可压性均好，可供粉末直接压片。

（5）可压性淀粉。亦称为预胶化淀粉，也称为α-淀粉，是普通淀粉经糊化处理，使其吸水膨胀，破坏分子间的氢键而成，是新型的药用辅料。具有多功能性，作为稀释剂，具有良好的流动性、可压性、自身润滑性和干燥黏合性；并有较好的崩解作用，可用于粉末直接压片。

（6）微晶纤维素。微晶纤维素是由纤维素部分水解而制得的结晶性粉末，具有较强的结合力与良好的可压性，因此有"干黏合剂"之称。可用作粉末直接压片。另外，片剂中含有20%以上微晶纤维素时崩解效果较好。

（7）无机盐类。主要是无机钙盐，如硫酸钙、磷酸氢钙及药用碳酸钙（由沉降法制得，又称为沉降碳酸钙）等，常用作吸收剂使用。其中二水硫酸钙较为常用，因其性质稳定，无臭无味，微溶于水，可与多种药物配伍，适用于含油类成分较多的药物制粒，但因其呈碱性，不宜与酸性药物配伍，且用量不宜过大，以免产生便秘。制成的片剂外观光洁，硬度、崩解度均较好，对药物也无吸附作用。硫酸钙的理化性质较稳定，适用于大多数片剂的稀释剂和挥发油类药物的吸收剂，但可干扰四环素的吸收。磷酸氢钙具有良好的流动性和一定的稳定性，常用作中药浸出物、油类药物的良好吸收剂，但压制成的片剂质地较硬。

（8）糖醇类。主要指甘露醇、山梨醇等。甘露醇、山梨醇呈颗粒状或粉末状，具有一定的甜度，在口腔溶解时吸热，有凉爽感。较适于制备咀嚼片的填充剂，但价格稍贵，常与蔗糖混合使用。

（二）润湿剂

润湿剂指本身没有黏性，但能诱发待制粒物料的黏性，以利于制成软材、颗粒。在制粒过程中常用的润湿剂有纯化水和乙醇。

（1）纯化水。纯化水是在制粒中最常用的润湿剂，因其无毒、无味、便宜，但由于物料对水的吸收较快，因而较易发生润湿不均匀的现象，同时干燥温度高、干燥时间较长，因此最好采用低浓度乙醇-水溶液代替，弥补这种不足。

（2）乙醇。乙醇可用于遇水易分解的药物或遇水黏性太大的药物。中药浸膏的制粒常用乙醇-水做润湿剂，随着乙醇浓度增大，润湿后所产生的黏性降低，常用浓度为30%～70%。

（三）黏合剂

黏合剂是指能使无黏性或黏性较小的物料黏结成颗粒或压缩成型的具有黏性的固体粉末或黏性液体（表8-1）。常用的黏合剂有：

1. 淀粉浆

淀粉浆是片剂生产中最常用的黏合剂，是淀粉在水中受热后糊化而得，淀粉浆中含有糊精和葡萄糖等，从而具有良好的黏合作用。常用8%～15%的浓度，其中10%淀粉浆最为常用。若物料的可压性较差，其浓度可提高到20%。淀粉浆能均匀地润湿压片原料，并不易出现局部过湿的现象,制出的片剂崩解性能较好,对药物溶出的影响较小,因而特别适用于对湿热较稳定同时药粉本身不太松散的品种。淀粉浆的制法主要有冲浆法和煮浆法两种。冲浆法是将淀粉混悬于少量(1~1.5倍)冷水中,然后根据浓度要求冲入一定量的沸水,不断搅拌成糊状。冷水加入的量要适当,过少会产生结块现象,过多则冲浆不熟,黏性较差;煮浆法是将淀粉混悬于全部量的水中,在夹层容器中通入高温蒸汽并不断搅拌(不宜直火加热,以免焦化)成糊状。煮浆法加热时间相对较长,温度较高,淀粉全部糊化,因而煮浆法制得的淀粉浆黏性较强。

表 8-1　用于湿法制粒的黏合剂种类与参考用量

黏合剂	溶剂中质量浓度/%	制粒用溶剂
淀粉	5~10	水
预胶化淀粉	2~10	水
明胶	2~10	水
蔗糖、葡萄糖	30~50	水
甲基纤维素	2~10	水
羧甲基纤维素钠(低黏度)	2~10	水
羟丙基甲基纤维素	2~10	水或乙醇溶液
乙基纤维素	2~10	乙醇
聚乙二醇(4 000、6 000)	10~50	水或乙醇
聚维酮	2~20	水或乙醇
聚乙烯醇	5~20	水

2. 纤维素衍生物

将天然纤维素处理后制成的各种纤维素衍生物。主要有:

(1)羧甲基纤维素钠(CMC-Na)。CMC-Na 是纤维素的羧甲基醚化物的钠盐,溶于水,不溶于乙醇。在水中,首先在粒子表面膨化,然后慢慢地浸透到内部,逐渐溶解而成为透明的溶液。如果在初步溶膨化和溶胀后加热至 60~70℃,可大大加快其溶解速度。常用的浓度一般为 1%~2%,黏性较强。主要应用于可压性较差的水溶性或水不溶性物料的制粒中,但制得的片剂容易出现硬度过大或崩解时间超限的现象。

(2)甲基纤维素(MC)。MC 是纤维素的甲基醚化物,具有良好的水溶性,可形成黏稠的胶体溶液。MC 是应用广泛的药剂辅料,口服安全,可作为片剂的黏合剂以及改善崩解和溶出,应用于水溶性及水不溶性物料的制粒中,颗粒的压缩成形性好且不随时间变硬。

(3)乙基纤维素(EC)。EC 是纤维素的乙基醚化物,具有热塑性和成膜性,不溶于水,溶于乙醇等有机溶剂中,可作为对水敏感性药物的黏合剂。本品的黏性较强,且在胃肠液中不溶解,会对片剂的崩解及药物的释放产生阻滞作用。目前常用做缓、控释制剂的包衣材料。

(4)羟丙基甲基纤维素(HPMC)。HPMC 是纤维素的羟丙基醚化物,易溶于冷水,不溶于热水,不同相对分子质量(黏度不同)的 HPMC 应用不同,高黏度的可作为片剂的黏合剂,主要作缓释制剂的辅料,口服不吸收,安全无毒;中等分子质量的主要作助悬剂与增稠剂;低分子质量主要作为成膜材料,也可作为片剂崩解剂,对改善片剂的溶出效果显著。

(5)羟丙基纤维素(HPC)。HPC 是纤维素的羟丙基醚化物,易溶于冷水,热水中不溶解,但能溶胀,可溶于甲醇、乙醇、丙二醇、异丙醇。本品主要作为片剂的崩解剂及黏合剂,其溶胀度大,崩解力强,而且崩解的颗粒较细,有利于药物的溶出。

3. 聚乙烯吡咯烷酮(聚维酮,PVP)

由 N-乙烯基 2-吡咯烷酮单体聚合而成的水溶性高分子。根据分子质量不同有多种规格,其中最常用的型号是 K_{30}(相对分子质量为 6 万)。聚维酮最大的优点是既溶于水,又溶于乙醇,因此可用于水溶性或水不溶性物料以及对水敏感性物料的制粒,还可用作直接压片的干黏合剂。常用于泡腾片的制粒中,最大缺点是吸湿性强。

4. 聚乙二醇(PEG)

PEG 可溶于水和乙醇,根据分子质量不同有多种规格,其中 PEG4000、PEG6000 常用于黏合剂,为新型黏合剂,制得的颗粒压缩成形性好,片剂不变硬,适用于水溶性或水不溶性物料的制粒,也可在干燥状态下直接与药物混合。

5. 胶类

胶类包括明胶浆和阿拉伯胶浆。阿拉伯胶浆为黏性极强的黏合剂,常用浓度为 $10\%\sim25\%$,适用于极易松散的药物,压出的片剂不易崩解;明胶浆为明胶的水溶液,黏性较强,常用的浓度为 $5\%\sim20\%$,适用于松散性药物且不易制粒的药物,如植物性中药粉末。

6. 糖浆及糖粉

糖浆及糖粉为一类黏性较强的黏合剂,适用于质地疏松、纤维性及弹性较强的植物性药材,或易失去结晶水的松散的化学药品。糖浆加入量为 $10\%\sim70\%$。有时与淀粉浆合用,其用量各为 $10\%\sim15\%$,此种混合糖浆适用于仅用淀粉浆而不能达到黏合作用的中草药片剂。糖粉一般作为干燥黏合剂,对于纤维性药物或片剂较松软的,如果加入适量的糖粉,就可以提高片剂的硬度,并且使其表面光洁美观。

(四)崩解剂

崩解剂是促使片剂在胃肠液中迅速碎裂成细小颗粒的辅料。片剂的崩解是药物溶出的第一步,崩解时限是检查片剂质量的主要内容之一。为使片剂在投服后及时发挥药效,除需要药物缓慢释放的缓、控释片等,制备时必须加入一定量的崩解剂。崩解剂应具有良好的吸水性和吸水后的膨胀性能。

1. 崩解机理

片剂是在高压下压制而成,因此空隙率小,结合力强,很难迅速溶解。片剂中加入崩解剂可以消除因黏合剂或高度压缩而产生的结合力,从而使片剂在水中瓦解,片剂的崩解过程经历润湿、虹吸、破碎阶段。崩解剂的作用机理有如下几种:

(1)毛细管作用。崩解剂在片剂中形成易于润湿的毛细管通道,当片剂置于水中时,水分能迅速地随毛细管进入片剂内部,使整个片剂润湿而瓦解。淀粉、纤维素衍生物属于此类崩解剂。

(2)膨胀作用。崩解剂本身具有很强的吸水膨胀性,可以瓦解片剂的结合力。膨胀作用的大小可用膨胀率表示。膨胀率越大,崩解效果越显著。

$$膨胀率 = \frac{膨胀后体积 - 膨胀前体积}{膨胀前体积} \times 100\%$$

（3）润湿热。某些药物在水中溶解时产生热，使片剂内部残存的空气膨胀，促使片剂崩解。

（4）产气作用。例如在泡腾片中加入的枸橼酸或酒石酸与碳酸钠或碳酸氢钠遇水产生二氧化碳，借助气体的膨胀而使片剂崩解。

2. 常用的崩解剂

（1）干淀粉。干淀粉为最常用的崩解剂，具有良好的崩解作用，其吸水膨胀率为186%，并且价格便宜，多用玉米淀粉，用量一般为干颗粒重量的5%～20%，在使用前应先进行干燥，干燥温度为100～105℃，使含水量控制在8%以下。适用于水不溶性或微溶性药物的片剂。

（2）羧甲基淀粉钠（CMS-Na）。本品吸水后，容积大幅度增大，其吸水膨胀率为原体积的300倍，是一种优良的快速崩解剂，还具有良好的可压性和流动性。

（3）低取代羟丙基纤维素（L-HPC）。L-HPC是国内近年来应用较多的一种崩解剂。由于具有很大的表面积和空隙度，所以它有很好的吸水速度和吸水量，其吸水膨胀率在500%～700%（取代基在10%～15%时），崩解后的颗粒也较小，因此有利于药物的溶出。

（4）交联羧甲基纤维素钠（CCNa）。CCNa是交联化的纤维素羧甲基醚（大约有70%的羧基为钠盐型），由于交联键的存在，不溶于水，但能吸收数倍于本身重量的水而膨胀。具有良好的崩解作用，当与羧甲基淀粉钠（CMS-Na）合用时，崩解效果更好，但与干淀粉合用时，崩解效果会下降。

（5）交联聚维酮（PVPP）。PVPP流动性良好，在水、有机溶剂及强酸强碱溶液中均不溶解，但在水中迅速溶胀，无黏性，因而崩解性能很好。

（6）泡腾崩解剂。本品是专用于泡腾片的特殊崩解剂。最常用的是由碳酸氢钠与枸橼酸组成的混合物。遇水时以上两种物质反应会产生大量的二氧化碳气泡，从而使片剂在几分钟之内迅速崩解。含有这种崩解剂的片剂，应妥善包装，避免受潮造成崩解剂失效。表8-2表示常用崩解剂的用量。

表8-2 常用崩解剂的用量 %

传统崩解剂	质量分数	新型崩解剂	质量分数
干淀粉（玉米、马铃薯）	5～20	羧甲基淀粉钠（CMS-Na）	1～8
微晶纤维素	5～20	交联羧甲基纤维素钠（CCNa）	5～10
海藻酸	5～10	交联聚维酮（PVPP）	0.5～5
海藻酸钠	2～5	羧甲基纤维素钙	1～8
泡腾酸-碱系统	3～20	低取代羟丙基纤维素（L-HPC）	2～5

3. 崩解剂的加入方法

崩解剂的加入方法有以下3种：

（1）内加法。即崩解剂与主药混匀后共同制粒，片剂的崩解将发生在颗粒内部。

（2）外加法。即崩解剂与干颗粒混匀后压片，片剂的崩解将发生在颗粒之间。此法因细粉量增加，压片时容易出现裂片、片重差异较大等现象。

（3）内外加法。部分崩解剂与主药混匀后制粒，另外部分崩解剂在压片前加到干颗粒中，可使片剂的崩解既发生在颗粒内部又发生在颗粒之间，从而达到良好崩解效果。以上3种加入方法，内外加法较为理想。通常内加崩解剂量占崩解剂总量的50%～75%，外加崩解剂量占崩解剂总量的 25％～50％。

（五）润滑剂

能够增加粉末或颗粒的流动性，减少冲模的摩擦和粘连，使片剂分剂量准确、表面光洁美观，且利于出片的辅料，称为片剂的润滑剂。润滑剂除了矿物油等，大多数兼具抗黏和助流作用。因此广义的润滑剂包括 3 种辅料：

1. 润滑剂（狭义）

润滑剂的作用是降低压片和推出片时药片与冲模壁之间的摩擦力，以保证压片时应力分布均匀，防止裂片。

润滑剂在使用前一般要过 80～120 目筛，然后再与颗粒均匀混合压片。润滑剂的用量一般不超过 1％，与颗粒混合时间 2～3 min 即可，使之均匀黏附于颗粒表面。由于大多数润滑剂为疏水性物质，若过多地黏附于颗粒表面，往往会影响片剂的崩解和药物的溶出；也会阻碍颗粒之间的结合，降低片剂的硬度。

润滑剂可分为两类：

（1）水不溶性润滑剂。如硬脂酸金属盐等，片剂生产中大部分应用这类润滑剂，用量少，效果好。

（2）水溶性润滑剂。主要用于需要完全溶解于水中的片剂（如泡腾片等）。例如聚乙二醇等。

2. 助流剂

降低颗粒之间的摩擦力，从而改善粉体流动性，使之顺利通过加料斗，进入冲模，减少重量差异。常用的助流剂有滑石粉和微粉硅胶。

助流剂的作用机制有如下解释：由于助流剂黏附于颗粒表面，①改善了颗粒的表面的粗糙度，使之光滑，从而减少了粒与粒之间的摩擦力；②改善颗粒表面的静电分布；③减弱颗粒间的相互作用力；④能优先吸附颗粒中的气体。加入助流剂后颗粒表面粗糙度的变化，如图 8-1 显示加入助流剂后颗粒表面粗糙度的变化。

图 8-1　助流剂的作用

3. 抗黏剂

防止压片时物料黏着于冲头与冲模表面，以保证压片操作的顺利进行及片剂表面光洁。主要用于有黏性药物的处方，如维生素 E 含量较高的多种维生素片，压片时常有黏冲现象，可用微粉硅胶做抗黏剂加以改善。

此外，玉米淀粉、滑石粉等均有较好的抗黏作用。

4. 常用的润滑剂及其使用方法

常用的润滑剂有以下几种：

（1）**硬脂酸镁**。本品为最常用的润滑剂，白色细腻粉末，具有润滑性强、抗黏附性能好、质轻，与颗粒混合均匀，减少颗粒与冲模之间的摩擦力，压片后片剂光洁美观，但助流性能较差。用量一般为 0.1％～1％，用量过大，因其本身为疏水性，会造成片剂的崩解迟缓或裂片。另外，本品不宜用于乙酰水杨酸、某些抗生素类药物及多数有机碱类药物的片剂制备。

（2）滑石粉。本品为优良的助流剂，白色粉末，具有与多种药物不起反应、不影响片剂崩解、抗黏附性能和助流性能好等特点。常用量一般为 0.1％～3％，最多不超过 5％。

（3）微粉硅胶。本品是一种优良的助流剂，可做粉末直接压片的助流剂。其性状为轻质白色粉末，无臭无味，化学性质稳定，比表面积大，特别适用于油类和浸膏类药物，常用量为0.1％～3％。

（4）氢化植物油。本品为性能优良的润滑剂。以喷雾干燥法制得，应用时将其溶解于热轻质液体石蜡或己烷中，然后喷于颗粒，使之均匀分布，凡不宜采用碱性润滑剂的药物均可选用本品。

（5）水溶性润滑剂。聚乙二醇和十二烷基硫酸镁都是典型的水溶性润滑剂，均具有良好的润滑效果，前者主要使用聚乙二醇 4000 和聚乙二醇 6000，可用作润滑剂也可用作干燥黏合剂，制得的片剂崩解与溶出不受影响；后者为表面活性剂，能增加片剂的强度，而且可以促进片剂的崩解和药物的溶出。表 8-3 表示常用润滑剂的用量及特征。

表 8-3 常用润滑剂的特性评价表

润滑剂名称	常用量/％	助流性能	润滑特性	抗黏着特性
硬脂酸（镁、钙、锌）	0.25～2	无	优	良
硬脂酸	0.25～2	无	良	不良
滑石粉	1～5	良	不良	优
聚乙二醇 4000	1～5	无	良	良
聚乙二醇 6000	1～5	无	良	良

（六）色、香、味及其调节

有些片剂还要加入一些符合药用标准的着色剂、矫味剂等辅料以改善口味和外观。口服片剂所用色素必须使用药用级或食用级，色素的最大用量一般不超过 0.05％。使用中要注意色素与药物不能发生化学反应，避免干燥过程中颜色的迁移等。如果把色素先吸附于硫酸钙、磷酸钙、淀粉等主要辅料中可有效避免颜色的迁移。香精的常用加入方法是将香精溶解于乙醇中，均匀喷洒在已经干燥的颗粒上。

片剂压片过程的 3 大要素是流动性、压缩成形性和润滑性。流动性好，可减少片重差异；压缩成形性好，不易出现裂片、松片等不良现象；润滑性好，片机不黏冲，可得到完整、光洁的片剂。

片剂制备采用何种辅料和方法要根据药物的性质、临床用药的要求和设备条件等选择。片剂的制备方法按制备工艺可分为湿法制粒压片法、干法制粒压片法、直接粉末压片法和空白颗粒压片法 4 种。其中湿法制粒压片在兽药企业应用较为广泛。

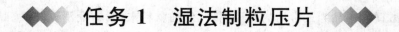

任务 1 湿法制粒压片

湿法制粒压片是将药物和辅料的粉末混合均匀后加入液体黏合剂制备颗粒的方法。湿法制粒压片是最常用的片剂制备方法,主要有以下原因:①该方法依靠黏合剂的作用使粉末粒子产生结合力,增进了粉末的黏合性和可压性,压片时所用的设备压力较小,损耗低,从而延长了设备使用寿命;②通过湿法制粒,可将流动性差,容易结块聚集的细粉获得适宜的流动性;③通过湿法制粒可将剂量小的药物达到含量准确、分散良好和色泽均匀的压片效果。④可防止已湿混的物料在压片过程中分层;⑤可以通过选择适宜的润湿剂或黏合剂制粒,来增加药物的溶出速度。但对于热敏性、湿敏性、极易溶性等物料可采用其他方法制粒。湿法制粒压片的工艺流程图如图8-2所示。

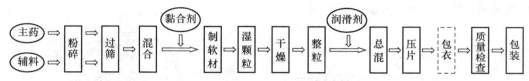

图8-2 湿法制粒压片的工艺流程图

工作步骤1 原、辅料的准备与预处理

投料前,原料药、辅料必须经过鉴定、含量测定、干燥、粉碎、过筛、按处方称取等预处理。细度以通过80～100目筛为宜。对毒性药物、贵重药物和有色原辅料应处理得更细一些,有利于均匀混合,含量准确,并可避免压片时出现裂片、黏冲和花斑等现象。有些原辅料在贮存期间受潮结块,压片前必须经过干燥处理后粉碎过筛,才能使用。这些步骤与散剂的制备过程基本相同,这里不再赘述。

多数药物粉末均需要事先制成颗粒后才能压片,这是因为用来压片的原辅料必须具备两种基本特性,流动性和可压性,而压片可以增强或改善原辅料的流动性和可压性。具体来说制粒有以下目的:①细粉流动性差,容易结块聚集,不易均匀地流入模圈中,造成片重差异过大而超限。②颗粒压片要比粉末压片所需的压力小。颗粒表面不平整,当施加压力时,其表面有互相嵌合的作用,使颗粒间接触紧密,从而能克服松片、裂片等质量问题。③制剂处方中有许多原辅料粉末,尽管混合均匀,但因密度相差很大,易受压片机震动而导致轻、重质成分分层,致使片剂含量不准确,如果原料色泽不同,还会因此出现花斑。④粉末之间具有一定的空隙,因而含有一定量的空气。在冲头施加压力时,空气不能及时逸出而进入片剂内部,在压力解除时,片剂内部空气很快膨胀,容易造成片剂松裂等质量问题。⑤在片剂压片过程中,形成的气流容易造成粉末飞扬,引起物料损失,且具有黏性的粉末易黏于冲头表面,造成黏冲现象,或引起黏附冲杆现象,如将药物制成一定大小的颗粒,则可以克服上述缺点。

工作步骤2 制颗粒

制颗粒主要包括制软材、制湿颗粒、湿颗粒的干燥等步骤。

1. 制软材

在混匀的原料药和辅料中,加入适量的润湿剂或黏合剂,搅拌均匀制成适宜的软材。小量生产可以用手工拌和,大量生产则利用混合机混合。软材的干湿程度应适宜,生产中多凭经验掌握,以用手紧握能成团而不黏手,用手指轻压能裂开为标准,即"握之成团,按之即散"。

2. 制湿颗粒

将制得的适宜软材压过适当孔径的筛网，就能得到所需的湿颗粒。少量生产时可用手将软材握成团块，用手掌轻轻压过筛网即得。在工业化生产中均使用颗粒机制粒。最常用的制粒机是摇摆式颗粒机和高效混合制粒机。

（1）挤压制粒方法与设备。挤压制粒方法是先将药物粉末与处方中的辅料混合均匀后加入黏合剂制成软材，然后将软材用强制挤压的方式通过具有适宜孔径的筛网而制粒的方法。这类制粒设备有摇摆挤压式、螺旋挤压式、旋转挤压式颗粒机等，如图8-3所示。现以摇摆式制粒机为例介绍挤压制粒方法工作原理。

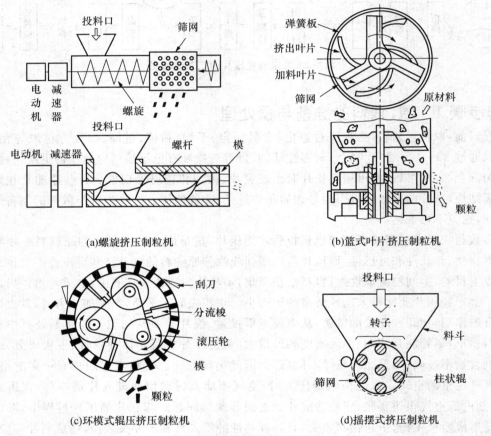

图 8-3 挤压式制粒机示意图

摇摆式制粒机主要由加料斗、辊轴、筛网和机械传动系统等组成。工作时，机械传动系统带动辊轴转动，上有7根截面为梯形的"刮刀"。辊轴下面紧贴着带有手轮的管夹夹紧的筛网。成团的物料由加料斗加入，由于辊轴正反方向旋转而刮刀对湿物料产生挤压和剪切作用，将物料挤过筛网成粒。

摇摆式制粒机工作时，加料量和筛网位置的松紧直接影响制得颗粒的质量。如果加料斗中软材的存量多而筛网装得比较松，辊轴往复转动时可增加软材的黏性，制得的湿颗粒粗而紧，反之，制得的颗粒细而松。通过增加黏合剂的浓度和用量，或增加软材通过筛网的次数，均能使制得的颗粒坚硬。

（2）流化床制粒方法与设备。流化床制粒是使物料粉末在容器中，在自上而下的气流作用下保持悬浮的流化状态，同时将液体黏合剂向流化层喷入，使粉末聚结成颗粒的方法。由于流化床制粒可以在一台设备内完成混合、制粒、干燥过程，所以也称为"一步制粒"。目前此法广泛用于制药工业中。

流化床制粒机的主要构造有容器、气体分布装置（如筛板等）、喷嘴（雾化器）、气固分离装置（如袋滤器）、空气进口和出口、物料排出口等组成。图8-4显示流化造粒机结构示意图。操作时，把药物粉末与各种辅料装入容器中，空气由送风机吸入，经过空气过滤器和加热器从流化床下部通过筛板吹入流化床内，热空气使床层内的物料呈流化状态，并使物料在流化状态下混合均匀，然后送液装置将黏合剂溶液送至喷嘴管，由压缩空气将液体黏合剂均匀喷成雾状，散布在流态粉粒体表面，使粒体相互接触聚集成粒。经过反复的喷雾与干燥，当颗粒大小符合要求时停止喷雾，形成的颗粒继续在床层内送热风干燥，出料送至下一道工序。尾气由流化床顶部自排风机排放。

流化床制粒的特点是：①在同一台设备中可实现混合、造粒、干燥和包衣等多种操作，简化工艺、节约时间，降低劳动强度；②制得的颗粒粒度分布较窄，颗粒均匀，流动性和可压性好，颗粒密度和强度小。

（3）转动制粒法。转动制粒法是在药物粉末中加入一定量的黏合剂，在转动、摇动、搅拌等作用下使粉末结聚成具有一定强度的球形粒子的方法。常用的设备是容器转动制粒机、圆筒旋转制粒机、倾斜转动锅等，如图8-5所示，多用于丸剂的生产。其液体喷入量、洒粉量等生产工序大多凭经验控制，转动制粒过程可分为母核形成、母核长大及压实等3个阶段。

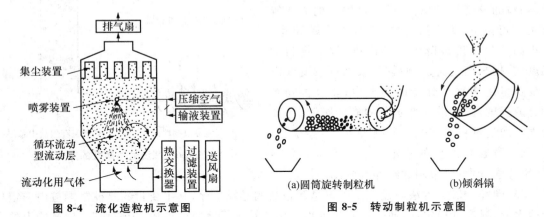

图8-4 流化造粒机示意图　　图8-5 转动制粒机示意图

（4）高速搅拌制粒法。高速搅拌制粒法是将药物粉末、辅料和黏合剂加入高速搅拌制粒机的容器内，依靠高速旋转的搅拌器迅速混合后加入黏合剂高速搅拌制成颗粒的方法。

（5）复合型制粒法。复合型制粒机是将搅拌制粒、转动制粒、流化床制粒等技术结合在一起，使混合、捏合、制粒、干燥、包衣等多个单元操作在一个机器内进行的新型设备。

（6）喷雾制粒法。喷雾制粒法是将药物溶液或混悬液用雾化器喷雾于干燥室的热气流中，在热气流的作用下使雾滴中的水分迅速蒸发以直接获得球状干燥细颗粒的方法。该法在数秒钟内即可完成药液的浓缩与干燥，原料液含水量可高达70％～80％以上。以干燥为目的的过程叫喷雾干燥，以制粒为目的的叫作喷雾制粒。

3. 湿颗粒的干燥

干燥是利用热能将湿物料中的湿分(水分或其他溶剂)汽化,并利用气流或真空带走汽化了的湿分,从而获得干燥固体产品的操作。干燥除去的湿分多为水,一般用空气作为带走湿分的气流。在制剂生产中需要干燥的物料多数是湿法制粒物和中药浸膏等。制得湿颗粒必须及时干燥,以免结块或受压变形。干燥的温度由原料性质而定,一般为 50~60℃,对湿热较稳定的物料,干燥温度可以适当提高到 80~100℃。

(1)干颗粒的质量要求。干颗粒必须具备流动性和可压性,此外,还要求达到:①主药含量符合要求;②含水量控制在 1%~3%;③细粉量控制在 20%~40%;④颗粒硬度适中,若颗粒过硬,可使压成的片剂表面产生斑点,若颗粒过松可产生顶裂现象,一般用手指捻搓时应立即粉碎,并无粗细感为宜;⑤疏散度应适宜。疏散度大则表示颗粒较松,振摇后部分变成细粉,压片时易出现松片、裂片和片重差异过大等现象。

(2)干燥的基本条件。用于物料干燥的加热方式有:热传导、对流、辐射等,而对流加热干燥是应用最普遍的一种。在对流干燥过程中,热空气通过与湿物料接触将热能传至物料表面,再由表面传至物料内部,这是热量的传递过程;而湿物料受热后,表面水分首先汽化,而内部水分以液态或气态扩散到物料表面,并不断汽化到空气中,这是水分的传递过程。因此干燥过程包含热量的传递和水分的传递两个过程,即传热和传质过程。

(3)影响干燥速率的因素。干燥速率是在单位时间、单位面积上被干物料所能汽化的水分量。主要与温度、水分的传递、介质的含水量、颗粒的厚度与面积、介质通过颗粒的方式等有关。可通过以下强化措施提高干燥速率:①提高空气温度或降低空气湿度,提高物料的温度;②提高空气流速,使物料表面气膜变薄以减少热量传递和水分传递的阻力;③改善物料的分散程度,以促进内部水分向表面扩散;④改变气流通过颗粒的方式。见图 8-6。

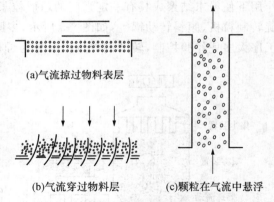

(a)气流掠过物料表层

(b)气流穿过物料层　　(c)颗粒在气流中悬浮

图 8-6　气流通过颗粒的方式

(4)颗粒含湿量的测定。颗粒干燥后含湿量(也称水分含量)常用远红外水分测定仪。

(5)颗粒干燥的方法与设备。干燥是制粒后的必须工序,其主要目的是控制颗粒内一定比例的水分,提高其稳定性,便于进一步处理。由于被干燥物料的性质、干燥程度、生产能力的大小等不同,所采用的干燥方法及设备也是不同的。

干燥方法的分类方式有多种多样,按操作方式分类为间歇式、连续式;按操作压力分为常压式、真空式;按加热方式分类为传导干燥、气流干燥、辐射干燥、介电加热干燥。

①厢式干燥器。厢式干燥器采用的干燥原理为气流干燥。气流干燥是利用热干燥气流借对流传热进行干燥的一种方法。其干燥效率取决于气流的温度、湿度和流速。温度越高,相对湿度越低,流速越快越有利于干燥。厢式干燥器主要是以热风通过湿物料的表面达到干燥的目的。热风沿着物料表面通过,也称为水平气流厢式干燥器;热风垂直穿过物料,称为传流气流厢式干燥器。厢式干燥器示意图如图 8-7 所示。在干燥厢内设置多层支架,在支架上放置物料盘。空气经预热器加热至所需温度后进入干燥室内,以水平方向通

过物料表面进行干燥。为了使干燥均匀,干燥盘内的物料层不能过厚,物料层厚度一般为
10～100 mm,必要时在干燥盘上开孔,或使用网状干燥盘以利于空气透过物料层。空气吹
过物料表面的速度,由物料的粒度决定,一般以物料不被气流带走为宜。为节约能源常采
用热气循环法,即在气流循环过程中,只排出一部分湿空气,大部分热空气加入部分新鲜空
气后继续循环对物料进行加热;这样不仅能够提高设备的热效率,还可以调节空气的湿度
以防止物料发生龟裂或变形。

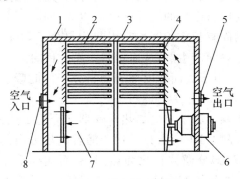

图 8-7 厢式干燥器

1. 厢式干燥器外壳;2. 物料盘;3. 物料支架;4. 可调节叶片;
5. 空气出口;6. 风机;7. 加热器;8. 空气入口

厢式干燥器为间歇式干燥器,适用于小批量生产物料的干燥中,缺点是劳动强度大,热量
消耗大等。但是,厢式干燥器设备简单,适应性强,可用来干燥各种状态的物料,特别适用于小
批量、多品种的干燥操作。对于生产量不大,又是热敏性的或易氧化的物料,可采用具有封闭
外壳,在真空条件下操作的厢式干燥器,称为真空厢式干燥器。

②流化床干燥器。热空气以一定速度自下而上穿过松散的物料层,使物料形成悬浮流化
状态的同时进行干燥的操作。物料的流态化类似于液体沸腾,因而流化床干燥器又称为沸腾
干燥器。流化床有立式和卧式,在制剂工业中常用卧式多室流化床干燥器。

流化床内气体与固体颗粒充分混合,表面更新机会多,大大强化了两相间的传质与传热,
因而床层内温度比较均匀。与厢式干燥器相比,流化床干燥器具有物料停留时间短,干燥速率
大等特点,对于某些热敏性物质的干燥较为适宜。流化床干燥器在片剂颗粒的干燥中得到了
广泛的应用。

③喷雾干燥器。本法能直接将溶液、乳浊液、混悬液干燥成粉状或颗粒状制品,可以省去
进一步蒸发、粉碎等操作。在干燥室内,稀料液(含水量可达 70%～80% 以上)经雾化后,在与
热空气接触过程中,水分迅速汽化而产品得到干燥。喷雾干燥蒸发面积大、干燥时间非常短
(数秒～数十秒),在干燥过程中雾滴的温度大致等于空气的湿球温度,一般为 50℃ 左右,适合
于热敏性物料及无菌操作的干燥。干燥制品多为松脆的空心颗粒,溶解性好,如在喷雾干燥器
内送入灭菌料液及除菌热空气可获得无菌干品,如抗生素粉针的制备,奶粉的制备都可利用这
种干燥方法。

本法的缺点是体积传热系数小,生产强度较低。

④流化床喷雾造粒干燥器。本设备的基本工作原理类似于流化床干燥器,只是在其基础
上增加了一系列专用设备。由主机和辅助系统两部分组成,其中主机部分包括流化室、喷液系

统、袋滤器等,辅助系统主要由压缩空气系统和风机系统组成。喷液系统包括贮液桶、输送管泵和喷嘴3部分。

流化床喷雾造粒干燥器的特点:集喷涂、凝聚、干燥、冷却于一体,因此又称为一步制粒法。在一台设备内制成无粉尘颗粒;设备体积小,生产效率高;制得的颗粒粒度分布小,含量均匀,此种干燥设备很有发展前途。在国外制药工业中已广泛采用。

⑤红外线干燥器。红外线干燥器是利用红外辐射元件所发出的红外线对物料直接照射加热的一种方式。红外线辐射器所产生的红外电磁波以光的速度辐射至湿物料,当红外线的发射频率与物料中分子运动的固有频率相匹配时引起物料分子的强烈振动和转动,在此过程中分子间发生激烈的碰撞与摩擦而产生热,从而达到干燥的目的。

利用红外线干燥器干燥,由于表面和内部的物料分子同时吸收红外线,故受热均匀,干燥快、质量好。缺点是电能消耗大。

⑥微波干燥器。微波干燥器属于介电加热干燥器。介电加热是将物料置于高频电场中,由于高频电场的交变作用,湿物料中的水分子就会随着电场方向的交互变化而不断地迅速转动并产生剧烈的碰撞和摩擦,部分微波转化为热能,从而达到干燥的目的。电场的频率不到300 MHz 的称为高频加热,频率在 300 MHz 至 300 GHz 之间的超高频加热成为微波加热,目前,微波加热所用的频率为 915 MHz 或 2 450 MHz,后者在一定条件下兼有灭菌作用。

微波加热器加热迅速、均匀、干燥速度快、热效率高;对于含水物料的干燥特别有效。微波操作控制灵敏、操作方便。缺点是微波发生器产量不大,成本高,对有些物料的稳定性有影响,此外尚有劳动防护的问题,因此,常用于避免物料表面温度过高或防止主药在干燥过程中迁移时使用,目前尚未广泛应用。

工作步骤3　整粒与混合

在对制得的颗粒进行干燥的过程中,颗粒之间可能发生粘连、甚至结块。整粒的目的是使干燥过程中结块、粘连的颗粒分散开,以得到大小均匀的颗粒。一般采用过筛的方法进行整粒。

(1)过筛整粒。过筛整粒使用的药筛,材质应为质硬的金属筛网,由于颗粒干燥后体积缩小,因此整粒的药筛孔径比制粒时的筛孔稍小,整粒常用药筛一般为 12~20 目。

(2)润滑剂与崩解剂的加入。润滑剂通常在整粒后用细筛加入干颗粒中混匀。崩解剂应先干燥过筛,再加入干颗粒中(外加法)充分混匀,也可以将崩解剂及润滑剂与干颗粒一起加入混合器中进行总混合。

(3)挥发油与挥发性物质的加入。对于含有挥发油或挥发性物质的处方,挥发油可加在润滑剂与颗粒混合后筛出的部分细粒中或加入直接从干颗粒中筛出的部分细粉中,再与全部颗粒混匀。如果挥发性药物为固体(如薄荷脑)或量较少时,可用适量的乙醇溶解,或与其他成分混合研磨共溶后喷入干颗粒中,混匀后,密闭数小时,使挥发性物质完全渗入颗粒中,同时在室温下干燥。

工作步骤4　压片

1. 片重计算

(1)按主药含量计算片重。由于药物在压前经历了制粒、干燥、整粒等一系列操作,其含量有所变化,所以应对颗粒中主药的实际含量进行测定,然后按照公式(8-1)计算片重。

$$片重 = \frac{每片含主药量(标示量)}{颗粒中主药的百分含量(实测值)} \tag{8-1}$$

举例:某片剂中含主药量为 0.2 g,测得颗粒中主药的百分含量为 50%,则每片所需颗粒重量为:0.2/0.5＝0.4 g,即片重应为 0.4 g,如果片重差异限度为 5%,本品的片重上下限为 0.38～0.42 g。

（2）按干颗粒总重计算片重。大量生产中,由于原辅料损失较少或在中药的片剂生产中,因为成分复杂,没有准确的含量测定方法时,根据实际投料量与预定片剂个数按公式(8-2)计算片重。

$$片重 = \frac{干颗粒重 + 压片前加入的辅料量}{预定的应压片数} \tag{8-2}$$

举例:制备每片含四环素 0.25 g 的片剂,现投料 50 万片,共制得干颗粒重 178.9 kg,在压片前又加入硬脂酸镁 2.5 kg,试求片重?

$$片重 = \frac{(178.9 + 2.5) \times 1\,000}{500\,000} = 0.36(g/片)$$

2. 压片机及压片过程

常用压片机按其结构分为单冲压片机和多冲旋转压片机两种类型。

（1）单冲压片机。单冲压片机的主要构造如图 8-8 所示。主要由上下冲头、冲模、片重调节器、出片调节器、压力调节器、饲料器、加料斗、转动轮等组成。单冲压片机的压片过程如图 8-9 所示。①饲料。上冲抬起,饲料器移动到模孔之上,下冲下降到适宜深度(使容纳的颗粒恰好等于片重),饲料器在模上面摆动,颗粒填满模孔。②刮平。饲料器由模孔上离开,使模孔中的颗粒与模孔的上缘持平。③压片。上冲下降,并将颗粒压成片。④推片。上冲抬起,下冲随之上升到恰与模孔缘相平,此时饲料器又移到模孔之上,将药片推开落于接收器中,同时下冲又下降,模孔内又添满颗粒进行第二次饲粉,如此反复进行。

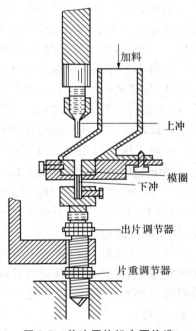

单冲压片机的产量在 80～100 片/min,最大压片直径为 12 mm,最大填充深度 11 mm,最大压片厚度 6 mm,最大压力为 15 kPa,适用于小批量、多品种生产,多用于新产品的试制。此种压片机的压片过程是采用上冲头冲压制而

图 8-8 单冲压片机主要构造

成,压力受力不均匀,上面的压力大于下面的压力,压片中新的压力较小,药片内部的密度和硬度不一致,药片表面容易出现裂纹,并且噪声较大。

（2）旋转式多冲压片机。旋转式多冲压片机是目前制药工业中片剂生产最主要的压片设备。主要有动力部分、传动部分和工作部分组成。工作部分中有绕轴而旋转的机台,机台分

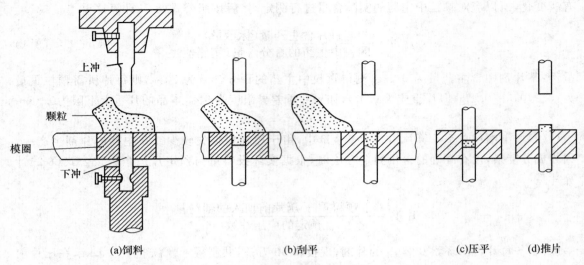

(a)饲料　　　　　　　　　(b)刮平　　　　　　　(c)压平　　(d)推片

图8-9　单冲压片机压片流程

3层,机台上层装着上冲、中层装着模圈,下层装着下冲;另外有固定不动的上下压轮、片重调节器、压力调节器、饲粉器、刮粉器、推片调解器以及吸粉器和防护装置等。

旋转式多冲压片机有多种型号,按冲数分为16冲,19冲、27冲、33冲、55冲和75冲等;按流程来分有单流程和双流程等。单流程型号仅有一套压轮(上、下压轮各1个),旋转一圈仅压制出1个药片,双流程型号有两套压轮,旋转一圈可压2个药片。

旋转式多冲压片机饲料方式合理,片重差异较小,上下冲相对加压,压力分布均匀,能量利用合理,生产效率高。目前,旋转式多冲压片机的最大产量可达80万片/h,全自动旋转压片机,除了能将片重差异控制在一定范围内,还可以对缺角、松裂片等不良片剂进行自动鉴别并剔除。旋转式多冲压片机的结构和压片流程如图8-10所示。

旋转式压片机的压片过程如下:①填充。下冲在加料斗下面时,颗粒填入模孔中。②刮平。当下冲行至片重调节器上面时略有上升,经刮粉器将多余的颗粒刮去。③压片。当下冲行至下压轮的上面,上冲行至上压轮的下面时,二冲间的距离最小,将颗粒压制成片。④推片。压片后,上、下冲分别沿导轨上升和下降,下冲将片剂抬到恰与模孔上缘相平,药片被刮粉器推开,如此反复进行。

(3)压片机的冲和模。冲头和冲模是压片机的基本部件,应耐磨且有较大的强度,需用轴承钢制成,并热处理以提高其硬度;冲模加工尺寸全为统一标准尺寸,具有互换性。冲模的规格以冲头直径或中模孔径表示,一般为5.5～12 mm,每0.5 mm为一种规格,共有14种规格。

冲头的类型很多,冲头的形状决定于药片所需的形状。常用的冲头形状如图8-11所示。

3．影响片剂成形的因素

(1)压缩成形性。压缩成形性是物料被压缩后形成一定形状的能力。片剂的制备过程就是将药物和辅料的混合物压缩成具有一定形状和大小的坚固聚集体的过程。多数药物在受到外力时产生塑性变形和弹性变形,塑性变形产生易于成形的结合力,弹性变形的产生可以减弱或瓦解片剂的结合力,趋向于恢复至原来的形状,甚至发生裂片和松片等现象。

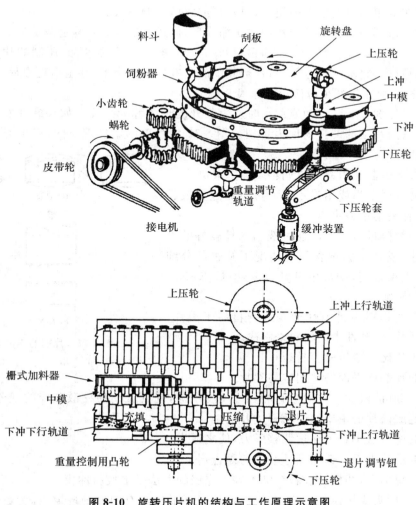

图 8-10 旋转压片机的结构与工作原理示意图

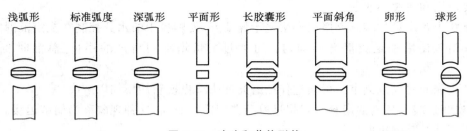

图 8-11 冲头和药片形状

（2）药物的熔点及结晶形态。药物的熔点低有利于片剂的成形,但熔点过低,压片时容易黏冲;立方晶系的结晶对称性好,表面积大,压缩时易于成形;鳞片状或针状结晶容易形成层状排列,因此压缩后容易裂片,树枝状结晶容易发生变形且相互嵌接,可压性较好,易于成形,但流动性很差。

（3）黏合剂和润滑剂。黏合剂可以增强颗粒间的结合力,易于压缩成形,但用量过多时容易黏冲,造成片剂的崩解、溶出迟缓;常用的润滑剂为疏水性物质(如硬脂酸镁),可减弱颗粒间的结合力,但在常用的浓度范围内使用,对片剂的成形影响不大。

(4)水分。适量的水分有利于片剂的压缩成形,但过多的水分容易造成黏冲。

(5)压力。一般情况下,压力越大,颗粒间的距离越小,结合力愈强,压制的片剂硬度也就愈大,但压力超过一定范围后,压力对片剂硬度的影响反而减小了,甚至出现裂片。

4. 片剂制备中可能发生的问题及原因分析

(1)裂片。片剂在受到振动或贮存时发生裂开的现象称为裂片。如果裂片发生在中部称为腰裂;如果从药片顶部裂开则称为顶裂。图 8-12 为片剂的不良现象图,产生裂片的主要原因和解决办法如下:

①压力过大引起。因此通过调整压力来解决。

②黏合剂选择不当或用量不足。可以通过更换黏合剂、补足用量解决。

③物料中细分过多。可以通过选用黏性较好的干颗粒掺和压片;或在不影响含量的情况下筛去部分细粉;或加入干燥黏合剂,如羧甲基纤维素钠(CMC-Na)等混匀后压片来解决。

④易脆性的物料和易弹性形变的物料易于裂片,可通过选择弹性小,塑性大的辅料来解决。

⑤快速压片比慢速压片容易裂片。

⑥凸面的片剂比平面的片剂容易裂片。

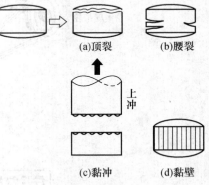

图 8-12 片剂的不良现象

(2)松片。所谓松片,一是片剂成型后,硬度不够,受到振动易松散破碎的现象,另是基本上不成形。造成松片的主要原因及解决办法是:

①压片的压力过小。可通过调整压力,使之适当。

②黏合剂黏性力差。选用黏性较强的黏合剂。

③冲头长短不齐,冲模(模圈)粗细不等。克服的办法是更换新冲模。

(3)黏冲。冲头或冲模上粘着细粉,导致片面不平整或有凹痕的现象,称为黏冲。造成黏冲的主要原因和解决办法是:

①颗粒中含水量过多。克服的办法是干燥要好,使颗粒中的水分控制在规定范围内。

②润滑剂使用不足或混合不均匀。可通过酌情增加润滑剂的用量,总混时要均匀来解决。

③冲头表面粗糙或刻字。可通过仔细磨光冲头或更换新冲模加以解决。

(4)崩解迟缓。片剂的崩解时限超过兽药典规定的时间,这种现象称为崩解迟缓。崩解迟缓的主要原因及其解决办法如下:

①崩解剂选择不当。可通过增加用量或改用其他崩解剂来解决。

②润滑剂(疏水性强)用量过多。可适当减少或改用亲水性强的润滑剂来解决。

③黏合剂选择不当。可通过减少用量或选用黏性较弱的黏合剂来解决。

④压片时压力过大。可在不引起松片的前提下适当降低压力来解决。

⑤片剂硬度过大。可通过调整压力、改变黏合剂、改进制粒工艺等办法来解决。

(5)片重差异超限。片重差异超过兽药典规定范围,即为片重差异超限。产生的原因和解决办法如下:

①颗粒内的细粉过多或颗粒粗细相差悬殊。克服的办法是筛去部分细粉,留待下一批中加入。

②颗粒流动性差。通过适当添加助流剂(润滑剂)来解决。

③冲模使用日久,造成长短不齐,粗细不等。克服办法是定期检查冲模,不符合要求一定要及时更换。

(6)变色或色斑。指片剂表面颜色发生改变或出现色泽不一的斑点,导致外观不符合要求。产生变色或色斑的主要原因和解决办法如下:

①颗粒过硬。可通过改进制粒工艺,使颗粒较松加以克服。

②混料不均匀。解决办法是延长混料时间并多翻动死角部位的药料使之均匀。

(7)片剂中的药物含量不均匀。所有造成片重差异过大的因素,都可以造成片剂中的药物含量不均匀。对于小剂量的药物来讲,除了混合不均匀外,可溶性成分在颗粒之间的迁移也是造成药物含量不均匀的一个重要因素。

(8)麻点。指片剂表面出现许多小凹点。出现麻面的原因和解决办法如下:

①颗粒粗细不一。解决办法是大颗粒需粉碎过筛,使颗粒大小均匀一致。

②黏冲。解决办法将颗粒干燥好,如因药物造成黏冲,应从改进工艺方面多加调整。

(9)迭片。两个药片叠压在一起的现象称为迭片。迭片的主要原因及其解决办法如下:

①出片调节器调节不当。解决办法重新调试出片调节器。

②上冲头黏冲。通过更换冲头来解决。

(10)卷边。冲头和模圈碰撞,使冲头卷边,导致片剂表面出现半圆形刻痕的现象,称为卷边。为此,可通过更换冲头并且重新调高压片机来解决。

任务 2　干法制粒压片法

某些药物的可压性、流动性均不好,而且对湿、热较敏感,这类药物可采用干法制粒压片法生产片剂。即将药物原粉与适量粉状填充剂、润滑剂或黏合剂等混合后,常以滚压法、重压片法压缩成大片状或板状后,再将其粉碎成大小适宜的颗粒进行压片。干法制粒压片法工艺流程如图 8-13 所示。

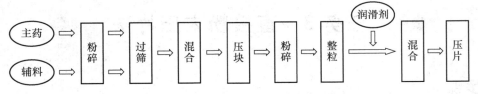

图 8-13　干法制粒压片法工艺流程图

工作步骤 1　压片法

压片法是利用重型压片机将物料粉末压制成直径为 20～25 mm 的胚片,然后破碎成一定大小颗粒的方法。

工作步骤 2　滚压法

滚压法是将药物和辅料混合后,装入滚压机内,利用转速相同的两个滚动圆筒之间的缝隙,加压滚轧 1～3 次,将药物粉末滚压成板状物(薄片)。薄片在通过摇摆式颗粒机粉碎成适宜大小的颗粒,最后加入润滑剂混匀后压片而成的方法。滚压制粒示意图如图 8-14 所示。干法制粒机组示意图如图 8-15 所示。

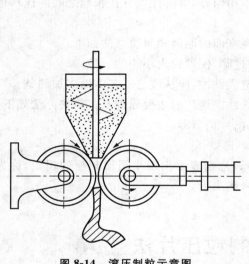

图 8-14　滚压制粒示意图

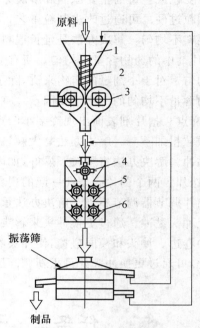

图 8-15　干法制粒机组示意图

1. 面自动注记、料斗;2. 加料器;3. 压轮
4. 转法调度、粗碎轮;5. 中碎轮;6. 细碎

本方法简单,省工省时。但应用时,需要注意由于高压引起的晶型转变及环形降低等问题。

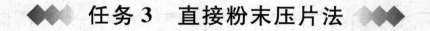

◆◆◆　任务 3　直接粉末压片法　◆◆◆

工作步骤

直接粉末压片是不经过制粒过程直接把药物和辅料的混合物进行压片的方法。粉末直接压片省去了制粒过程,因而具有省时节能、工艺简单、工序少、适用于热不稳定性的药物等突出优点;同时也存在对辅料的要求较高,粉末的流动性差,片重差异大,制得的药片容易松软、裂片等缺点,致使本工艺的应用受到了一定的限制。直接粉末压片法工艺流程如图 8-16 所示。

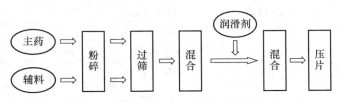

图 8-16　直接粉末压片法工艺流程

◆◆◆ 任务 4　空白颗粒压片法 ◆◆◆

工作步骤

空白颗粒压片法是将药物粉末与预先制好的辅料颗粒（称为空白颗粒）混合进行压片的方法，也称为半干式颗粒压片法。本法适合于对湿热敏感、不适宜制粒、且压缩成形性较差的药物，也可以用于含药量较少的物料，借助辅料的优良压缩特性顺利制备片剂。空白颗粒压片法工艺流程如图 8-17 所示。

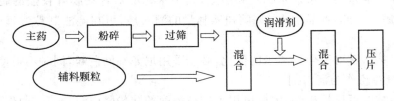

图 8-17　空白颗粒压片法工艺流程

片剂制备举例

1. **性质稳定、易成形药物的片剂：复方磺胺甲基异噁唑片（复方新诺明片）制备**

处方：磺胺甲基异噁唑（SMZ）　　　　　400.0 g

　　　三甲氧苄氨嘧啶（TMP）　　　　　　80.0 g

　　　淀粉　　　　　　　　　　　　　　40.0 g

　　　10%淀粉浆　　　　　　　　　　　24.0 g

　　　硬脂酸镁　　　　　　　　　　　　3.0 g

　　　共制成　　　　　　　　　1 000 片（每片含 SMZ 0.4 g）

制法：将 SMZ 和 TMP 过 80 目筛，与淀粉混匀，加淀粉浆制成软材，用 14 目筛制粒后，置于 70～80℃干燥后过 12 目筛整粒，加入干淀粉及硬脂酸镁混匀后，压片，即得。

注解：这是一般的湿法制粒压片实例。处方中的主药——SMZ 为磺胺类抗菌消炎药物；TMP 为抗菌增效剂，常与磺胺类药物联合应用，能双重阻断细菌的叶酸合成，对革兰阴性杆菌（如痢疾杆菌、大肠杆菌等）有更强的抑菌作用；淀粉主要作为填充剂，同时也兼有内加崩解剂的作用；干淀粉作为外加崩解剂，10%淀粉浆为黏合剂；硬脂酸镁为润滑剂。

2. **不稳定药物的片剂：复方阿司匹林片制备**

处方：乙酰水杨酸（阿司匹林）　　　　　268.0 g

对乙酰氨基酚（扑热息痛）	136.0 g
咖啡因	33.4 g
淀粉	66.0 g
淀粉浆（15%～17%）	85.0 g
滑石粉	25.0 g
轻质液体石蜡	2.5 g
酒石酸	2.7 g
共制成	1 000 片

制法：将对乙酰氨基酚、咖啡因分别研成细粉，与约 1/3 量的淀粉混匀，再加入 15%～17%淀粉浆混匀制软材，14 目或 16 目尼龙筛制粒，70℃干燥，干颗粒过 12 目尼龙筛整粒，将此颗粒与阿司匹林及酒石酸混合均匀，最后加剩余淀粉（预先在 100～105℃干燥）及吸附有液体石蜡的滑石粉（将轻质液体石蜡喷于滑石粉中混匀），共同混匀后，再通过 12 目尼龙筛，颗粒经含量测定合格后，用 12 mm 冲压片，即得。

注解：（1）本品为解热镇痛药。

（2）本品中 3 种主药混合制粒及干燥时易产生低共熔现象，应采用分别制粒的方法，并且避免阿司匹林与水直接接触，保证了制剂的稳定性。

（3）阿司匹林遇水易水解成水杨酸和醋酸，其中水杨酸对胃黏膜有较强的刺激性，长期应用会导致胃溃疡。因此，本品加入 1%阿司匹林量的酒石酸，可在湿法制粒过程中有效地减少阿司匹林水解。

（4）阿司匹林水解可受金属离子的催化，必须采用尼龙筛网制粒，同时不得使用硬脂酸镁，所以采用 5%滑石粉作为润滑剂。

（5）阿司匹林的可压性极差，因此采用了较高浓度的淀粉浆（15%～17%）作为黏合剂。

（6）处方中的液体石蜡为滑石粉的 10%，可使滑石粉更易黏附于颗粒的表面上，在压片震动时不易脱落。

（7）为了防止阿司匹林与咖啡因等的颗粒混合不匀，可采用滚压法或重压法将阿司匹林制成干颗粒，然后再与咖啡因等颗粒混合。

3. 小剂量药物的片剂：维生素 B_2 片制备

处方：维生素 B_2	5.0 g
糊精	50.0 g
淀粉	14.0 g
酒石酸	0.05 g
40%～50%乙醇	20.0～25.0 g
硬脂酸镁	0.7 g
共制成	1 000 片（每片含维生素 B_2 5 mg）

制法：首先将淀粉、糊精与维生素 B_2 用等量递增法充分混合均匀，生产中应该在万能粉碎机中粉碎混合 3 次，过 80 目筛，加入含有酒石酸的 40%～50%乙醇溶液作为稀释剂制成软材，过 16 目筛制粒后，于 60～70℃干燥，加硬脂酸镁混匀，压片，即得。

注解：（1）维生素 B_2 有显著的黄色，要与辅料充分混合均匀，以避免药片有花斑。

（2）将维生素 B_2 用等量递增法与辅料充分混合均匀。

（3）40％～50％乙醇作为稀释剂和酒石酸共同作用可使颗粒 pH 呈酸性，增加维生素 B_2 的稳定性。

（4）维生素 B_2 对光敏感，操作时应尽量避免光线直射。

巩固训练

1. 练习湿法压片的整个工艺步骤。

2. 模拟片剂制备举例中的各种处方和工艺。

◆◆◆ 任务 5 片剂的包衣工艺 ◆◆◆

片剂包衣是指在普通制片（片芯、素片）表面均匀地包裹上适宜材料的操作。包衣主要是为了防潮、避光、隔绝空气，从而保持片剂质量的稳定；掩盖药物的不良气味；改变药物释放的位置及速度，控制药物在胃肠道的一定部位释放或缓慢释放，即胃溶、肠溶、缓控释等，例如在胃液中易被破坏或对胃有刺激性的药物可以包肠溶衣性薄膜衣；改善片剂的外观和便于识别等。

包衣片芯（或素片）的特性和要求：①待包衣的片芯在外形上必须具有适宜的弧度，否则边缘部位难以覆盖衣层。②片芯的硬度不仅要能够承受包衣时的滚动、碰撞与摩擦，还要使片芯对包衣过程中所用溶剂的吸收降低至最低程度。③片芯的脆性要求最小，这比硬度更重要，以免因碰撞而破裂。

片剂包衣后应达到的要求：①衣层应均匀、牢固，并与药片不起任何作用；②崩解时限应符合规定；③不影响药物的溶解和吸收；④经过长时间贮存仍能够保持光洁、美观、色泽一致并且无裂片现象。

包衣的方法有滚转包衣法（锅包衣法）、流化包衣法、压制包衣法。最为常用的方法是滚转包衣法。

1. 普通包衣锅

普通包衣锅为最基本、最常用的滚转式包衣设备。国内厂家目前基本使用这种包衣锅进行包衣操作。普通包衣锅的结构如图 8-18 所示。整个设备由 4 部分组成：包衣锅、动力系统、加热系统和排风系统。

包衣锅一般用不锈钢或紫铜衬锡等性质稳定并有良好导热性的材料制成，常见形状有荸荠形和莲蓬形。一般直径为 100 cm，深度 55 cm。片剂在锅内不断翻滚的情况下，多次添加

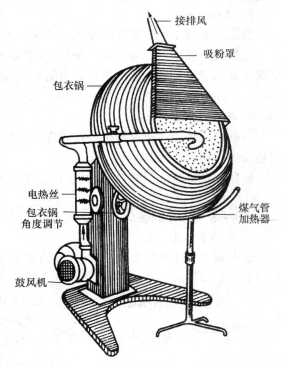

图 8-18 普通包衣锅的结构

接排风
吸粉罩
包衣锅
电热丝
包衣锅
角度调节
煤气管
加热器
鼓风机

包衣液,并使之干燥,就是衣料在片剂表面不断沉积而成膜层。

包衣锅安装在轴上,由动力系统带动轴一起转动。包衣锅的轴与水平呈30°～40°的倾斜,这样设计可使物料在适宜的转速下既能随锅的转动方向滚动,又能沿轴方向转动,作均匀而有效的翻动,从而使混合更均匀。

加热系统主要对包衣锅表面进行加热,加速包衣溶液中溶剂的挥发。常用的方法为电热丝加热和干空气加热。

采用普通包衣锅进行包衣,锅内空气交换效率低,干燥慢,气路不能密闭,有机溶剂污染环境,劳动强度大,劳动效率低,生产周期长等不利因素影响其广泛应用。鉴于普通包衣锅包衣的上述缺点,国内外一些生产厂家对普通包衣锅进行了一系列的改造:

(1)锅内加挡板,以改善片剂在锅内的滚动状态。挡板可对滚动片剂进行阻挡,克服了包衣锅的"包衣死角",片剂衣层分布均匀度提高,包周期也适当缩短。挡板的形状、数量可根据包衣锅的形状、包衣片剂的形状和脆碎性进行设计和调整。

(2)包衣液用喷雾方式加入锅内,增加包衣的均匀性。普通包衣锅包糖衣时,包衣液用勺子分次一勺勺加入。采用这种方法加液不够均匀,特别不适用于包薄膜衣。在普通包衣锅内插进喷头和空气入口,称为埋管包衣锅。如图8-19所示。这种包衣方法可使包衣液中的喷雾在物料层内进行,热气通过物料层,不仅能够防止喷液的飞扬,而且加快物料的运动速度和干燥速度。

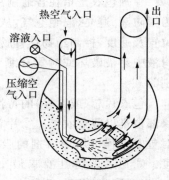

图8-19　埋管包衣锅

2. 流化包衣法

流化包衣法工作与流化喷雾造粒相近,将包衣液喷在悬浮于一定流速空气中的片剂表面。同时,加热的空气使片剂表面溶剂挥发而成膜。流化包衣法目前只限于包薄膜衣。除片剂外,微丸剂、颗粒剂等也可用它来包衣。

3. 压制包衣法

压制包衣法是用颗粒状包衣材料将片芯包过后在压片机上直接压制成型。该法适用于对湿热敏感药物的包衣。

根据包衣材料的不同,片剂的包衣通常分为包糖衣、包薄膜衣和包肠溶衣3类。

工作步骤 1　包糖衣工艺

1. 包糖衣工艺

包衣前应将片芯所黏附的细粉、碎片筛去,包糖衣工艺流程如图8-20所示。包糖衣主要有以下几个步骤:

片芯　—　包隔离层　—　包粉衣层　—　包糖衣层　—　包有色糖衣层　—　打光

图8-20　包糖衣工艺流程

(1)包隔离层。包隔离层是在片芯外包一层对水起隔离作用的衣层,以防止在后面的包衣过程中水分浸入片芯。可用于隔离层的材料有 10% 的玉米朊乙醇溶液,10%～15% 的明胶浆等。具体做法是将片剂置于包衣锅中滚动,加入适量隔离层材料使之均匀黏附于片面上,低温干燥(40～50℃),再重复包衣 3～5 层。主要用于吸潮和易溶性药物。

(2)包粉衣层。在隔离层基础上,用粉衣料包衣以达到将片芯棱角和迅速增加衣层厚度和大小的目的。操作:片剂继续在包衣锅中滚动,例如润湿黏合剂(如糖浆、明胶浆、阿拉伯胶浆或胶糖浆等),使片剂表面均匀润湿后,撒粉(滑石粉、蔗糖粉、白陶土、糊精等)适量,黏着在片剂表面,继续滚动吹风干燥(30～40℃热风),直到片剂的棱角消失,一般需要重复上述操作15～18 次。并注意层层干燥,每层干燥时间为 20～30 min。

(3)包糖衣层。粉衣层的表面比较粗糙,疏松,因此再包糖衣层使其表面光滑平整,细腻坚实。采用浓糖浆作为包糖衣层材料。具体操作要点:加入稍稀的糖浆,逐渐减少用量(能够润湿片面即可),在低温 40℃ 下缓缓吹干,一般包衣 10～15 层。

(4)包有色糖衣层。包有色糖衣层与上述糖衣层的工艺完全相同。用着色糖浆包衣 8～15 层,注意色浆由浅到深,并注意层层干燥,其目的是使片衣着色,增加美观,便于识别或起遮光作用。

(5)打光。在包衣片剂表面打上蜡,使片剂表面光洁美观,且有防潮作用。一般采用四川产的川蜡,用前需精制,即加热至 80～100℃ 熔化后过 100 目筛,去除杂质,并掺入 2% 的硅油(称为保光剂)混匀,冷却,粉碎,取过 80 目的细粉待用。

2. 包糖衣易出现的问题及解决办法

(1)龟裂与爆裂。造成这种情况的原因有:糖浆与滑石粉的用量不当、片芯太松、温度过高、干燥过快、析出粗糖晶体,使片面有裂痕。解决办法是进行包衣操作时应控制糖浆和滑石粉的用量,注意干燥温度和速度,更换合适的片芯。

(2)粘锅。可能是由于加糖浆过多,黏性大,搅拌不匀。解决办法是将糖浆含量恒定,一次用量不宜过多,锅温不宜过低。

(3)糖浆不粘锅。锅壁上蜡未除尽,可出现糖浆不粘锅。可将锅壁彻底洗净或再涂上一层热糖浆,撒上一层滑石粉即可解决。

(4)色泽不匀。造成色泽不匀的原因有:片面粗糙、有色糖浆用量过少或未搅匀、温度过高、干燥过快、糖浆在片面上析出过快、衣层未干就打蜡。解决办法是采用浅色糖浆,增加所包层数,"勤加少上",控制温度,情况严重时洗去衣层,重新包装。

(5)片面不平。造成片面不平的原因有:撒粉太多、温度过高、衣层前一层未干又包第二层。解决办法是将糖浆含量恒定,一次用量不宜过多,锅温不宜过低。

(6)露边与麻面。产生露边与麻面的原因有:衣料用量不当,温度过高或吹风过早。解决办法是注意糖浆和粉料的用量,糖浆以均匀润湿片芯为度,粉料以能在片面均匀黏附一层为宜,片面不见水分和产生光亮时再吹风。

(7)膨胀磨片或剥落。产生膨胀磨片或剥落的原因有:片芯层与糖衣层未充分干燥,崩解剂用量过多,可通过包衣时注意干燥,控制胶浆或糖浆的用量加以解决。

工作步骤 2　包薄膜衣工艺

薄膜衣是在片芯之外包上一层比较稳定的高分子衣料,对药片可起到防止水分、空气的侵入,掩盖片芯药物特有气味的外溢。薄膜包衣工艺优于包糖衣工艺,其操作简单,能节省包衣材料,片重增加少(一般增加 2%～5%)、对崩解影响小、生产周期短、效率高、包衣过程可实现自动化等优点。根据高分子衣料的性质,将药物制成胃溶、肠溶及缓释、控释制剂,目前已经广泛应用于片剂、丸剂、颗粒剂、胶囊剂等剂型中,以提高制剂品质,拓宽了医疗用途。但一般片芯直接包薄膜衣后,往往其外观不及糖衣层美观。

1. 包薄膜衣材料

一般薄膜包衣液由成膜材料、分散媒、增塑剂和着色剂及掩盖剂组成。

(1)成膜材料。常用的成膜材料有:①纤维素衍生物类:羟丙甲纤维素(HPMC),是目前应用较广泛、效果较好的包衣材料,其特点是成膜性能好,膜透明坚韧,包衣时没有黏结现象,常用质量分数为 2%～4%;羟丙基纤维素(HPC),其最大缺点是干燥过程中产生较强的黏性,因此常与其他成膜材料混合使用;羟乙基纤维素(HEC)、羧甲基纤维素钠(CMC-Na)、甲基纤维素(MC)等都可作为薄膜衣料,但其成膜性不如 HPMC。②丙烯酸树脂Ⅳ号:具有良好的成膜性,是较理想的薄膜衣料。③其他,如聚乙烯醇缩乙醛二乙胺。

(2)分散媒(溶剂)。用来溶解、分散成膜材料及增塑剂的溶剂,常用乙醇、丙酮等有机溶剂,近年来国内外正在研究用水作为溶剂薄膜包衣工艺,已经取得了一定进展。

(3)增塑剂。指能增加包衣材料塑性的物料。加入增塑剂可提高薄膜衣在室温时的柔韧性,增加其抗撞击强度。增塑剂与薄膜衣材料应有相溶性、不易挥发并不向片芯渗透。常有的水溶性增塑剂有丙二醇、甘油、聚乙二醇(PEG)等;非水溶性的有甘油三乙酸酯、邻苯二甲酸酯、蓖麻油、硅油、司盘等。

(4)着色剂和掩盖剂。加入着色剂和掩盖剂可以使片剂美观,易于识别各种不同类型的片剂,遮盖某些有色斑的片芯或不同批号片芯间的色调差异,提高片芯对光的稳定性。常用的着色剂为色素,包括水溶性、水不溶性和色淀 3 类。常用的掩盖剂有二氧化钛(钛白粉),一般混悬于包衣液中使用。

2. 薄膜包衣的具体操作过程

薄膜包衣工艺流程如图 8-21 所示。

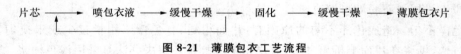

片芯 ——→ 喷包衣液 ——→ 缓慢干燥 ——→ 固化 ——→ 缓慢干燥 ——→ 薄膜包衣片

图 8-21　薄膜包衣工艺流程

(1)在包衣锅内装入适当形状的挡板,以利于片芯的转动与翻动。

(2)将片芯放在包衣锅内,喷入一定量的薄膜包衣溶液,使片芯表面均匀湿润。

(3)吹入缓和的低温热风(不超过 40℃,以免干燥过快,出现皱皮或起泡现象;也不能干燥过慢,否则会出现粘连或剥落现象)使溶剂蒸发,包衣材料便在片芯表面形成薄膜层,如此反复数次,直至形成不透湿、不透气的薄膜衣。

(4)大多数的薄膜包衣需要一个固化期,一般是在室温或略高于室温下自然放置 6～8 h 使之固化完全。

(5)固化完全后,还要在 50℃下干燥 12～24 h,将残余的有机溶剂完全除尽。

3. 包薄膜衣容易出现的问题及解决办法

(1)皱皮。造成皱皮的原因是选择包衣料不适当,干燥条件选择不适宜,因此应针对原因更换包衣料、改变成膜温度。

（2）起泡。造成起泡的原因是固化条件不适合，干燥条件选择不适宜，可通过控制成膜条件，降低干燥温度和速度来解决。

（3）花斑。产生花斑的原因是增塑剂、色素等选择不当，干燥时溶剂将可溶性成分带到衣膜表面。解决办法是操作时调整包衣处方，调节空气温度和流量，减慢干燥速度等。

（4）剥落。造成剥落的原因是选择衣料不当，两次包衣间隔时间太短。可通过更换包衣料，延长包衣间隔时间，调整干燥温度和适当降低包衣溶液的浓度来解决。

巩固训练

1. 练习不同形状片芯的包衣工艺。
2. 练习包衣设备的使用。

知识拓展

一、片剂的质量评定

为了使生产出来的片剂具有良好的治疗效果和安全性，对片剂生产过程的每个环节——生产处方设计，原料、辅料的选用，生产工艺的制定，包装和贮存条件的确定都应周密考虑，并且要求依照《中国兽药典》规定的标准进行片剂的质量检查，检查项目有外观、重量差异、崩解时限、含量均匀度、含量测定及微生物限度检查等。

1. 外观检查

片剂外观应完整光洁、色泽均匀，有适宜的硬度和耐磨性。

2. 重量差异

重量差异又称为片重差异。在片剂生产过程中，许多因素能影响片剂的重量，重量差异大，意味着每片的主药含量不均匀。因此必须将各种片剂的重量差异控制在规定的限度内。《中国兽药典》中规定片剂的重量差异限度见表8-4。

表8-4 片剂重量差异限度

平均片重	重量差异限度/%
0.3 g 以下	±7.5
0.30～1.0 g 以下	±5.0
1.0 g 及 1.0 g 以上	±2.0

检查方法：随机抽取 20 片，精密称定总重量，求得平均片重后，再分别精密称定每片的重量，每片重量与平均重量相比较（凡无含量测定的片剂，每片重量应与标示片重比较），按表8-4中的规定，超出重量差异限度的不得多于 2 片，并不得有 1 片超出限度 1 倍。

糖衣片的片芯应检查重量差异并符合规定，包糖衣后不再检查重量差异。

3. 崩解时限

崩解是指固体制剂在检查时限内全部崩解溶散或成碎粒，除不溶性包衣外，应通过筛网。崩解时限检查法是用于检查固体制剂，主要是片剂在规定条件下的崩解情况。

4. 含量均匀度

含量均匀度是指小剂量药物在每个片剂中的含量是否偏离标示量以及偏离的程度。凡主药含量较少的片剂一般均应进行含量均匀度检查。

检查方法：随机取样 10 片，分别测定含量，并求其平均含量。每片的含量与平均含量相比较，含量差异大于±15％的不得多于 1 片，并且不得超过±20％。

二、片剂的包装与贮存

片剂的包装与贮存应当做到密封、防潮以及使用方便等，适宜的包装和贮存，是保证片剂质量稳定的重要措施。

（一）片剂的包装

片剂一般采用多剂量和单剂量包装。

1. 多剂量包装

几十片甚至几百片装入一个容器叫作多剂量包装，容器多为玻璃瓶和塑料瓶，未装满的空间，用灭菌和清洁的棉花或纸条填满，再严密封闭；也有用软性薄膜、纸塑复合膜、金属箔复合膜等制成的药袋。

2. 单剂量包装

单剂量包装是将片剂一个一个单独包装，将每个片剂单独包装，使每个片剂处于密封状态，可提高对药品的保护作用，也可杜绝交叉污染。主要有泡罩式（也称为水泡眼）包装和窄条式包装两种形式。

（二）片剂的贮存

片剂应密封贮存，防止受潮、发霉、虫蛀、受压和变质等。除另有规定外，一般将包装好的片剂置于阴凉（20℃以下）、通风干燥处贮存。对光敏感的片剂，应避光保存（采用棕色瓶包装）；受潮后易分解变质的片剂，应在包装容器内放置干燥剂。

项目9

滴丸剂的制备工艺

✤ 知识目标

　　掌握滴丸剂制剂的生产工艺流程。

✤ 技能目标

　　1. 会进行滴丸剂制剂生产过程中的质量控制。

　　2. 掌握滴丸制备的各种机械设备的操作,并能维护。

◆◆◆　**任务　滴丸剂制备**　◆◆◆

基础知识

一、滴丸剂的含义与应用特点

　　滴丸剂是指固体或液体药物与适当基质加热熔化混匀后,滴入不相混溶的冷凝液中,由于表面张力的作用使液滴收缩冷凝而制成的小丸状制剂。

　　滴丸剂的主要特点:①药物高度分散于基质中,起效迅速、生物利用度高、副作用小;②将药物制成滴丸这种固体剂型后,便于服用和运输;③药物的稳定性增加,因为药物与基质熔合后,与空气的接触面积减小,因此不易氧化和挥发;④生产设备简单、操作容易,重量差异小,成本低。

　　滴丸剂虽有许多优点,但由于目前可供使用的基质品种较少,而且难以滴制成大丸,一般丸中都不超过 100 mg,故只能用于剂量较小的药物,因此滴丸剂的发展受到了一定的限制。

二、滴丸剂的用材

(一)基质

滴丸剂所用基质可分为水溶性及非水溶性两大类。

1. 水溶性基质

常用的有聚乙二醇类,如聚乙二醇 6000、聚乙二醇 4000 等,聚氧乙烯单硬脂酸酯(S-40)、硬脂酸钠、甘油明胶等。

2. 非水溶性基质

常用的有硬脂酸、单硬脂酸甘油酯、虫蜡、氢化植物油等。

在实际应用时也常采用水溶性与非水溶性基质的混合物作为滴丸的基质。

(二)冷凝剂

冷凝剂与滴丸剂的成形性密切相关,所选用的冷凝剂要求安全无害;与主药和基质不相互溶;性质稳定,不与主药等起化学反应;具有适宜的表面张力及相对密度,以便滴丸能在其中缓慢上浮或下沉,有足够的时间冷凝、收缩,从而保证成形完好。

冷凝剂也分为水溶性和非水溶性冷凝剂两类。实际应用中。可以根据基质的性质选用适宜的冷凝剂。

1. 水溶性冷凝剂

常用的有水或不同浓度的乙醇等,适用于非水溶性基质的滴丸。

2. 非水溶性冷凝剂

常用的有液体石蜡、二甲基硅油、植物油、汽油或它们的混合物,适用于水溶性基质的滴丸剂。

工作步骤　滴丸剂制备过程与生产设备

滴法制丸的工艺过程如下:

药物＋基质→混悬或熔融→滴制→冷却→洗丸→干燥→选丸→质检→包装

滴制设备可根据冷凝剂与滴丸相对密度的差异加以选用,图 9-1 显示滴丸设备示意图。(a)用于滴丸密度小于冷凝液,(b)则相反。工业上可用单滴头、双滴头和多至 20 滴头者(其生产能力类似于 33 冲压片机),可根据实际情况选用。

滴丸剂制备举例

灰黄霉素滴丸制备

处方:灰黄霉素　　　　　　1 份

　　　聚乙二醇 6000　　　　9 份

制法:取聚乙二醇 6000 在油浴上加热至约 135℃,加入灰黄霉素细粉,不断搅拌使全部溶解,趁热过滤,置贮液瓶中,135℃ 保温,用管口的内、外径分别为 9.0 mm、9.8 mm 的滴管滴制,滴速 80 滴/min,滴入含 43% 煤油的液体石蜡(外层为冰水浴)冷凝液中,冷凝成丸,以液体石蜡洗丸,至无煤油味,用毛边纸吸去黏附的液体石蜡,即得。

注解:(1)灰黄霉素极微溶于水,对热稳定;以 1∶9 的比例与聚乙二醇 6000 混合,在 135℃ 时可以形成两者的固态溶液,因此,在 135℃ 下保温、滴制、骤冷,可形成简单的低共熔混合物,使 95% 灰黄霉素均为粒径 2 μm 以下的微晶分散,因而有较高的生物利用度,其剂量仅为微粉的 1/2。

(2)灰黄霉素是口服抗真菌药,对皮癣等疗效明显,但不良反应较多,制成滴丸,可以提高其生物利用度,降低剂量,从而减弱其不良反应,提高其疗效。

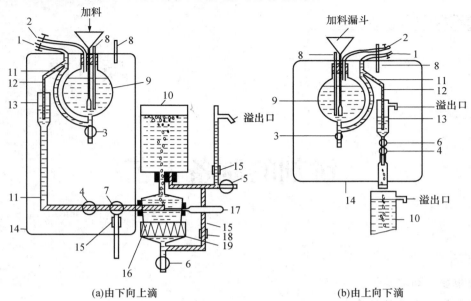

图 9-1 滴丸设备示意图

1～7. 玻璃旋塞;8. 温度计;9. 贮液瓶;10. 冷凝柱;11. 启口连接;12. 虹吸管;13. 滴瓶;

14. 电热保温箱;15. 橡皮管连接;16. 保温瓶;17. 导电温度计;18. 橡皮管夹;19. 环形电炉

巩固训练

1. 设计氧氟沙星滴丸剂制备的处方、工艺并加以说明。

2. 设计冰片滴丸剂制备的处方、工艺并加以说明。

知识拓展 滴丸剂的质量检查

(一)外观

要求大小均匀,色泽一致,无粘连现象,表面无黏附的冷凝液。

(二)重量差异

取滴丸 20 丸,精密称定总重量,求得平均丸重后,在分别精密称定各丸的重量,每丸重量与平均丸重相比较,超出重量差异限度的滴丸不得多于 2 丸,并不得有 1 丸超出限度的 1 倍(表 9-1)。

表 9-1 滴丸剂重量差异限度 %

平均丸重	重量差异限度	平均丸重	重量差异限度
0.03 g 以下或 0.03 g	±15	0.30 g 以上	±7.5
0.03 g 以上或 0.30 g	±10		

(三)溶散时限

要求普通滴丸应在 30 min 内全部溶散,包衣滴丸应在 1 h 内全部溶散。

项目 10

饼剂的制备工艺

🍁 知识目标

1. 理解饼剂的概念。
2. 了解饼剂在动物饲养中的应用。

🍁 技能目标

1. 能正确选用饼剂制备的各种组分。
2. 会进行饼剂的简单制作。

◆◆ 任 务 饼 剂 制 备 ◆◆

基础知识

饼剂是将粉状或液状的药物以及微量物质与适宜基质(辅料)制成的饼状固体剂型,专供牛、羊、猪、犬等动物舔食用来预防疾病或提供营养,也可投喂猪、犬等动物用来治疗疾病。目前多用于奶牛补充营养和架子牛催肥。所含药物多为氨基酸、维生素、微量元素、抗寄生虫药等。

饼剂制备相对容易,还没有成熟的生产工艺,一般情况下是将处方中的药物和辅料混合均匀,放入特定的模具中压制,干燥后出模即可。牛羊用的可制成 500 克或 1 000 克的规格;小动物用的可制成饼干状。加入的辅料,如淀粉(面粉、玉米粉)、黏合剂等填充体积,使其易于成型,还常加入甜味、咸味、腥味、香味调味剂或色素等以增加适口性,必要时再加入抗氧化剂和防霉剂,以延长保存期(一般为 3~6 个月)。

饼剂制备举例 左旋咪唑饼剂

处方:盐酸左旋咪唑粉 50 g,面粉、发酵料、糖、糖精、油各适量,为 1 000 块饼剂用量。

制法:将糖、糖精溶于水中,加入发酵粉混匀。用此混合液调面粉制成稠状,倒入饼模,置烤箱中烤制成饼,即得。每饼含主药 50 mg。

巩固训练

1. 设计一种微量元素添加剂饼剂制备的处方、工艺并加以说明。

2. 设计一种驱杀体表寄生虫饼剂制备的处方、工艺并加以说明。

知识拓展

一、固体制剂的种类

固体制剂是指药物以固体的形态与适宜的辅料经粉碎、均匀混合后,通过制剂技术或直接制成的剂型。常用的固体制剂类型有散剂、粉剂、预混剂、颗粒剂、片剂、滴丸剂等。固体剂型绝大多数以口服为主要给药方式。少数兼可以外用,例如粉剂和散剂。

二、固体制剂的特点

①与液体制剂相比,理化稳定性好,生产制造成本较低,使用过程中剂量准确,服用简单,便于携带。因此,口服固体制剂形式在药物制剂中约占70%。

②所有固体制剂的制备过程中,都要经过相同的前处理阶段——粉碎、过筛和混合等单元操作。

③药物在体内首先溶解后才能透过生物膜,被吸收后进入血液循环。

三、吸收与生物利用度

由于各种固体剂型的处方和制备工艺不同,使得药物从剂型中溶出的速度不同,从而导致药物的吸收速度不同。如片剂经口投服后首先崩解成细颗粒状,然后药物分子从颗粒中溶出,药物通过黏膜吸收进入血液循环中;散剂或颗粒剂经口投服后没有崩解过程,迅速分散,具有较大的表面积,因此溶出、吸收和起效均较快。对于任何一种固体制剂,在体内首先分散成细颗粒。因此,对于固体制剂而言,增大药物表面积是提高溶出速度,加快吸收速度和提高吸收程度的有效措施之一。

项目11

烟熏剂的制备工艺

◆ 知识目标

　1. 理解烟熏剂的概念。

　2. 掌握烟熏剂的特点。

◆ 技能目标

　1. 能正确选用常用烟熏剂的各种组成物料。

　2. 会进行烟熏剂的配制等。

◆◆◆　任务　烟熏剂制备　◆◆◆

基础知识

　　烟熏剂在兽医临床的应用可谓历史悠久,较早些时期,用一些植物中药如艾叶、薄荷、臭蒿等燃火生烟来驱避蚊蝇。在以后的研究中逐渐扩大了烟熏剂的应用范围,因其无孔不入,用于空间的杀菌、杀虫、灭鼠、除臭等,均有较好的效果。用于呼吸道治疗或经呼吸道全身给药的烟熏剂类型也在研究试用中。

　　烟熏剂是一种特殊剂型,它是通过化学或热力或机械力将固体药剂或液体药剂(或其油溶液)分散成极细小的颗粒后,长久地悬浮于空气中形成的一种分散体系。其特点有:①烟雾颗粒十分细小,直径为 $0.3\sim2~\mu m$,由于改变了药剂原来的形态,因而影响到它的运动特性,使它的沉积速度变得非常缓慢,沉降途径也由大颗粒的单纯向下自由降落或在一定风速下呈抛物线下降,改变为随空气横向运动及向上运动,因而扩大了在各个方向目标面的沉积概率。②由于颗粒细小,烟雾能在空气中长久悬浮,一般可持续 6 h 左右,它的扩散穿透能力提高,可以深入到一般方法无法达到的目标部位。例如能渗入细缝等。③若药剂本身在高温下容易挥发,与易燃物质混合后,药剂能借助燃烧产生的高温挥发,随后冷凝成细小烟状颗粒,获得烟熏剂的运动特性与施药效果,这种烟熏剂就省去了施药器具,降低了工作强度和预防治疗成本。④由于烟熏剂的运动及理化特性,还可进入动物的呼吸系统产生吸收和治疗作用。⑤烟剂操作方便,效率高,不需要借助机械设备。

一、烟熏剂的分类

①按用途可分为杀虫、杀菌、灭鼠、除臭、预防与治疗6大类。

②按使用的有效成分可分为有机氧、有机磷与氨基甲酸酯、拟除虫菊酯、有机氯、挥发油等。

③按热源的提供方式可分为自燃型和加热型。

二、烟剂的组成

熏蒸剂主要由以下几个部分组成。根据不同的制剂及所用的成烟成雾原理,有的制剂由其中几个部分组成,有的制剂品种由另外几个部分组成。但其中主要成分则无论在哪种制剂品种中都是不可少的。

(1)有效成分。杀虫剂或杀菌剂的有效成分。杀虫剂西维因、速灭威、马拉硫磷原油、邻二氯苯及硫黄粉等,现今应用较多的是某些拟除虫菊酯类,如胺菊酯、氰戊菊醇、氯氰菊酯等;杀菌剂,如二氯异氰尿酸钠、三氯异氰尿酸钠、五氯酚钠、敌菌灵、百菌清、多菌灵等。

(2)燃烧剂。简称燃料,即在有氧条件下能燃烧生热的物质,要求它在150 ℃以下不与氧作用,但在200~500℃时与少量氧发生燃烧反应放出大量热能。不产生有害物质,在弱酸条件下物理化学性质稳定,易粉碎,不易吸湿潮解,价格低。如各种碳水化合物及其他可燃有机化合物。常用的有木粉、木屑、木炭、纤维素、尿素、淀粉、白糖、煤粉、硫黄、锌粉、除虫菊酯、废布等。其中木粉和木炭为最常用燃料。

(3)发烟剂。顾名思义,它的作用是使烟熏剂在燃烧时产生的高温条件下挥发汽化,遇到空气后冷却成烟。发烟剂的汽化温度应略低于烟熏剂的燃烧温度,以获得较好的均匀稳定的成烟效果。在燃烧过程中发烟剂本身应不燃,也不会分解产生残渣。常用的有氯化铵、蒽、萘、六氯乙烷、氨基甲酸酯及松香等。

①NH_4Cl。在300℃下迅速升华成烟。由200℃增至400℃时,离解度由57%增至79%,即产生NH_3和HCl,冷却时又结合成NH_4Cl。

②萘。有特殊气味,80℃时的熔化热144.6 J/g,汽化热315.6 J/g,高温下易升华。并部分燃烧而成含碳的灰色烟云。

某些发烟剂生成的烟粒相对密度较大,能加重整个烟云,因此称这种发烟剂叫加重剂。而含有加重剂的烟剂称之为重烟剂。重烟剂的烟云靠近地面飘移、沉降,不易受气象条件影响,具有封闭、覆盖保护对象的作用,加重剂具有相对密度大而能升华的特点,多为有机物和某些无机物,如硝基酚、水杨酸、S、HgS、$FeCl_3$、$ZnCl_2$、$SnCl_2$等。

(4)助燃剂。也称氧化剂,提供补充燃烧时所需的氧气,促进燃烧。应具有适度的氧化能力,在150℃以下稳定,在150~160℃分解放氧。有较高的含氧量,不易受潮水解,在轻微的碰撞下不会起燃起爆,以保证使用、运输、贮存的安全,来源广泛,价格便宜。如氯酸钾、氯酸钠、硝酸钾、硝酸钠、过氯酸盐、亚硝酸钾、高锰酸钾、过氧化合物和多硝基有机化合物等。

(5)阻燃剂。主要消除烟熏剂在燃烧时产生的明火,并阻止燃渣复燃。也能抑制有效成分的燃烧分解。

阻燃剂中有的是在受热时分解放出大量CO_2或其他惰性气体,以冲淡烟熏剂燃烧时放出的可燃物(C 和 CO_2)和氧气浓度,来达到消焰的目的。从消焰角度说,阻燃剂又可称为消焰剂,如 Na_2CO_3、$NaHCO_3$、NH_4HCO_3、NH_4Cl 等。以降低烟剂燃烧残渣温度来阻止继续燃烧为目的的惰性物质,又称为阻火剂,如白陶土、滑石粉、石灰石、石膏等。

(6)导燃剂。导燃剂是能降低烟剂燃点、促进引燃并加速燃烧的物质。一般在燃点较高、不易引燃或燃烧速度缓慢的配方中用。导燃剂是燃点较低、还原性强的易燃烧物质,如硫脲、二氧化硫脲、蔗糖、硫氰酸铵等。

(7)降温剂。它的作用是在烟熏剂燃烧时吸收并带走部分热量,有助于降低燃烧温度及减缓燃烧速度,防止有效成分因温度过高而分解破坏后降低生物效果。常用的有氧化锌、氧化镁、氯化铵、硫酸铵、硅藻土、滑石粉、陶土、白干土等,其中氧化铵是最常用的降温剂,用量少,降温作用强。

(8)稳定剂。能防止有效成分及其他成分在制作、贮存过程中发生分解而降低效果。氯化铵、高岭土等是首选的稳定剂。

(9)防潮剂。为一种疏水性物质,防止组成烟熏剂中的各成分吸潮。防潮剂在烟熏剂粉粒表面或界面上形成疏水性薄膜,阻止与空气中水分的接触,免受潮解。在含有 NH_4NO_3 等吸潮性强的烟熏剂配方中,若不添加防潮剂,则不能引燃而成为废品。常用的防潮剂有柴油、润滑油、锭子油、高沸点芳烷烃、蜡娄等。

(10)中和剂。某些烟熏剂在贮存或发烟中产生酸性物,对被处理物有腐蚀作用,需用碱中和,一般用碳酸盐类[如 $(NH_4)_2CO_3$、Na_2CO_3、$NaHCO_3$、$CaCO_3$、$MgCO_3$、白垩等]、草酸铵[$(NH_4)_2C_2O_4$],同时还能吸热降温,增大烟云体积,常把该类物质称为中和剂。

(11)黏合剂。黏合剂是使烟熏剂成型并保持一定机械强度的黏胶性物质,多在线香、盘香和蚊香片中采用,如酚醛树脂、树脂酸钙、虫胶、石蜡、沥青、糊精、石膏等。

三、烟剂的形式

当点燃烟熏剂时,其中燃料和助燃物质便开始作低温(200~300℃)并不发出明火的阴燃,燃烧产生的热传递给烟熏剂有效成分,使它逐渐受热并挥发成蒸气。当蒸气遇到周围的冷空气时,便会迅速凝集成为白色药物烟云。

根据点燃方式,烟熏剂有加热式和自燃式两种。但不管是哪一类的烟熏剂,有效成分的理化性质,特别是热稳定性是极其重要的。烟熏剂氯菊酯加热至 400℃时挥发扩散而不分解,性能比其他拟除虫菊酯好得多,它的最适宜加热温度为 300~500℃。并不是所有的有效成分都能加热产生烟雾,即使能产生烟雾也有一个最适宜温度,因此在加工烟熏剂时必须充分考虑到有效成分的耐热稳定性。

工作步骤　烟剂的配制

1. 烟熏剂的配制要求及配方骨架

烟熏剂中的有效成分在数分钟内即可全部挥散完。所以,在烟熏剂的设计与配制中,对有效成分加热挥散的供热剂的选择至关重要。供热剂包括燃料、助燃剂和氧化剂。在烟剂设计与配制中,应达到下列要求:①首先考虑有效成分的热挥散及分解特性,从而确定烟熏剂的适当的加热温度,尽量减少有效成分在燃烧过程中的热分解损失,保持良好的烟熏效果。②易点燃。烟云浓白,有适当的发烟速度。③在燃烧过程中没有明火,燃烧完全,残存物松软,没有余火。④包装适宜,要能长期贮藏而不受潮,也不会产生自燃,便于使用。在贮存及运输中有良好的保护。⑤各组分来源广泛,价格便宜。烟熏剂的配方骨架如表11-1所示。

表 11-1　烟熏剂的配方组成骨架　　　　　　　　　　　　%

组分	加入量	组分	加入量	组分	加入量
主剂	5～15	阻燃剂	0～15	防潮剂	0～5
燃料	7～20	导燃剂	0～5	黏合剂	0～10
助燃剂	15～30	降温剂	0～20	加重剂	0～20
发烟剂	20～50	稳定剂	0～10		

2. 烟熏剂的配制

在烟熏剂配制中,除有效成分及发烟物质外,还需配制适当的发烟引火粉,如以40%硝酸钾、40%木粉、20%滑石粉粉碎至60～80目粒度后混合,在每千克烟熏剂中只要2～3 g即可点燃,也称引芯。

在烟熏剂配制中常用供热剂的燃烧温度分别是:①硝酸盐或亚硝酸盐加热分解促进剂(碱土或碱金属盐)或重铬酸盐,铬酸盐加胍类盐为主要成分,燃烧温度为200～300℃,适用于二嗪农及对硫磷等有机磷农药;②硝化棉加燃烧抑制剂、稳定剂等,燃烧温度为300～400℃,适用于氯菊酯等;③氯酸钾加硝酸钾为主要成分,燃烧温度为500～700℃;④木粉等燃料加供氧剂,燃烧温度一般在200～700℃,与上述组分相比,燃烧速度较慢。

为了保证烟熏剂中的有效成分能够在单位时间内达到一定浓度,在设定的时间内均匀燃烧,并能有效地保持所需的燃烧速度,就要对影响它的因素有所了解。这些因素有以下几个方面。①燃料燃烧所需的活化能和燃烧温度。活化能小,还原能力强,燃烧速度高。燃烧温度高,燃烧区与非燃烧区的温差大,有利于热传导和热冲力的产生,可加快热分解,提高氧化活性。②氧化剂的分解温度和吸热量。分解温度较低,则吸热量较少,热分解速度较快。③供热剂各组分间的接触程度、空隙率及热传导能力。供热剂的粉粒细,堆积密度小,内表面积大,有充分的空隙,可促进反应速度。减少供热剂与大气接触面积,保持内部高温和压力,减少热损失,可加快燃烧速度。④周围环境温度和压力。

烟熏剂制备举例

常用的烟熏剂制剂多为粉状。

1. 西维因烟熏剂制备

处方:西维因　　　　　　60%

　　　KClO$_3$　　　　　　20%

　　　(NH$_4$)$_2$SO$_4$　　　10%

　　　干锯末粉　　　　　10%

制法:将西维因、氯酸钾、硫酸铵与干锯末分别研细过筛后混合均匀制成。

2. 速灭威烟熏剂制备

处方:速灭威(78%原药)　　　9.7%

　　　KClO$_3$　　　　　　　　14.9%

木粉	23.8%
白陶土	45.4%
煤油	6.2%

制法:将速灭威用煤油稀释,浸于术粉上,晾干后将研细过筛的氯酸钾及白陶土一起混合搅匀,然后装入塑料袋压紧,封口即成。

3. 二氯异氰尿酸钠烟熏剂制备

处方:二氯异氰尿酸钠　　　　　　　500.0 g
　　　助燃剂(锯末＋硝酸钾)　　　　250.0 g

制法:将主剂与助燃剂分别包装即可。

巩固训练

1. 设计一种中药成分的烟熏剂。

2. 设计三氯异氰尿酸钠烟熏剂。

知识拓展

燃烧的实质是氧化还原反应,即木粉等还原性可燃物质在氧化剂作用下进行化学变化。所以燃料与助燃剂之间的选择配伍,实际上就是氧化力与还原力之间的搭配。若采用两者均弱的物质相配,不易引燃和燃烧,自然起不到供热剂的作用;反之,若采用两者均强的物质相配,能迅速燃烧,但自燃可能性也加大,这不利于烟熏剂的安全性。根据经验,一般应取反向的搭配关系,即氧化力强的物质与还原力弱的物质搭配,起到强弱调节作用。氧化能力:氯酸钾＞硝酸钾＞硝酸铵。还原能力:木粉＜白糖＜硫脲。

项目12

浸出中药制剂的制备工艺

🍁 知识目标

1. 理解浸出药剂的含义、特点。
2. 熟悉浸出过程的原理及影响因素、浸出物浓缩与干燥的基本原理及影响因素。
3. 掌握中药注射剂制备中存在的问题和原因。

🍁 技能目标

1. 能合理运用浸出溶剂和浸出工艺。
2. 会按不同中药的特性设计浸出和精制的工艺组合。
3. 会在浸出与精制的过程中进行质量控制,合理应用附加剂。
4. 熟练中药浸出、浓缩、干燥的常用方法和设备操作与维护。

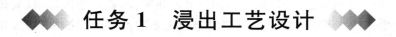

任务 1　浸出工艺设计

基础知识

一、概述

浸出药剂是指采用适宜的溶剂和方法浸提药材中有效成分,直接制得或再经一定的制备工艺过程而制得的一类药剂,可供经口服用或外用。浸出药剂按浸提过程和成品情况大致可分成以下几类。①水浸出剂型,是指在一定的加热条件下,用水为溶剂浸出药材成分,制得的含水制剂,如汤剂、中药合剂等。②含醇浸出剂型,是指在一定的条件下,用适宜浓度的乙醇或酒为溶剂浸出药材成分,制得的含醇制剂,如药酒、酊剂、流浸膏等。有些流浸膏虽然是用水浸出药材成分,但成品中仍加有适量乙醇。③无菌浸出剂型,一般是指采用适宜的浸出溶剂浸提药材成分,然后将浸提液用适当方法精制处理,最后制成无菌制剂。如中药注射剂等。④其他浸出剂型,除上述各种浸出剂型外,还有用药材提取物为原料制备的颗粒剂、片剂、注射剂、气雾剂、丸剂、膜剂等。

浸出制剂特点：

1. 体现方药各种成分的综合疗效与特点

浸出药剂与同一药材中提取的单体化合物相比，有些不仅疗效较好，有时还能呈现单体化合物所不能起到的治疗效果。对复方制剂，药材中多成分的综合作用更为突出。中药复方制剂，由于多种成分的相辅相成或相互制约，不仅可以增强疗效，有的还可降低毒性。

2. 减少服用量

浸出药剂由于去除了部分无效成分和组织物质，相应地提高了有效成分的浓度，故与原方药相比，减少了服用量，便于服用。同时，某些有效成分经浸出处理可增强其稳定性。

3. 部分浸出药剂可作为其他制剂的原料

浸出药剂在提取过程中，除药酒、酊剂等可直接由提取液制得外，部分提取液需经浓缩成流浸膏、浸膏等作为原料，供进一步制备其他药剂，如中药注射剂、浸膏片剂、气雾剂等。

4. 浸出药剂的质量控制比纯化学药品为原料的药剂复杂

主要体现在药材所含化学成分的多样性和复杂性。所谓多样性是指化学成分种类多，包括常见的生物碱、蒽醌类、苷类、糖类、脂类等有机类，也包含无机的成分；所谓复杂性是指这些成分的相似性、相互反应和相互影响作用。如在实际生产中出现的固体浸出药剂易吸湿结块、甚至液化，崩解时限、溶散时限延长；液体浸出药剂易长霉发酵，产生沉淀或浑浊，甚至水解等。

二、浸出过程

矿物药和树脂类药材无细胞结构，其成分可直接溶解或分散悬浮于溶剂中；动植物药材多具有细胞结构，大部分的生物活性成分存在于细胞液中。完好细胞内的成分浸出，需经过药材固相转移到溶剂液相中的传质过程，这个过程是一个复杂的理化过程，包括润湿、渗透、解吸、溶解、扩散等几个相互联系的工艺阶段。

1. 浸润与渗透阶段

溶剂能否使药材表面润湿，与溶剂性质和药材性质有关，取决于附着层（液体与固体接触的那一层）的特性。如果药材与溶剂之间的附着力大于溶剂分子间的内聚力，则药材易被润湿，反之，如果溶剂的内聚力大于药材与溶剂之间的附着力，则药材不易被润湿。

在大多数情况下，药材能被溶剂润湿。因为药材中有带极性基团物质，如蛋白质、果胶、糖类、纤维素等，所以能被水和醇等极性较强的溶剂润湿。

润湿后的药材，由于液体静压力和毛细管的作用，溶剂进入药材空隙和裂缝中，渗透进入细胞组织内，使干瘪细胞膨胀，恢复通透性，溶剂更进一步渗透进入细胞内部。但是，如果溶剂选择不当，或药材中含有特殊有碍浸出的成分，则润湿会遇到困难，溶剂就很难向细胞内渗透。例如，若从含脂肪油较多的中药材中浸出水溶性成分，应先进行脱脂处理；用乙醚、氯仿等非极性溶剂浸提脂溶性成分时，药材须先进行干燥。为了帮助溶剂润湿药材，有时可于溶剂中加入适量表面活性剂。溶剂能否顺利地透入细胞内，还与毛细管中有无气体栓塞有关。所以，在加入溶剂后用挤压法，或于密闭容器内减压，以排出毛细管内空气，有利于溶剂向细胞组织内渗透。

2. 解吸与溶解阶段

溶剂进入细胞后，可溶性成分逐渐溶解，胶性物质由于胶溶作用，转入溶液中或膨胀生成凝胶。随着成分的溶解和胶溶，浸出液的浓度逐渐增大，渗透压提高，溶剂继续向细胞内透入，部分细胞壁膨胀破裂,为已溶解的成分向外扩散创造了有利条件。

由于药材中有些成分对其他成分有较强的吸附作用(亲和力),使这些成分不能直接溶解在溶剂中,需要解除这种吸附作用,才能使其溶解,所以,药材浸提时需选用具有解吸作用的溶剂,如水、乙醇等。必要时可于溶剂中加入适量的酸、碱、甘油、表面活性剂以助解吸,增加有效成分的溶解。

浸提溶剂通过毛细管和细胞间隙进入细胞组织后,已经解吸的各种成分就转入溶剂中,这就是溶解阶段。成分能否被溶解,取决于成分结构和溶剂的性质,遵循"相似者相溶"规律。水能溶解晶形物和胶质,故其浸出液中多含胶体物质;乙醇浸出液中含胶质较少;非极性溶剂的浸出液中不含胶质。

3. 扩散与置换阶段

当浸出溶剂溶解大量药物成分后,细胞内液体浓度显著增高,使细胞内外出现浓度差和渗透压差。所以,细胞外侧纯溶剂或稀溶液向细胞内渗透,细胞内高浓度的液体可不断地向周围低浓度方向扩散,至内外浓度相等,渗透压平衡时,扩散终止。因此,浓度差是渗透或扩散的推动力,用浸出溶剂或稀浸出液随时"置换"药材周围的浓浸出液,创造最大的浓度梯度是浸出方法和浸出设备设计的关键。

三、浸出溶剂与附加剂

用于药材浸出的液体称为浸提溶剂。浸提溶剂的选择与应用关系到有效成分的充分浸出、制剂的有效性、安全性、稳定性及经济效益的合理性。优良的溶剂应能最大限度地溶解和浸出有效成分,最低限度地浸出无效成分和有害成分;不与有效成分发生化学反应,亦不影响其稳定性和药效;比热小、安全无毒、价廉易得。因此真正符合上述要求的溶剂是很少的,实际工作中常用混合溶剂,或在浸提溶剂中加入适宜的浸提辅助剂。常用浸出溶解和附加剂如下。

(一)浸出溶剂

1. 水

水作溶剂经济易得,极性大,溶解范围广。药材中的生物碱盐类、苷类、苦味质、有机酸盐、鞣质、蛋白质、糖、树胶、色素、多糖类(果胶、黏液质、菊糖、淀粉等),以及酶和少量的挥发油都能被水浸出。其缺点是浸出范围广,选择性差,容易浸出大量无效成分,给制剂滤过带来困难,制剂色泽欠佳、易于霉变,不易贮存。而且也能引起某些有效成分的水解,或促进某些化学变化。

2. 乙醇

乙醇为半极性溶剂,溶解性能介于极性与非极性溶剂之间。可以溶解水溶性的某些成分,如生物碱及其盐类、苷类、糖、苦味质等;又能溶解非极性溶剂所溶解的一些成分,如树脂、挥发油、内酯、芳烃类化合物等,少量脂肪也可被乙醇溶解。乙醇能与水以任意比例混溶。经常利用不同浓度的乙醇有选择性地浸提药材有效成分。一般乙醇含量在90%以上时,适于浸提挥发油、有机酸、树脂、叶绿素等;乙醇含量在50%~70%时,适于浸提生物碱、苷类等;乙醇含量在50%以下时,适于浸提苦味质、蒽醌类化合物等;乙醇含量大于40%时,能延缓许多药物,如酯类、苷类等成分的水解,增加制剂的稳定性;乙醇含量达20%以上时具有防腐作用。

乙醇的比热小,沸点78.2℃,汽化潜热比水小,故蒸发浓缩等工艺过程耗用的热量较水少。但乙醇具有挥发性、易燃性,生产中应注意安全防护。此外,乙醇还具有一定的药理作用,价格较贵,故使用时乙醇的浓度以能浸出有效成分、稳定制备目的为度。

3. 氯仿

氯仿是一种非极性溶剂,能溶解生物碱、苷类、挥发油、树脂等。不能溶解蛋白质、鞣质等。氯仿有防腐作用,常用其饱和水溶液作浸出溶剂。氯仿虽然不易燃烧,但有强烈的药理作用,故在浸出液中应尽量除去。其价格较贵,一般仅用于提纯精制的有效成分。

4. 丙酮

丙酮是一种良好的脱脂溶剂。由于丙酮与水可任意混溶,所以也是一种脱水剂。常用于新鲜动物药材的脱脂或脱水。丙酮也具有防腐作用。丙酮的沸点为56.5℃,具挥发性和易燃性,且有一定的毒性,故不宜作为溶剂保留在制剂中。

5. 乙醚

乙醚是非极性的有机溶剂,微溶于水(1:12),可与乙醇及其他有机溶剂任意混溶。其溶解选择性较强,可溶解树脂、游离生物碱、脂肪、挥发油、某些苷类。大多数溶解于水中的有效成分在乙醚中均不溶解。乙醚有强烈的药理作用。沸点34.5℃,极易燃烧,价格昂贵,一般仅用于提纯精制的有效成分。

(二)附加剂

1. 酸

浸提溶剂中加酸的目的主要是促进生物碱的浸出,提高部分生物碱的稳定性;使有机酸游离,便于用有机溶剂浸提;除去酸不溶性杂质等。为发挥所加酸的最好效能,可将酸一次加于最初的少量浸提溶剂中,当酸化溶剂用完后,只需使用单纯的溶剂,即可顺利完成浸提操作。常用硫酸、盐酸、醋酸、酒石酸、枸橼酸等。酸的用量不宜过多,以能维持一定的pH即可。

2. 碱

碱的应用不如酸普遍。加碱的目的是增加有效成分的溶解度和稳定性。例如,浸提甘草时在水中加入少许氨水,能使甘草酸形成可溶性铵盐,保证甘草酸的完全浸出。再如浸提远志时,若在水中加入少量氨水,可防止远志酸性皂苷水解,产生沉淀。另外,碱性水溶液可溶解内酯、蒽醌及其苷、香豆精、有机酸、某些酚性成分。但碱性水溶液亦能溶解树脂酸,某些蛋白质,使杂质增加。

加碱操作与加酸相同。常用氢氧化铵(氨水),因为它是一种挥发性弱碱,对有效成分破坏作用小,易于控制其用量。对特殊浸提,常选用碳酸钙、氢氧化钙、碳酸钠等。

3. 甘油

甘油与水及醇均可任意混溶,但与脂肪油不相混溶。本品为鞣质的良好溶剂,将其直接加入最初少量溶剂(水或乙醇)中使用,可增加鞣质的浸出;将甘油加至以鞣质为主成分的制剂中,可增强鞣质的稳定性。

4. 表面活性剂

在浸提溶剂中加入适宜的表面活性剂,能降低药材与溶剂间的界面张力,使润湿角变小,促进药材表面的润湿性,利于某些药材成分的浸提。如用水煮醇沉淀法提取黄芩苷,酌加吐温-80可以提高其收得率。

表面活性剂虽然有提高浸出效能的作用,但浸出液中杂质亦较多,所以其对生产工艺、药剂的性质及疗效的影响等,尚待进一步研究。

四、影响浸出的因素

1. 药材粒度

一般来说,药材粉碎得愈细,浸出效果愈好。但是药材粒度太小也不利于浸出。其原因:①过细的粉末对药液和成分的吸附量增加,造成有效成分的损失。②药材粉碎过细,破裂的组织细胞多,浸出的杂质多。③药材粉碎过细给浸提操作带来困难,例如滤过困难,渗漉时易堵塞等。因此,浸提时宜用薄片或粗粉(通过1号筛或2号筛)。

2. 药材成分

由扩散系数 D 得知,分子小的成分先溶解扩散。有效成分多属于小分子物质,主要含于最初部分的浸出液中。但应指出,有效成分扩散的先决条件还在于其溶解度的大小。易溶性物质的分子即使大,也能先浸出来,这一影响因素在扩散公式中未能概括在内。

3. 浸提温度

温度高有利于可溶性成分的溶解和扩散,促进有效成分的浸出。但温度也不宜太高。其原因:①使某些成分被破坏,挥发性成分损失。②无效成分浸出增加,杂质增多。因此,浸提时应控制适宜的温度。

4. 浸提时间

浸提时间愈长,浸提愈完全。但当扩散达到平衡时,时间即不起作用。此外,长时间的浸提会使杂质增加。

5. 浓度梯度

增大浓度梯度能够提高浸出效率。常用的增大浓度梯度的方法有:①不断搅拌;②更换新鲜溶剂;③强制浸出液循环流动;④用流动溶剂渗漉法。

6. 溶剂 pH

调节浸提溶剂的 pH,可利于某些有效成分的提取。如用酸性溶剂提取生物碱,用碱性溶剂提取皂苷等。

7. 浸提压力

提高浸提压力有利于加速润湿渗透过程,缩短浸提时间。同时在加压下的渗透,可使部分细胞壁破裂,亦有利于浸出成分的扩散。但对组织松软的药材,容易润湿的药材,加压对浸出影响不显著。

工作步骤 1 煎煮法

煎煮法是指用水作溶剂,加热煮沸浸提药材成分的一种方法。适用于有效成分能溶于水,且对湿、热较稳定的药材。该法浸提成分范围广,往往杂质较多,给精制带来不利,且煎出液易霉败变质。因其符合中医传统用药习惯,溶剂易得,价廉,至今仍是最广泛应用的基本浸提方法。

1. 操作方法

一般先对药材进行前处理,然后取处方规定量药材,置适宜煎煮器中,加水适量,浸泡适宜时间,加热至沸,保持微沸状态一定时间,分离煎出液,药渣按规定煎煮1~2次,至有效成分充分浸出,合并煎出液,滤过或沉降分离出煎液(汤剂)供使用,或继续浓缩、干燥得浸出药剂的半成品,供进一步制成所需制剂。

2.常用设备

小量生产常用敞口倾斜式夹层锅,也有用搪玻璃或不锈钢罐等。大批量生产用多能提取器、球形煎煮罐等。

多能提取器是一类可调节压力、温度的密闭间歇式提取或蒸馏等多功能设备。其特点是:①可进行常压常温提取,也可以加压高温提取,或减压低温提取。②无论水提、醇提,提取挥发油、回收药渣中溶剂等均能适用。③采用气压自动排渣,操作方便,安全可靠。④提取时间短,生产效率高。⑤设有集中控制台,控制各项操作,大大减轻劳动强度,利于组织流水线生产。

工作步骤 2　浸渍法

浸渍法是指用定量的溶剂,在一定温度下,将药材浸泡一定的时间,以浸提药材成分的一种方法。它是一种静态浸出方法。按提取温度和浸渍次数可分为冷浸渍法、热浸渍法和重浸渍法 3 种。

1.冷浸渍法

该法是在室温下进行的操作,故又称常温浸渍法。其操作是:取药材饮片,置有盖容器中;加入定量的溶剂,密闭,在室温下浸渍 3~5 d 或至规定时间,经常振摇或搅拌,滤过,压榨药渣,将压榨液与滤液合并,静置 24 h 后,滤过,即得浸渍液。此法可直接制得药酒和酊剂。若将浸渍液浓缩,可进一步制备流浸膏、浸膏、片剂、颗粒剂等。

2.热浸渍法

该法是将药材饮片置于特制的罐中,加定量的溶剂(如白酒或稀醇),水浴或蒸气加热,使在 40~60℃进行浸渍,以缩短浸渍时间,余同冷浸渍法操作。制备药酒时常用此法。由于浸渍温度高于室温,故浸出液冷却后有沉淀析出,应分离除去。

3.重浸渍法

即多次浸渍法,此法可减少药渣吸附浸出液所引起的药物成分的损失量。其操作是:将全部浸提溶剂分为几份,先用第一份浸渍后,药渣再用第二份溶剂浸渍,如此重复 2~3 次,最后将各份浸渍液合并处理,即得。

工作步骤 3　渗漉法

渗漉法根据操作方法的不同,可分为单渗漉法、重渗漉法、加压渗漉法、逆流渗漉法。下面重点介绍单渗漉法。

1.单渗漉法

其操作一般包括药材粉碎→润湿→装筒→排气→浸渍→渗漉等 6 个步骤。

①粉碎。药材的粒度应适宜,过细易堵塞,吸附性增强,浸出效果差;过粗不易压紧,溶剂与药材的接触面小,皆不利于浸出。一般以《中国药典》中等粉或粗粉规格为宜。

②润湿。药粉在装渗漉筒前应先用浸提溶剂润湿,避免在渗漉筒中膨胀造成堵塞,影响渗漉操作的进行。一般加药粉 1 倍量的溶剂,拌匀后视药材质地,密闭放置 15 min 至 6 h,以药粉充分地均匀润湿和膨胀为度。

③装筒。药粉装入渗漉筒时应均匀,松紧一致。装得过松,溶剂很快流过药粉,浸出不完全;反之,又会使出液口堵塞,无法进行渗漉。

④排气。药粉填装完毕,加入溶剂时应最大限度地排出药粉间隙中的空气,溶剂始终浸没药粉表面,否则药粉干涸开裂,再加溶剂从裂隙间流过而影响浸出。

⑤浸渍。一般浸渍放置 24～48 h,使溶剂充分渗透扩散,特别是制备高浓度制剂时更显得重要。

⑥渗漉。渗漉速度应符合各项制剂项下的规定。若太快,则有效成分来不及渗出和扩散,浸出液浓度低;太慢则影响设备利用率和产量。一般药材 1 000 g 每分钟流出 1～3 mL;大量生产时,每小时流出液应相当于渗漉容器被利用容积的 1/48～1/24。有效成分是否渗漉完全,虽可由渗漉液的色、味、嗅等辨别,如有条件时还应作已知成分的定性反应加以判定。若用渗漉法制备流浸膏时,先收集药物量 85% 的初漉液另器保存,续漉液用低温浓缩后与初漉液合并,调整至规定标准;若用渗漉法制备酊剂等浓度较低的浸出制剂时,不需要另器保存初漉液,可直接收集相当于欲制备量的 3/4 的漉液,即停止渗漉,压榨药渣,压榨液与渗漉液合并,添加乙醇至规定浓度与容量后,静置,滤过即得。

2. 重渗漉法

该法是将渗漉液重复用作新药粉的溶剂,进行多次渗漉以提高渗漉液浓度的方法。例如欲渗漉药粉100 g,可分为 500 g、300 g、200 g 3 份,分别装于 3 个渗漉筒内,将 3 个渗漉筒串联排列,先用溶剂渗漉 500 g 装的药粉,收集初漉液 200 mL,另器保存;续漉液依次流入 300 g 装的药粉,又收集初漉液 300 mL,另器保存;继之又依次将续漉液流入 200 g 装的药粉,收集初漉液 500 mL。将 3 份初漉液合并,共得 1 000 mL。剩余继漉液,供以后渗漉同一品种新粉之用。重渗漉法的特点:①溶剂用量少,利用率高。②渗漉液中有效成分浓度高,不经浓缩可直接得到 1∶1(1 g 药材∶1 mL 药液)的浓液,成品质量好,避免了有效成分受热分解或挥发损失。③该法所占容器太多,操作较麻烦。

工作步骤 4　回流法

回流法是指利用乙醇等易挥发的有机溶剂提取药材成分,将浸出液加热蒸馏,其中挥发性溶剂馏出后又被冷凝,重复流回浸出器中浸提药材,这样周而复始,直至有效成分回流提取完全的方法。其可分为回流热浸法和循环回流冷浸法。

(1)回流热浸法。将药材饮片或粗粉装入圆底烧瓶内,加溶剂浸没药材表面,浸泡一定时间后,于瓶口上安装冷凝管,并接通冷凝水,再将烧瓶用水浴加热,回流浸提至规定时间,将回流液滤出后,再添加新溶剂回流,合并各次回流液,用蒸馏法回收溶剂,即得浓缩液。

(2)循环回流冷浸法。小量药粉可用索氏提取器提取。大量生产时采用循环回流冷凝装置,其原理同索氏提取器。

(3)回流法的应用特点。该法较渗漉法的溶剂耗用量少,因为溶剂能循环使用。但回流热浸法溶剂只能循环使用,不能不断更新;而循环回流冷浸法溶剂既可循环使用,又能不断更新,故溶剂用量最少,浸出较完全。但应注意,回流法由于连续加热,浸出液在蒸发锅中受热时间较长,故不适用于受热易破坏的药材成分浸出。若在其装置上连接薄膜蒸发装置,则可克服此缺点。

工作步骤 5　水蒸气蒸馏法

水蒸气蒸馏法是指将含有挥发性成分的药材与水共蒸馏,使挥发性成分随水蒸气一并馏出的一种浸提方法。其基本原理是根据道尔顿(Dalton)定律,相互不溶也不起化学作用的液体混合物的蒸气总压,等于该温度下各级分饱和蒸气压(即分压)之和。因此,尽管各组分本身的沸点高于混合液的沸点,但当分压总和等于大气压时,液体混合物即开始沸腾并被蒸馏出来。因为混合液的总压大于任一组分的蒸气分压,故混合液的沸点要比任一组分液体单独存在时低。例如,苯在常压下沸点为 80.1℃,与水相混蒸馏时,到达 69.25℃即沸腾,此时苯的蒸气分压为 71.2 kPa,水的分压为 30.1 kPa。苯的相对分子质量为 78,水的相对分子质量为 18,故在 69.25℃时,苯以 91.1%,水以 8.9%的重量比例蒸馏出来。

水蒸气蒸馏法多用于挥发油的提取。如果处方内药材既需要挥发性成分,又需要不挥发性成分时,可采用"双提法"。双提法是先将药材用蒸馏法提出挥发性成分,再以水提醇沉法或其他方法提取不挥发性成分,最后将两部分合并即得。

工作步骤6　浸提新技术

随着高新技术的发展,在中药有效成分提取过程中也得到了探索性地应用。以下浸提新技术也会在兽药生产中得到应用如①超临界流体萃取(简称 SCFE);②超声提取技术;③酶法;④半仿生提取法等。

工作步骤7　浸出液的精制

1. 水提醇沉淀法(水醇法)

本法是先以水为溶剂提取药材有效成分,再用不同浓度的乙醇沉淀去除提取液中杂质的精制方法。

药材中各种成分在水和乙醇中的溶解性不同,通过水和不同浓度的乙醇交替处理,可保留生物碱盐类、苷类、氨基酸、有机酸盐等有效成分;去除蛋白质、糊化淀粉、黏液质、油脂、脂溶性色素、树脂、树胶、部分糖类等杂质。通常认为,料液中含乙醇量达到 50%～60%时,可去除淀粉等杂质,当含醇量达 75%以上时,除鞣质、水溶性色素等少数无效成分外,其余大部分杂质均可沉淀而去除。

调药液含醇量达到某种浓度时,只能将计算量的乙醇加入到药液中,而用乙醇计直接在含醇的药液中测量的方法是不正确的。

该精制方法是将中药材饮片先用水提取,再将提取液浓缩至约 1 mL 相当于原药材 1～2 g,加入适量乙醇,静置冷藏适当时间,分离去除沉淀,最后制得澄清的液体。操作时应注意以下问题。

(1)药液的浓缩。水提取液应经浓缩后再加乙醇处理,这样可减少乙醇的用量,使沉淀完全。浓缩时最好采用减压低温,特别是经水、醇反复数次沉淀处理后的药液不宜用直火加热浓缩。浓缩前后可视情调节 pH,以保留更多的有效成分,尽可能除去无效物质。

(2)加醇方式。通常可分两种方式,一为分次醇沉,即每次回收乙醇后再加乙醇调至规定含醇量,使含醇量逐步提高,这样有利于除去杂质,减少杂质对有效成分的包裹,一并沉出损失。二为梯度递增法醇沉,即逐步提高乙醇浓度,最后回收乙醇,其操作方便,但乙醇用量大。不管用何种加醇方式,操作时皆应将乙醇慢慢地加入到浓缩药液中,边加边搅拌,使含醇量逐步提高,杂质慢慢分级沉出。

(3)冷藏与处理。加乙醇时药液的温度不能太高,加至所需含醇量后,将容器口盖严,以防止乙醇挥发。该含醇药液慢慢降至室温后,再移置冷库中,于 5～10℃下静置 12～24 h(加速胶体杂质凝聚),若含醇药液降温太快,微粒碰撞机会减少,沉淀颗粒较细,难于滤过。待充分静置冷藏后,先虹吸上清液,可顺利滤过,下层稠液再慢慢抽滤,并以同浓度乙醇适量洗涤沉淀,以减少药液成分的损失

2. 醇提水沉淀法(醇水法)

本法是指先以适宜浓度的乙醇提取药材成分,再用水除去提取液中杂质的方法。其原理与操作大致与水醇法相同。适用于蛋白质、黏液质、多糖等杂质较多的药材的提取和精制,使它们不易被醇提出。但由于先用乙醇提取,树脂、油脂、色素等杂质可溶于乙醇而被提出,故将醇提取液回收乙醇后,再加水搅拌,静置冷藏一定时间,待这些杂质完全沉淀后滤过去除。

3. 萃取法

本法是指某些中药的有效成分在有机溶剂,如氯仿、苯、乙醚等中的溶解度大于水中的溶解度,而有机溶剂与水又不相混溶的性质,利用有机溶剂把有效成分从水中分离出来。例如,将含生物碱的中药,先用水煎煮 2～3 次,合并煎液,浓缩后调至碱性,使生物碱游离析出,然后用氯仿反复萃取,得到生物碱氯仿提取液,回收氯仿,则得生物碱提取物,可配制注射液。

4. 酸碱沉淀法

此法是利用某些中药有效成分在水中的溶解度与其溶液酸碱度相关的性质,从而除去水提液的杂质。例如,多数苷元(如蒽醌类、黄酮类、香豆精)、内酯、树脂、多元酚、芳香酸等在碱性水溶液中较易溶解,故可用碱水提取,然后加酸促使产生沉淀而析出,无效成分则仍留在溶液中,两者分离开来。

工作步骤 8　浸出液的浓缩

浓缩是中药制剂原料成型前处理的重要单元操作。中药提取液经浓缩制成一定规格的半成品,或进一步制成成品,或浓缩成过饱和溶液,使其析出结晶。

在实际生产中,除以水为溶剂提取药材成分外,经常是以乙醇或其他有机溶剂提取精制的药液,浓缩时如果不回收蒸气,不仅污染环境,而且是极大的浪费,甚至造成危险。因此,浓缩设备与蒸馏设备常常是通用的。浓缩与蒸馏皆是在沸腾状态下,经传热过程,将挥发性大小不同的物质进行分离的一种工艺操作,但是浓缩只能把不挥发或难挥发性的物质与该温度下具有挥发性的溶剂(如乙醇或水)分离至某种程度,得到浓缩液,不以收集挥散的蒸气为目的;而蒸馏是把挥发性不同的物质尽可能彻底分离,并以生成的气体再凝结成液体为目的,即必须收集挥散的蒸气。

蒸发是浓缩药液的重要手段,此外,还可以采用反渗透法、超滤法等使药液浓缩。工业生产中常采用常压浓缩、减压浓缩、薄膜浓缩和多效浓缩。

1. 常压浓缩

液体在一个大气压下的蒸发浓缩。被浓缩液体中的有效成分是耐热的,而溶剂又无燃烧性,无毒害,无经济价值,可用此法进行浓缩。常压浓缩可在有限与无限空间中进行,如以乙醇等有机溶剂提取液应在有限空间进行,即蒸馏。如以水为溶剂的提取液多在无限空中进行。常用设备多用敞口倾倒式夹层锅、常压蒸馏装置等。

2. 减压浓缩

它是在密闭的容器内,抽真空使液体在低于一个大气压下的蒸发浓缩。由于压力降低,溶液的沸点降低,能防止或减少热敏性物质的分解;增大传热温度差,强化蒸发操作;并能不断地排出溶剂蒸气,有利于蒸发顺利进行;同时,沸点降低,可利用低压蒸气或废气加热。但是,溶液沸点降低,其汽化潜热随之增大,即减压蒸发比常压蒸发消耗的加热蒸气的量要多。尽管如此,由于减压浓缩的优点多于缺点,为了回收有机溶剂或其他目的,应用较普遍。减压浓缩常用的设备有减压蒸馏器和真空浓缩罐。

3. 薄膜浓缩

薄膜浓缩使药液剧烈地沸腾,产生大量泡沫,以泡沫的内外表面为蒸发面进行蒸发。一般采用流量计控制液体流速,以维持液面恒定,否则也易发生药液变稠后易黏附在加热面上,加大热阻,影响蒸发。薄膜浓缩常用的设备有升膜式蒸发器、降膜式蒸发器、刮板式薄膜蒸发器、离心式薄膜蒸发器,在此重点介绍升膜式蒸发器的工作原理与特点。

工作步骤 9　浸出液的干燥

干燥是指利用热能除去含湿的固体物质或膏状物中所含的水分或其他溶剂,获得干燥物品的工艺操作。在中药浸出液中常用干燥方法有常压干燥、减压干燥、沸腾干燥和喷雾干燥等。

1. 常压干燥

常压干燥是指在常压下,利用干热空气进行干燥的方法。此法适用于对热稳定的药物。如用烘房和烘箱干燥,但干燥时间长,易因过热引起成分的破坏,干燥品较难粉碎。另外使用滚筒式干燥则可避免这些问题。滚筒式干燥是将湿物料蘸附在金属转鼓上,利用传导方法提供汽化所需热量,使物料得到干燥。此法蒸发面及受热面均显著增大,可显著地缩短干燥时间,减少成分因受热的损失。干燥品呈薄片状,易于粉碎。适用于中药浸膏的干燥和膜剂的制备。设备可分单鼓式和双鼓式两种。

2. 减压干燥

又称真空干燥。它是在密闭的容器中抽去空气后进行干燥的一种方法。其特点是干燥的温度低,干燥速度快;减少了物料与空气的接触机会,避免污染或氧化变质;产品呈松脆的海绵状、易于粉碎;适用于热敏性物料,或高温下易氧化,或排出的气体有价值、有毒害、有燃烧性等物料,可将这些气体回收。但生产能力小,间歇操作,劳动强度大。

3. 沸腾干燥

又称流床干燥。它是利用热空气流使湿颗粒悬浮,呈流态化,似"沸腾状",热空气在湿颗粒间通过,在动态下进行热交换,带走水气而达到干燥的目的。其特点是适于湿粒性物料的干燥,如片剂、颗粒剂制备过程中湿颗粒的干燥和水丸的干燥;气流阻力较小,物料磨损较轻,热利用率较高;干燥速度快,产品质量好,一般湿颗粒流化干燥时间为 20 min 左右,制品干湿度均匀,没有杂质带入;干燥时不需翻料,且能自动出料,节省劳动力;适于大规模生产,组织片剂生产的流水线作业。但热能消耗大,清扫设备较麻烦,尤其是有色颗粒干燥时给清洗工作带来困难。

沸腾干燥设备有多种形式:①单层圆筒沸腾干燥床。②多层圆筒沸腾干燥床。③卧式多室沸腾干燥床。目前使用较广的是负压卧式沸腾干燥床。其主要结构由空气预热器、沸腾干燥室、旋风分离器、细粉捕集室和排风机等组成。该设备与多层圆筒沸腾干燥床相比,流体阻力较低,操作稳定可靠,产品干燥程度均匀,且物料的破碎率低。

4. 喷雾干燥

此法是流化技术用于液态物料干燥的一种较好方法。其特点是利用雾化器将一定浓度的液态物料,喷射成雾状液滴,落于一定流速的热气流中进行热交换,在数秒钟内完成水分的蒸发,获得粉状或颗粒状干燥制品。因是瞬间干燥,特别适用于热敏性物料;产品质量好,多为松脆的颗粒或粉粒,溶解性能好,且保持原来的色香味;可根据需要控制和调节产品的粗细度和含水量等质量指标。喷雾干燥不足之处是进风温度较低时,热效率只有 30%～40%;设备的清洗较麻烦。有人用蒸气熏洗法,收到较好的效果。

喷雾器是喷雾干燥器的关键组成部分。它影响到产品的质量和能量消耗。常用喷雾器有3 种类型:①压力式喷雾器;②气流式喷雾器;③离心式喷雾器。目前我国较普遍采用的是压力式喷雾器,它适用于黏性药液,动力消耗最小,但需附有高压液泵将料液压至 20～200 个大气压后通入喷嘴,喷嘴内有螺旋室,料液在其中高速旋转,然后从出口的小孔处呈雾状喷出。气流式喷雾器结构简单,适用于任何黏度或稍带固体的料液,但需在(0.15～0.61 MPa)压缩空气流的推动下,使料液随气流通过喷嘴(3 个同心套管组成)时呈雾状喷出。离心式喷雾器适用于高黏度或带固体颗粒料液的干燥。它是利用高速旋转的离心盘(4 000～20 000 r/min)将注于其上的料液从盘边缘甩出而成雾状。其动力消耗介于压力式喷雾器和气流式喷雾器之间,但造价较高。

热空气与料液在干燥室内流向可分为 3 种类型:①并流型。气液两相同方向流动,有的向下并流,有的向上并流,前者应用较多。可采用温度较高的热风,适用于热敏性物料的干燥。②逆流型。气液两相作方向相反的流动,雾滴悬浮时间长,成品水分较低,适用于水分大的料液。③混流型。气液两相先逆流,后并流混合交错流动,液滴运动轨迹较长,具有并流和逆流型干燥的特性,适于不易干燥的料液。

喷雾干燥法在中成药生产中已逐步采用。关键在于调节提取液的密度、雾滴大小、进风温度和出风温度。含挥发性成分的药材,应先提取挥发性成分后,再制备提取液进行喷雾干燥。含糖类和胶质成分较多的提取液,喷雾干燥的工艺参数更难掌握。复方制剂中如含贵重药物,不宜采取喷雾干燥法。

5. 冷冻干燥

它是将被干燥液体物料冷冻成固体,在低温减压条件下,利用冰的升华性能,使物料低温脱水而达到干燥目的,故又称升华干燥。其特点是物料在高度真空及低温条件下干燥,故对某些极不耐热物品的干燥很适合,如天花粉针、淀粉止血海绵及血浆、血清、抗菌素等生物制品,能避免因高温分解变质;干燥制品多孔疏松,易于溶解;含水量低,一般为 1%～3%,有利于药品长期贮存。冷冻干燥需要高度真空及低温,设备特殊,成本较高,故目前中成药生产中尚不能普遍采用。

浸出工艺举例

麻杏石甘汤制备

处方:麻黄　　　　625 g

炒杏仁　　　　625 g

生石膏　　　　　625 g

炙甘草　　　　　156 g

制法:取石膏打碎,用白布包裹,先煎煮 30 min,加入麻黄煎煮去沫,再加入杏仁、甘草按煎煮法煎煮两次,每次煮沸 30 min,合并煎煮液,过滤,浓缩至 1 000 mL 即可。

巩固训练

1. 设计应用浸渍工艺制备陈皮酊剂的处方、工艺并加以说明。

2. 设计应用渗漉工艺制备陈皮酊剂的处方、工艺并加以说明。

3. 操作煎煮法、浸渍法、渗漉法、回流法、水蒸气蒸馏法的设备练习。

4. 操作常压浓缩、减压浓缩、薄膜浓缩、多效浓缩的设备练习。

5. 操作常压干燥、减压干燥、沸腾干燥、喷雾干燥、冷冻干燥的设备练习。

6. 练习水提醇沉法与醇提水沉法的操作要领。

 # 任务 2　中药注射剂制备

基础知识

中药注射剂(亦称针剂),是指从药材中提取有效物质制成的供注入体内的灭菌溶液。

中药注射剂的制备工艺主要包括以下几个环节:原料药的预处理→提取与精制→配液与过滤→灭菌和漏气检查→质量检查→印字与包装等。

工作步骤 1　中药注射剂原液的提取

中药注射剂原液的提取同浸出药剂的提取,可采用煎煮法、渗滤法、浸渍法、回流提取等,也可采用水蒸气蒸馏法、双提法等。如柴胡、野菊花、鱼腥草、艾叶、徐长卿、防风、细辛、大蒜、薄荷、荆芥等均宜用蒸馏法提取有效成分。如果处方内药材既需要挥发性成分,又需要不挥发性成分时,可采用"双提法"。双提法是先将药材用蒸馏法提出挥发性成分,再以水提醇沉法或其他方法提取不挥发性成分,最后将两部分合并,供配注射液用。

工作步骤 2　中药注射剂原液的精制

除了采用水提醇沉、醇提水沉、萃取、酸碱沉淀、石硫法、离子交换法等方法外,超滤法在实际生产中更符合中药注射剂的生产要求。

中药水煎液中有效成分的相对分子质量多在 1 000 以下,而一般无效成分(鞣质、蛋白质、树脂等)分子质量较大,在常温和一定压力下(外源氮气压或真空泵压),将中药提取液通过一种装有高分子多微孔膜的超滤器,可达到去除杂质,保留有效成分的目的。常用的高分子膜有醋酸纤维膜(CA 膜)、聚砜膜(PS 膜)等。通常选用截留蛋白质相对分子质量为 10 000～30 000 的膜孔范围,用于中药注射剂的制备。本法的特点是:①以水为溶剂,保持传统的煎煮方法;②操作条件温和,不加热,不用有机溶剂,有利于保持原药材的生物活性和有效成分的稳定性;③易于除去鞣质等杂质,注射剂的澄明度和稳定性较好。

工作步骤 3　药液配制

中药注射剂的配液同化学药物的配液,但由于其化学成分的多样性和复杂性,在浓度表示方式上有别于化学药物,主要有3种表示方法:①按有效成分的百分浓度表示,适用于有效成分已明确,并已提取出单体者;②按总提取物的百分浓度或每毫升含总浸出物的量表示;适用于干燥提取物(未制成单体的)配制的注射液;③按每毫升注射液相当于多少克中药材来表示,适用于有效成分不明确的中药注射液。例如用200 g中药材经提取精制后,配成100 mL注射液,即1 mL注射液相当于2 g中药材。

工作步骤 4　成品生产

滤过、灌封、灭菌、漏气检查和印字与包装等前叙。

工作步骤 5　解决质量问题

1. 澄明度

中药注射剂往往在灭菌或在贮藏工程中产生混浊或沉淀,产生这些问题的原因及解决办法有:

(1)除尽杂质。对于成分不明的中药注射剂,按常规方法制备澄明度往往不易合格。这是因为注射液中含有未彻底清除的淀粉、树胶、蛋白质、鞣质、树脂、色素等杂质,以胶体状态存在,当温度、pH等因素改变后,胶体老化而呈现混浊或沉淀。其中尤以鞣质与树脂对澄明度影响较大。除去鞣质的方法很多,最常用的主要有以下几种。

①明胶沉淀法。利用蛋白质与鞣质在水溶液中形成不溶性鞣酸蛋白沉淀然后将其除去的办法。在中药水煎液的浓缩液中,加2%~5%明胶溶液,至不产生沉淀为止。静置后过滤除去鞣酸蛋白沉淀,滤液浓缩后加乙醇使含醇量达75%以上,以除去过量的明胶。蛋白质与鞣质的反应通常在pH 4~5时最灵敏,所以最好在此条件下进行。也有在加明胶后,不过滤而直接加入乙醇处理,这种方法叫改良明胶法。实验证明此法可减少明胶对有效成分的吸附。

②醇溶液调pH法。在水煎的药材浓缩液中,加入约4倍量的乙醇(含醇量在80%以上)。放置滤除沉淀后,于醇溶液中,用40%氢氧化钠溶液调至pH 8.0,则鞣质成盐不溶于醇而析出。放置过滤,经此法处理能除去大部分鞣质,一般醇浓度和pH越高,则鞣质除去的越多。

③聚酰胺除鞣质法。鞣质是一种多元酚的化合物,很易被聚酰胺吸附,故可用聚酰胺除去中药注射剂中的鞣质。

(2)调节药液适宜的pH。中药某些成分的溶解性与溶液的pH关系很大。如果pH不适,则会产生沉淀。为保证有效成分的溶解,使注射剂稳定,应选择适宜的pH,一般有效成分是碱性的(如生物碱),药液宜调至偏酸(pH 4~5),有效成分是酸性(如有机酸)或弱酸性的(如蒽醌类),药液宜调至偏碱性(pH 7.5~8.5)。此外,在加热灭菌过程中,由于一些成分水解(酯、苷类)、氧化(醛类),产生酸性物质,使溶液的pH下降,可在配制时,将pH稍调高些,或加入缓冲剂。以防止pH变化而产生沉淀。

(3)热处理冷藏法。中药注射液中,如果所含高分子杂质呈胶体分散,则在加热灭菌时,高温可以破坏胶体,使之凝结析出,低温可降低其动力稳定性使之聚结沉淀,故可在将药液封入安瓿之前,先装入适当容器中(如输液瓶)密塞,100℃流通蒸气或热压处理30 min,再冷藏放置经一定时间后过滤,除去沉淀杂质。

（4）合理使用增溶剂。中药成分复杂，杂质往往不易除净，有些有效成分在水中溶解度也不大，溶液虽然暂时处于稳定状态，但在灭菌和放置过程中，由于条件变化，有的可立即产生混浊或沉淀。析出的沉淀，可能是杂质，也可能是有效成分，这些情况，可考虑加入适量增溶剂，如吐温-80、胆汁等，一般澄明度可得到改善。

（5）另外影响澄明度的因素有纤维、白点、玻璃屑、浑浊和碳化等。对此则应控制环境洁净度，洁净区域的操作人员必须穿戴规定的工作服（防静电、防脱落纤维）进入生产区；采用耐腐蚀性安瓿，并严格前处理程序；设计合理的滤过方法、选择有效的滤器是提高澄明度的重要环节，可选用微孔滤膜或超滤进行处理；调整灌装速度和高度，避免产生焦头等碳化现象等。

2. 刺激与疼痛

（1）有效成分本身具刺激性，如黄芩中的黄芩素及药材中的挥发油都可产生局部的刺激作用而引起疼痛。在不影响疗效的前提下，一般采用降低药物浓度、调节 pH、酌加止痛剂等方法来解决。若刺激性太大则不宜制成注射剂。

（2）杂质含量多，尤其是鞣质，去除方法可参见澄明度中除鞣质方法。另外较高的钾离子浓度也会引起疼痛。

（3）其他引起刺激与疼痛的因素如渗透压、pH 等，应注意调节。

3. 复方配伍问题

复方注射液中，往往各种中药所含的有效成分性质不同，如果按照同一种方法提取纯化，可能影响提取效果而使某些有效成分损失，或者由于配伍问题使成分之间产生相互作用，而影响到成品的质量和疗效。如复方黄芩注射液处方由黄芩、黄柏、蒲公英、大黄四味中药组成，都具有清热解毒功能，从中医用药来看互相配合作用应该更好，但用水提醇沉法制成注射液，疗效并不理想，注射液经分析，没有生物碱反应，黄芩苷含量低，经调整处方，去除黄柏，将蒲公英、大黄按水提醇沉法纯化，再加入提出的黄芩苷制成注射液，体外抑菌作用明显，质量稳定，疗效也较好。

中药注射剂举例

穿心莲注射液制备

本品为穿心莲水醇法提取制成的灭菌水溶液。

制法：取穿心莲，加水煎煮两次，合并煎液，浓缩，加入乙醇，静置，滤过，滤液回收乙醇，滤过，滤液加入注射用水至全量，调节 pH，灌封，灭菌，即得。

巩固训练

1. 设计黄芪多糖注射液的处方、工艺并加以说明。
2. 应用中药提取物设计银黄注射液的处方、工艺并加以说明。

项目**13**

药物制剂新技术

🍁 知识目标

　　1．理解固体分散体、包合物、微囊、透皮剂制备的原理。

　　2．熟悉各种新技术应用材料的性能。

　　3．掌握固体分散体、包合物、微囊、透皮剂制备的基本工艺路线。

🍁 技能目标

　　1．能合理应用各种新技术应用的材料和附加剂。

　　2．会进行固体分散体、包合物、微囊、透皮剂的试验制备方法。

基础知识

　　目前，在临床兽药使用上，散剂、注射剂、片剂等传统剂型仍然占主导地位，随着畜牧养殖业的发展和兽药新制剂研究开发的逐步深入，迫切需要改善传统剂型的一些不足，以达到药物疗效更好，投药更方便，投药次数更少等目的。近年来，一些药物新制剂技术包括固体分散体技术、包合技术、微囊技术以及透皮给药技术开始在兽药研发与生产中逐渐应用，本章对目前新制剂研发生产中应用较多，且能改变药物的物理性质或释药性能的新技术进行阐述。

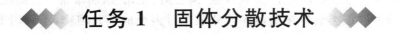

◆◆◆ 任务 1　固体分散技术 ◆◆◆

　　固体分散技术是 20 世纪 60 年代初开始发展起来的固体分散在固体中的新技术，通常是一种难溶性药物以分子、胶态、微晶或无定型状态，分散在另一种水溶性材料中呈固体分散体，或分散在难溶性、肠溶性材料中呈固体分散体。研究表明，应用固体分散技术，可显著改善难溶性药物的溶解度、溶出速率及生物利用度和药物的毒性。近年来，采用以水溶性聚合物、脂溶性材料、脂质材料等为载体制备的固体分散体，制备缓释和控释制剂，大大扩展了固体分散技术的应用范围。固体分散体作为中间体，可以根据需要制成胶囊剂、软膏剂、栓剂、粉散剂及注射剂等。其中粉散剂、片剂、滴丸剂及注射剂在兽药生产中有重要意义。而固体分散体的特性,如溶出速率等在很大程度上取决于所用载体材料的特性。

一、载体材料

(一)水溶性载体材料

常用的水溶性载体材料包括高分子聚合物、表面活性剂、尿素、有机酸及糖类等。

1. 聚乙二醇类

聚乙二醇类(PEG)具有良好的水溶性[1:(2～3)],也能溶于多种有机溶剂,使药物以分子状态存在,且在溶剂蒸发过程中黏度骤增,可阻止药物聚集。一般选用相对分子质量1 000～20 000的作固体分散体的载体材料,最常用的是 PEG4000 或 PEG6000,它们的熔点低(50～63℃),毒性较小,化学性质稳定(但 180℃以上分解),能与多种药物配伍。对于油类药物,多用 PEG12000 或 PEG6000 与 PEG20000 的混合物作载体。单用 PEG6000 作载体则固体分散体变软,特别当温度较高时可使载体发黏。采用滴制法制成固体分散体丸时,常用PEG6000,也可加入硬脂酸调整其熔点。聚氧乙烯(40)单硬脂酸酯可使一些在 PEG6000 中溶解不良的药物溶解度明显增加,提高溶出速率和生物利用度,但其吸湿性比 PEG 大。

2. 聚维酮类

聚维酮(PVP)是无定形高分子聚合物,无毒、熔点较高,对热稳定,但加热到 150℃变色,易溶于水和多种有机溶剂,对多种药物有较强的抑晶作用,但成品对湿稳定性差,贮存过程中易吸湿而析出药物结晶。PVP 类现有规格包括:PVP_{k15}(平均相对分子质量 M_{av} 约 1 000)、PVP_{k30}(M_{av} 约 4 000)及 PVP_{k90}(M_{av} 约 360 000)等。

3. 表面活性剂类

作为载体材料的表面活性剂大多含聚氧乙烯基,其特点是溶于水或有机溶剂,载药量大,在蒸发过程中可阻滞药物产生结晶,是较理想的速效载体材料。常用的有泊洛沙姆 188(poloxamer 188,即 pluronic F68),为片状固体,毒性小,对黏膜的刺激性极小,可用于静脉注射。应用 poloxamer 188 作载体,采用熔融法或溶剂法制备固体分散体,可大大提高溶出速率和生物利用度,其增加药物溶出的效果明显大于 PEG 载体,是较理想的速效固体分散体的载体。另外还有聚氧乙烯(HPC)、聚羧乙烯等(HPMC)。

4. 有机酸类

该类载体材料的分子质量较小,如枸橼酸、酒石酸、琥珀酸、胆酸及脱氧胆酸等,易溶于水而不溶于有机溶剂。该类载体在制备固体分散体时多形成低共熔物,不适用于对酸敏感的药物。

5. 尿素

尿素极易溶解于水。稳定性高是其特点。由于本品具有利尿和抑菌作用,主要应用于利尿药类或增加排尿量的难溶性药物作固体分散体的载体。如用于制备氢氯噻嗪和尿素的固体分散体(1:19),最初的溶出速率为结晶的氢氯噻嗪 5 倍,如 52%磺胺噻唑与 48%尿素形成的低共熔混合物的熔点为 112℃,在室温呈固态。在水中尿素迅速溶解,析出的磺胺噻唑微晶形成混悬液,口服后达到最高血药浓度快,吸收量与排泄量也明显增加。

6. 糖类与醇类

作为载体材料的糖类常用的有右旋糖、半乳糖和蔗糖等,醇类有甘露醇、山梨醇、木糖醇等。它们的特点是水溶性好,毒性小,因为分子中有多个羟基,可同药物以氢键结合生成固体分散体,适用于剂量小、熔点高的药物,尤其以甘露醇为最佳。

(二)难溶性载体材料

1. 纤维素

常用的如乙基纤维素(EC),其特点是溶于有机溶剂,含有羟基能与药物形成氢键,有较大的黏性,载药量大、稳定性好、不易老化。

2. 聚丙烯酸树脂类

含季铵基的聚丙烯酸树脂 Eudragit(包括 E,RL 和 RS 等几种)。此类产品在胃液中可溶胀,在肠液中不溶,不被吸收,对机体无害,广泛用于制备具有缓释性的固体分散体。有时为了调节释放速率,可适当加入水溶性载体材料,如 PEG 或 PVP 等。

3. 其他类

常用的有胆固醇、β-谷甾醇、棕榈酸甘油酯、胆固醇硬脂酸酯、巴西棕榈蜡及蓖麻油蜡等脂质材料,均可做成缓释性固体分散体,亦可加入表面活性剂、糖类、PVP 等水溶性材料,以适当提高其释放速率,达到满意的缓释效果。

(三)肠溶性载体材料

1. 纤维素类

常用的有醋酸纤维素酞酸酯(CAP),羟丙甲纤维素酞酸酯(HPMCP,其商品有两种规格,分别为 HP50、HP55)以及羧甲乙纤维素(CMEC)等,均能溶于肠液中,可用于制备胃中不稳定的药物在肠道释放和吸收、生物利用度高的固体分散体。由于它们的化学结构不同,黏度有差异,释放速率也不相同。CAP 可与 PEG 联用制成固体分散体,可控制释放速率。

2. 聚丙烯酸树脂类

常用Ⅱ号及Ⅲ号聚丙烯酸树脂,前者在 pH 6 以上的介质中溶解,后者在 pH 7 以上的介质中溶解,有时两者联合使用,可制成缓释速率较理想的固体分散体。

二、固体分散体的类型

固体分散体主要有 3 种类型。

(一)简单低共熔混合物

药物与载体材料两者共熔后,骤冷固化时,如两者的比例符合低共熔物的比例,可以完全融合而全部形成固体分散体,即药物仅以微晶形式分散在载体材料中成为物理混合物,但不能或很少可能形成固体溶液。

(二)固态溶液

药物在载体材料中或载体材料在药物中以分子状态分散时,称为固态溶液。按药物与载体材料的互溶情况,分完全互溶或部分互溶,按晶体结构,可分为置换型和填充型。如氟苯尼考固体分散体,以 PEG6000 为载体材料,采用熔融法,所得分散体系即为固态溶液。

(三)共沉淀物

共沉淀物(也称共蒸发物)是由药物与载体材料二者以恰当比例形成的非结晶性无定形物,有时称玻璃态固熔体,因其具有如玻璃的质脆、透明、无确定的熔点。常用载体材料为多羟基化合物,如枸橼酸、蔗糖、PVP等。

工作步骤 1　熔融法

将药物与载体材料混匀,加热至熔融,在剧烈搅拌下迅速冷却成固体,或将熔融物倾倒在不锈钢板上成薄层,在板的另一面吹冷空气或用冰水,使其骤冷成固体。再将此固体在一定温度下放置变脆成易碎物,放置的温度及时间视不同的品种而定。如药物—PEG类固体分散体只需在干燥器内室温放置一至数日即可,而灰黄霉素—枸橼酸固体分散体需37℃或更高温度下放置多日才能完全变脆。为了缩短药物的加热时间,亦可将载体材料先加热熔融后,再加入已粉碎的药物(过60~80目筛)。本法的关键在于必须由高温迅速冷却,以达到高的过饱和状态,使多个胶态晶核迅速形成而得高度分散的药物,而非粗晶。本法简便、经济,适用于对热稳定的药物,多用熔点低、不溶于有机溶剂的载体材料,如PEG类、枸橼酸、糖类等。

也可将熔融物滴入冷凝液中使之迅速收缩、凝固成丸,这样制成的固体分散体俗称滴丸。常用的冷凝液有液状石蜡、植物油、甲基硅油以及水等。在滴制过程中能否成丸,取决于丸滴的内聚力是否大于丸滴与冷凝液的黏附力。冷凝液的表面张力小,丸形就好。

工作步骤 2　溶剂法

溶剂法亦称共沉淀法。将药物与载体材料共同溶于有机溶剂中,蒸去有机溶剂后使药物与载体材料同时析出,即可得到药物在载体材料中混合而成的共沉淀固体分散体,经干燥即得。常用的有机溶剂有氯仿、无水乙醇、95%乙醇、丙酮等。本法的优点为避免高热,适用于对热不稳定或易挥发的药物。可选用能溶于水或多种有机溶剂、熔点高、对热不稳定的载体材料,如PVP类、半乳糖、甘露糖、胆酸类等。PVP熔化时易分解,只能用溶剂法。但由于使用有机溶剂的用量较大,有时有机溶剂难以完全除尽,且成本高。固体分散体中含有少量有机溶剂时,除对动物体造成危害外,还易引起药物重结晶而降低药物的分散度。不同有机溶剂所得的固体的分散度也不同,如螺内酯,在乙醇、乙腈和氯仿中,以乙醇所得的固体分散体的分散度最大,溶出速率也最高,而用氯仿所得的分散度最小,溶出速率也最低。

工作步骤 3　溶剂—熔融法

将药物先溶于适当溶剂中,将此溶液直接加入已熔融的载体中搅拌均匀,按熔融法固化即得。但药物溶液在固体分散体中所占的量一般不得超过10%(质量分数),否则难以形成脆而易碎的固体。本法可适用于液态药物,如鱼肝油、维生素A、维生素D、维生素E等,但只适用于剂量小于50 mg的药物。凡适用于熔融法的载体材料均可采用。制备过程一般除去溶剂的受热时间短,产物稳定,质量好。但注意选用毒性小的溶剂,与载体材料应易混合。通常药物先溶于溶剂再与熔融载体材料混合,必须搅拌均匀,防止固相析出。

工作步骤4　溶剂—喷雾(冷冻)干燥法

将药物与载体材料共溶于溶剂中,然后喷雾或冷冻干燥,除尽溶剂即得。溶剂—喷雾干燥法可连续生产,溶剂常用 $C_1 \sim C_4$ 的低级醇或其混合物。而溶剂冷冻干燥法适用于易分解或氧化、对热不稳定的药物,如红霉素、双香豆素等。此法污染少,产品含水量低(0.5%以下)。常用的载体材料有 PVP 类、PEG 类、β-CYD、甘露醇、乳糖、水解明胶、纤维素类、聚丙烯酸树脂类等。

工作步骤5　研磨法

将药物与较大比例的载体材料混合后,强力持久地研磨一定时间,不需要加溶剂而借助机械力降低药物的粒度,或使药物与载体材料以氢键相结合,形成固体分散体。研磨时间的长短因药物而异。常用的载体材料有微晶纤维素、乳糖、PVP 类、PEG 类等。

工作步骤6　双螺旋挤压法

将药物与载体材料置于双螺旋挤压机内,经混合、捏制而成固体分散体,无须有机溶剂,同时可用两种以上的载体材料,制备温度可低于药物熔点和载体材料的软化点,因此药物不易破坏,制得的固体分散体稳定。如硝苯地平与 HPMCP 制得的黄色透明固体分散体,经 X 射线衍射与 DSC 检测显示硝苯地平以无定形存在于固体分散体中。

采用固体分散技术制备固体分散体应注意如下问题:①固体分散技术适合用于剂量小的药物,即固体分散体中药物含量不应太高。药物重量占 5%～20%。液态药物在固体分散体中所占比例一般不宜超过 10%,否则不易固化成坚脆物,难以进一步粉碎。②固体分散体在贮存过程中可能会逐渐老化。贮存时固体分散体的硬度变大、析出晶体或结晶粗化,从而降低药物的生物利用度的现象称为老化。如制备方法不当或保存的条件不适,老化过程会加快。老化与药物浓度、贮存条件及载体材料的性质有关,因此必须选择合适的药物浓度,应用混合载体材料以弥补单一载体材料的不足,积极开发新型载体材料,保持良好的贮存条件,如避免较高的温度与湿度等,以防止或延缓老化,保持固体分散体的稳定性。

固体分散体制备举例

诺氟沙星固体分散体制备

制法:取诺氟沙星与 PEG6000 按质量比(一般为 1∶10),精密称量置于乳钵中研匀,然后在蒸发皿中于水浴上加热搅拌,待熔融后,倾入预冷的不锈钢板上,摊成薄片,立即放入－10℃冷柜,待固化后干燥 24 h,刮下研细,过 60 目筛,即可。

巩固训练

1. 用熔融法试制氟苯尼考固体分散体。
2. 用溶剂—熔融法试制氧氟沙星固体分散体。

知识拓展　固体分散体的药效学特性

一、速释

1. 药物的高度分散状态

药物在固体分散体中所处的状态是影响药物溶出速率的重要因素。药物以分子状态、胶体状态、亚稳定态、微晶态以及无定形态在载体材料中存在,载体材料可阻止已分散的药物再聚集粗化,有利于药物的溶出与吸收。

(1)分子状态分散。药物在用 PEG 类作载体时,由于载体材料的分子质量大(PEG4000、6000、12000 或 20000),分子是由两列平行的螺状链所组成,经熔融后再凝固时,螺旋的空间造成晶格的缺损,这种缺损可改变结晶体的性质,如溶解度、溶出速率、吸附能力及吸湿性等。当药物的相对分子质量≤1 000 时,可在熔融时插入螺旋链中形成填充型固态溶液,即以分子状态分散,这种固体分散体的溶出速率高、吸收好。

(2)胶体、无定形和微晶等状态分散。如果采用熔融法制备固体分散体,由于高温骤冷,黏度迅速增大,分散的药物难于聚集、合并、长大,有些药物易形成胶体等亚稳定状态。当载体材料为 PVP、甲基纤维素或肠溶材料 Eudragit L 等时,药物可呈无定形分散。这些亚稳状态或无定形状态的药物,溶解度和溶出速率都较多晶型的其他状态大。

药物分散于载体材料中的状态与药物的相对含量有关。例如,倍他米松乙醇—PEG6000 固体分散体,当倍他米松乙醇<3%(质量分数)时为分子状态分散,4%~30%时以微晶状态分散,而 30%~70%时药物逐渐变为无定形,70%以上药物转变为均匀的无定形。药物由于所处分散状态不同,溶出速率也不同,分子分散时溶出最快,其次为无定形,而微晶最慢。

不同药物与不同载体材料形成无定形态的固体分散体,可使速效程度有差异,如新生霉素—PVP 形成的固体分散体,其中的药物为无定形态,其溶出速率较新生霉素稳定态晶体快10 倍,体内试验也有较高的吸收速率与较高的血药水平。

药物分散于载体材料中可以两种或多种状态分散,如联苯双酯—PEG6000 固体分散体中,药物可以微晶状态、胶体状态或分子状态分散。

2. 载体材料对药物溶出的促进作用

(1)载体材料可提高药物的可润湿性。在固体分散体中,药物周围被可溶性载体材料包围,使疏水性或亲水性弱的难溶性药物具有良好的可润湿性,遇胃肠液后,载体材料很快溶解,药物被润湿,因此溶出速率与吸收速率均相应提高。如氢氯噻嗪—PEG6000、吲哚美辛—PEG6000 或双炔失碳酯—PVP 等固体分散体。

(2)载体材料保证了药物的高度分散性。当药物分散在载体材料中,由于高度分散的药物被足够的载体材料分子包围,使药物分子不易形成聚集体,保证了药物的高度分散性,加快药物的溶出与吸收。如磺胺异噁唑—PVP 质量比为 10∶1 时,PVP 的量太少,不足以包围药物和保持其高度分散性;一般以质量比 1∶4 或 1∶5 为宜。又如强的松龙在 PEG—尿素混合载体材料中,以药物占 10%时的分子状态分散为最佳,溶出量最大,药物含量大于或小于 10%均能使溶出量显著减少。

(3)载体材料对药物有抑晶性。药物和载体材料(如 PVP)在溶剂蒸发过程中,由于氢键作用、络合作用或黏度增大,载体材料能抑制药物晶核的形成及成长,使药物成为非结晶性无定形状态分散于载体材料中,得共沉淀物。PVP 与药物以氢键结合时,形成氢键的能力与 PVP 的分子质量有关,分子质量愈小愈易形成氢键,形成的共沉淀物的溶出速率也愈高。共沉淀物的溶出次序是 $PVP_{k15} > PVP_{k30} > PVP_{k90}$。如磺胺异噁唑与 PVP 可按 1∶4 质量比发生络合作用,形成稳定常数较大的络合共沉淀物;而咖啡因、萘定酸与 PVP 虽也可起络合作用,但由于其络合稳定常数较小,PVP 不足以抑制咖啡因与萘定酸结晶的生成,从而不能形成共沉淀物。

二、缓释

药物采用疏水或脂质类载体材料,制成的固体分散体均具有缓释作用。其缓释原理是载体材料形成网状骨架结构,药物以分子或微晶状态分散于骨架内,药物的溶出必须首先通过载体材料的网状骨架扩散,故释放缓慢。例如以疏水性 EC 为载体材料,EC 的固体分散体其含药量愈低、固体分散体的粒径愈大、EC 黏度愈高,则溶出愈慢,缓释作用愈强。

任务 2 包 合 技 术

基础知识

包合技术是指一种分子被包嵌于另一种分子中的空穴结构,形成包合物的技术。包合物是由主分子和客分子组成,主分子具有较大的空间结构,可容纳一定量的小分子,形成分之囊;被包合在主分子内的小分子物质称为客分子,一般将需要包合的药物称为客分子。包合技术在药剂领域主要用于增加药物溶解度,提高药物稳定性,使液体药物粉末化,防止挥发性药物成分挥发,调节释药速度和提高生物利用度等。包合物可进一步加工成其他剂型,如颗粒剂、粉散剂、片剂、注射剂等。包合物根据主分子的构成可分为多分子包合物、单分子包合物和大分子包合物;根据主分子形成空穴的几何形状又分为管形包合物、笼形包合物和层状包合物。

包合物中处于包合外层的主分子物质称为包合材料。通常可用环糊精、胆酸、淀粉、纤维素、蛋白质、核酸等作包合材料。制剂中目前常用的,也是本节介绍的是环糊精及其衍生物。

(一)环糊精

环糊精(cyclodextrin,CYD)是指淀粉用嗜碱性芽孢杆菌经培养得到的环糊精葡萄糖转位酶作用后形成的产物,是由 6～12 个 D-葡萄糖分子以 1,4-糖苷键连接的环状低聚糖化合物,为水溶性的非还原性白色结晶状粉末,结构为中空圆筒形。对酸不太稳定,易发生酸解而破坏圆筒形结构。常见有 α、β、γ 3 种,分别由 6、7、8 个葡萄糖分子构成。经 X 射线衍射和核磁共振证实,α-CYD 的立体结构如图 13-1 所示,CYD 的上、中、下三层分别由不同的基团组成。

3 种 CYD 中以 β-CYD 最为常见,其环状结构如图 13-2 所示。β-CYD 在水中的溶解度最小,易从水中析出晶体,随着温度的升高,溶解度也增大,温度为 20、40、60、80、100℃时,其溶解度分别为 18.5、37、80、183、256 g/L。β-CYD 在不同有机溶剂中的溶解度也有较大差异。CYD 包合药物的状态与 CYD 的种类、药物分子的大小、药物的结构和基团性质等有关。β-CYD 经动物试验证明毒性很低。大鼠每日口服 0.1、0.4、1.6 g/kg,经 6 个月的慢性毒性试验,未显示毒性。用放射性标记的淀粉和 CYD 作动物代谢试验,结果显示,在初期 CYD 被消化的数量比淀粉低,但 24 h 后两者代谢总量相近,说明 CYD 可作为碳水化合物被机体吸收。

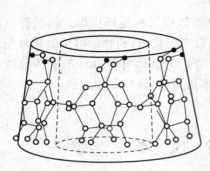

图 13-1　α-CYD 的立体结构

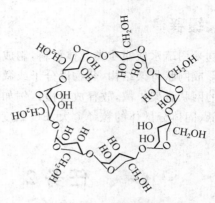

图 13-2　β-CYD 环状结构

(二)环糊精衍生物

CYD 衍生物更有利于容纳客分子,并可改善 CYD 的某些性质。近年来主要对 β-CYD 的分子结构进行修饰,如将甲基、乙基、羟丙基、羟乙基、葡糖基等基团引入 β-CYD 分子中(取代羟基上的 H)。引入这些基团,破坏了 β-CYD 分子内的氢键,改变了其理化性质。

1. 水溶性环糊精衍生物

常用的有葡萄糖衍生物、羟丙基衍生物、甲基衍生物等。葡萄糖衍生物是在 CYD 分子中引入葡糖基(用 G 表示)后其水溶性发生了显著改变,如 G-βCYD,2G-βCYD 溶解度(25℃)分别为 970、1 400 g/L(β-CYD 为 18.5)。葡糖基-β-CYD 为常用的包合材料,包合后可使难溶性药物增大溶解度,促进药物的吸收,降低溶血活性,还可作为注射剂的包合材料。如雌二醇-葡糖基-β-CYD 包合物的水溶性大,溶血性小,可制成注射剂。甲基 β-CYD 的水溶性较 β-CYD 大,如二甲基 β-CYD (DM-β-CYD)是将 β-CYD 分子中 C_2 和 C_4 位上两个羟基的 H 都甲基化,产物既溶于水,又溶于有机溶剂,25℃水中溶解度为 570 g/L,随温度的升高,溶解度降低;在加热或灭菌时出现沉淀,浊点为 80℃,冷却后又可再溶解;在乙醇中其溶解度为 β-CYD 的 15 倍。但急性毒性试验显示,DM-β-CYD 的 LD_{50}(小鼠)为 200 mg/kg,而 β-CYD 为 450 mg/kg,前者的刺激性较大,故不能用于注射和黏膜给药。

2. 疏水性环糊精衍生物

常用作水溶性药物的包合材料,以降低水溶性药物的溶解度,而具有缓释性。常用的有 β-CYD 分子中羟基的 H 被乙基取代的衍生物,取代程度愈高,产物在水中的溶解度愈低。乙基-β-CYD 微溶于水,比 β-CYD 的吸湿性小,具有表面活性,在酸性条件下比 β-CYD 更稳定。

工作步骤 1　饱和水溶液法

将 CYD 配成饱和溶液,加入药物(难溶性药物可用少量丙酮或异丙醇等有机溶剂溶解)混合 30 min 以上,使药物与 CYD 起包合作用形成包合物,且可定量地将包合物分离出来。在水中溶解度大的药物,其包合物仍可部分溶解于溶液中,此时可加入某些有机溶剂,以促使包合物析出。将析出的包合物滤过,根据药物的性质,选用适当的溶剂洗净、干燥即得。此法亦可称为重结晶法或共沉淀法。

工作步骤2　研磨法

取 β-CYD 加入 2～5 倍量的水混合,研匀,加入药物(难溶性药物应先溶于有机溶剂中),充分研磨至成糊状物,低温干燥后,用适宜的有机溶剂洗净,再干燥即得。

工作步骤3　冷冻干燥法

此法适用于制成包合物后易溶于水且在干燥过程中易分解、变色的药物。所得成品疏松,溶解度好,可制成粉针剂。

工作步骤4　喷雾干燥法

此法适用于难溶性、疏水性药物。

上述几种方法适用的条件不一样,包合率与产率等也不相同。如维 A 酸—β-CYD 包合物采用研磨法与饱和水溶液法进行比较,结果在水中的溶解度,饱和水溶液法的包合物(维 A 酸 173 mg/L)＞研磨法的包合物(维 A 酸 104 mg/L)＞原药维 A 酸(0.2 mg/mL)。所以饱和水溶液法制得的包合物溶解度大,但研磨法操作较简易,所得包合物的溶解度也基本满意。

包合物制备举例

1. 用饱和水溶液法制备

吲哚美辛-β-CYD 包合物的制备

制法:称取吲哚美辛 1.25 g,加 25 mL 乙醇,微温使溶解,滴入 500 mL、75℃的 β-CYD 饱和水溶液中,搅拌 30 min,停止加热再继续搅拌 5 h,得白色沉淀,室温静置 12 h,滤过。将沉淀在 60℃干燥,过 80 目筛,经 P_2O_5 真空干燥,即得包合率在 98％以上的包合物。

2. 用饱和水溶液法制备

大蒜油-β-CYD 包合物的制备

制法:按大蒜油和 β-CYD 投料比 1∶12 称取大蒜油,用少量乙醇稀释后,在不断搅拌下滴入 β-CYD 饱和水溶液中,调节 pH 约为 5,20℃搅拌 5 h,所得混悬液冷藏放置,抽滤,真空干燥,即得白色粉末状包合物,大蒜不良臭味基本上被遮盖。

3. 用研磨法制备

维 A 酸-β-CYD 包合物的制备

制法:维 A 酸容易氧化,制成包合物可提高稳定性。维 A 酸与 β-CYD 按摩尔比 1∶5 称量,将 β-CYD 于 50℃水浴中用适量蒸馏水研成糊状,维 A 酸用适量乙醚溶解加入上述糊状液中,充分研磨,挥去乙醚后糊状物已成半固体物,将此物置于遮光的干燥器中进行减压干燥数日,即得。

4. 用冷冻干燥法制备

容易氧化的盐酸异丙嗪(PMH)制成 β-CYD 包合物

制法:将 PMH 与 β-CYD 按摩尔比 1∶1 称量,β-CYD 用 60℃以上的热水溶解,加入 PMH 搅拌 0.5 h,冰箱冷冻过夜再冷冻干燥,用氯仿洗去未包入的 PMH,最后除去残留氯仿,得白色包合物粉末,内含 PMH 28.1％±2.1％,包合率为 95.64％。经影响因素试验(如光照、高温、高湿度),均比原药 PMH 稳定性提高;经加速试验(37℃,RH75％),2 个月时原药外观、含量、降解产物均不合格,而包合物 3 个月上述指标均合格,说明稳定性提高。

巩固训练

1. 用举例中的各种包合技术模拟练习
2. 用葡糖基-β-CYD 为包合材料设计氟苯尼考的包合工艺。

◆◆◆ 任务3 微囊技术 ◆◆◆

基础知识

微型包囊是近 30 年来应用于药物的新工艺、新技术,其制备过程通称微型包囊术,简称微囊化,是利用天然的或合成的高分子材料(统称为囊材)作为囊膜壁壳,将固态药物或液态药物(统称为囊心物)包裹而成药库型微型胶囊,简称微囊。微囊的粒径属微米级,粒径在纳米级的则称为纳米囊。药物微囊化后可掩盖药物的不良气味及味道,提高药物的稳定性,防止药物在胃内失活或减少对胃的刺激,使液态药物固化,减少复方药物的配伍变化以及使药物具有缓释、控释或靶向作用。

一、囊心物

微囊的囊心物除主药外,可以包括为提高微囊化质量而加入的附加剂,如稳定剂、稀释剂以及控制释放速率的阻滞剂、促进剂、改善囊膜可塑性的增塑剂等。囊心物可以是固体,也可以是液体。通常将主药与附加剂混匀后微囊化,亦可先将主药单独微囊化,再加入附加剂。若有多种主药,可将其混匀再微囊化,亦可分别微囊化后再混合,这取决于设计要求、药物、囊材和附加剂的性质及工艺条件等。采用不同的工艺条件时,对囊心物也有不同的要求。如用相分离凝聚法时囊心物是易溶的或难溶的均可,而界面缩聚法则要求囊心物必须是水溶性的。另外要注意囊心物与囊材的比例适当,如囊心物过少,易生成无囊心物的空囊。

二、囊材

用于包囊所需的材料称为囊材。对囊材的一般要求是:①性质稳定;②有适宜的释药速率;③无毒、无刺激性;④能与药物配伍,不影响药物的药理作用及含量测定;⑤有一定的强度及可塑性,能完全包封囊心物;⑥具有符合要求的黏度、渗透性、亲水性、溶解性等特性。常用的囊材可分为下述 3 大类。

1. 天然高分子囊材

天然高分子材料是最常用的囊材,因其稳定、无毒、成膜性好。

(1)明胶。明胶分酸法明胶(A 型)和碱法明胶(B 型)。A 型明胶的等电点为 7～9,10 g/L 溶液 25℃的 pH 为 3.8～6.0,B 型明胶稳定而不易长菌,等电点为 4.7～5.0,10 g/L 溶液 25℃的 pH 为 5～7.4。两者的成囊性无明显差别,溶液的黏度均在 0.2～0.75 cPa·s 之间,可生物降解,几乎无抗原性,通常可根据药物对酸碱性的要求选用 A 型或 B 型,用于制备微囊的用量为 20～100 g/L。

(2)海藻酸盐。系多糖类化合物,常用稀碱从褐藻中提取而得,海藻酸钠可溶于不同温度的水中,不溶于乙醇、乙醚及其他有机溶剂;不同 M_{av} 产品的黏度有差异。可与甲壳素或聚赖氨酸合用作复合材料。因海藻酸钙不溶于水,故海藻酸钠可用 $CaCl_2$ 固化成囊。

(3)壳聚糖。壳聚糖是由甲壳素脱乙酰化后制得的一种天然聚阳离子多糖,可溶于酸或酸性水溶液,无毒、无抗原性,在体内能被溶菌酶等酶解,具有优良的生物降解性和成膜性,在体内可溶胀成水凝胶。

2. 半合成高分子囊材

作囊材的半合成高分子材料多是纤维素衍生物,其特点是毒性小、黏度大、成盐后溶解度增大。

(1)羧甲基纤维素盐。羧甲基纤维素盐属阴离子型的高分子电解质,如羧甲基纤维素钠(CMC-Na)常与明胶配合作复合囊材,一般分别配 1~5 g/L CMC-Na 及 30 g/L 明胶,再按体积比 2∶1 混合。CMC-Na 遇水溶胀,体积可增大 10 倍,在酸性液中不溶。水溶液黏度大,有抗盐能力和一定的热稳定性,不会发酵,也可以制成铝盐 CMC-Al 单独作囊材。

(2)醋酸纤维素酞酸醋。醋酸纤维素酞酸醋(CAP)在强酸中不溶解,可溶于 pH＞6 的水溶液,分子中含游离羧基,其相对含量决定其水溶液的 pH 及能溶解 CAP 的溶液的最低 pH。用作囊材时可单独使用,用量一般在 30 g/L 左右,也可与明胶配合使用。

(3)乙基纤维素。乙基纤维素(EC)的化学稳定性高,适用于多种药物的微囊化,不溶于水、甘油和丙二醇,可溶于乙醇,遇强酸易水解,故对强酸性药物不适宜。

(4)甲基纤维素。甲基纤维素(MC)用作微囊囊材的用量为 10~30 g/L,亦可与明胶、CMC-Na、聚维酮(PVP)等配合作复合囊材。

(5)羧丙甲纤维素。羟丙甲纤维素(HPMC)能溶于冷水成为黏性溶液,长期贮存稳定,有表面活性,表面张力 $(42~56)×10^{-5}$ N/cm。

3. 合成高分子囊材

作囊材用的合成高分子材料,有非生物降解的和生物降解的两类。非生物降解,且不受 pH 影响的囊材有聚酰胺、硅橡胶等。生物不降解,但可在一定 pH 条件下溶解的囊材有聚丙烯酸树脂、聚乙烯醇等。近年来,生物降解的材料得到广泛的应用,如聚碳酯、聚氨基酸、聚乳酸(PLA)、丙交酯乙交酯共聚物、聚乳酸—聚乙二醇嵌段共聚物(PLA-PEG)、ε-丙交酯与乙内酯共聚物等,其特点是无毒、成膜性好、化学稳定性高,可用于注射。

聚酯类是迄今研究最多、应用最广的生物降解合成高分子,它们基本上都是羟基酸或其内酯的聚合物。常用的羟基酸是乳酸和羟基乙酸。乳酸缩合得到的聚酯用 PLA 表示,由羟基乙酸缩合得到的聚酯用 PGA 表示;由乳酸与羟基乙酸直接缩合的用 PLAGA 表示。这些聚合物都表现出一定的降解、融蚀的特性。应用高分子附加剂并调整其他微囊化参数,可控制微囊的粘连和聚集。

根据药物和囊材的性质和微囊的粒径、释放性能以及靶向性要求,可选择不同的微囊化方法,可归纳为物理化学法、物理机械法和化学法 3 大类。

工作步骤 1 物理化学法

本法微囊化在液相中进行,囊心物与囊材在一定条件下形成新相析出,故又称相分离法。其微囊化步骤大体可分为囊心物的分散、囊材的加入、囊材的沉积和囊材的固化 4 步。

根据形成新相方法的不同,相分离法又分为单凝聚法、复凝聚法、溶剂—非溶剂法、改变温度法和液中干燥法。相分离工艺现已成为药物微囊化的主要工艺之一,所用设备简单,高分子材料来源广泛,可将多种类别的药物微囊化。

1. 单凝聚法

单凝聚法是相分离法中较常用的一种,它是在高分子囊材(如明胶)溶液中加入凝聚剂以降低高分子材料的溶解度而凝聚成囊的方法,所得微囊粒径为 $2\sim5\,000\,\mu m$。常用的凝聚剂为 Na_2SO_4 等电解质或乙醇、丙酮等强亲水性非电解质。囊材可用明胶、甲基纤维素、聚乙烯醇等,以明胶较为常用。如将药物分散在明胶溶液中,然后加入凝聚剂,由于明胶分子水合膜的水分子与凝聚剂结合,使明胶溶解度降低,且分子间以氢键结合,最后从溶液中析出而凝聚成囊。高分子物质的凝聚是可逆的,促进凝聚的条件改变或消失,凝聚囊会很快消失,即出现解凝聚现象。在制备过程中利用此性质可进行多次凝聚,直到形成满意的凝聚囊为止。凝聚囊最后必须交联固化成不可逆的微囊。

单凝聚法以明胶为囊材的工艺流程:将药物与 $3\%\sim5\%$ 的明胶溶液混合成混悬液或乳浊液;在 $50\,℃$ 下,用 10% 醋酸溶液调至 pH $3.5\sim3.8$,加 60% Na_2SO_4 溶液使成凝聚囊;再加入 Na_2SO_4 溶液(浓度比系统中 Na_2SO_4 浓度增加 1.5%,温度为 $15\,℃$)进行稀释,得到沉降囊;然后加入 37% 甲醛溶液,再用 20% NaOH 调至 pH $8\sim9$,在 $15\,℃$ 以下固化,得固化囊;用水洗至无甲醛,即得微囊。

成囊条件如下。

(1)药物性质必须符合成囊系统要求。成囊系统含有药物、凝聚相(明胶)和水三相,药物若亲水性强,则只存在于水相而不能混悬于凝聚相中成囊;但也不能过分疏水,否则会形成不含药物的空囊。一般药物与明胶的亲和力大则易被微囊化。

(2)明胶溶液的浓度与温度。明胶溶液浓度增大可加速胶凝,反之浓度降低至一定程度则不能胶凝,同一浓度的明胶温度越低越易胶凝,高过某一温度则不能胶凝,浓度越高的可胶凝的温度上限也越高。如 5% 明胶溶液在 $18\,℃$ 以下才胶凝,而 15% 明胶在 $23\,℃$ 以下胶凝。通常明胶应在 $37\,℃$ 以上形成凝聚囊,然后在较低温度下黏度增加而胶凝。

(3)凝聚囊的流动性。为了得到良好的球形微囊,凝聚囊应有一定的流动性。对 A 型明胶用醋酸调至 pH $3.2\sim3.8$,B 型明胶则不用调节 pH。

(4)药物与凝聚相的性质。单凝聚法在水性介质中成囊,因此要求药物难溶于水,但也不能过分疏水,否则仅能形成不含药物的空囊。成囊时系统含有互相不能溶解的药物、凝聚相和水三相。微囊化的难易取决于明胶同药物的亲和力,亲和力强的容易被微囊化。

(5)固化。凝聚囊最后必须交联固化成不可逆的微囊。常使用甲醛作固化剂,通过胺缩醛反应使明胶等高分子互相交联而固化,固化程度受甲醛的浓度、介质 pH、固化时间等因素影响,最佳 pH 范围应为 $8\sim9$。

(6)凝聚剂的种类和 pH。用电解质作凝聚剂时,阴离子对胶凝起主要作用,强弱次序为枸橼酸>酒石酸>硫酸>醋酸>氯化物>硝酸>溴化物>碘化物,阳离子电荷数越高的胶凝作用越强。使用不同的凝聚剂,成囊系统对囊材的性质和系统 pH 要求也不同。如用甲醇作凝聚剂时,仅相对分子质量在 3 万~5 万的明胶在 pH $6\sim8$ 能凝聚成囊;而用硫酸钠作凝聚剂时,相对分子质量在 3 万~6 万的明胶在 pH $2\sim12$ 均能凝聚成囊。

(7)增塑。为了使制得微囊具有良好的可塑性、不粘连、分散性好,可加入适量增塑剂,如山梨醇、聚乙二醇、丙二醇等。

2. 复凝聚法

复凝聚法是利用两种具有相反电荷的高分子材料作囊材,将囊心物分散在囊材的水溶液中,在一定的条件下使相反电荷的高分子间反应并交联成复合物,溶解度降低,引起相分离而与囊心物凝聚成囊的方法,所得微囊粒径为 $2 \sim 5\ 000\ \mu m$。可作复合囊材的有明胶—阿拉伯胶、明胶—羧甲基纤维素、海藻酸盐—聚赖氨酸、海藻酸盐—壳聚糖、阿拉伯胶—白蛋白等,以明胶—阿拉伯胶较为常用。复凝聚法是经典的微囊化方法,操作简便,适用于难溶性药物的微囊化。

复凝聚法以明胶—阿拉伯胶为囊材的基本原理:将药物分散在明胶—阿拉伯胶溶液中,将溶液 pH 调至明胶的等电点以下,使明胶带正电,而阿拉伯胶仍带负电,由于电荷相互吸引交联成正、负离子的络合物,溶解度降低而凝聚成囊。以明胶—阿拉伯胶为囊材的工艺流程:将药物与 $2.5\% \sim 5\%$ 明胶和 $2.5\% \sim 5\%$ 阿拉伯胶溶液混合成混悬液或乳浊液;在 $50 \sim 55℃$ 下,加入 5% 醋酸溶液使成凝聚囊;加入成囊体系体积的 $1 \sim 3$ 倍量水(水温 $30 \sim 40℃$),使成沉降囊;然后在 $10℃$ 以下,加入 37% 甲醛溶液,用 20% NaOH 调至 pH $8 \sim 9$,使成固化囊;水洗至无甲醛,即得微囊。为使药物易混悬于凝聚相中,可加入适当的润湿剂。

3. 溶剂—非溶剂法

溶剂—非溶剂法是指在药物与囊材溶液中加入一种对囊材不溶的液体,引起相分离而将药物包成微囊的方法。本法所用药物可以是固态或液态,但必须对溶剂或非溶剂均不溶解,也不起反应。

4. 改变温度法

改变温度法是指通过控制温度成囊,不需加入凝聚剂,如用乙基纤维素作囊材,可先高温溶解,再降温成囊。

5. 液中干燥法

液中干燥法是从乳浊液中除去分散相挥发性溶剂以制备微囊的方法,溶剂可采用加热、减压、冷冻干燥等方法除去,本法不需要调节 pH 或采用较高的加热条件,适用于水溶液中容易失活变质的药物。

工作步骤 2　物理机械法

物理机械法是指在一定的设备条件下,将固态或液态药物在气相中制成微囊的方法,适用于水溶性或脂溶性的、固态或液态药物。常用的方法有以下几种。

1. 喷雾干燥法

喷雾干燥法又称液滴喷雾干燥法,是将囊心物分散于囊材溶液中,用喷雾法喷入惰性热气流,使液滴收缩成球形,进而干燥固化。本法可用于固态或液态药物的微囊化,所得微囊粒径为 $5 \sim 600\ \mu m$,若药物不溶于囊材溶液,可得微囊;若能溶解可得微球。

微囊带电易引起粘连,尤其是在干燥阶段更易出现粘连现象,因此在制备时可加入适当的抗黏剂,常用的抗黏剂有二氧化硅、滑石粉及硬脂酸镁等。抗黏剂也可以粉状加在微囊成品中,以减少贮存时的粘连,或在加工成片剂、胶囊时改善微囊的流动性。

喷雾干燥法的工艺影响因素包括混合液的黏度、均匀性、药物及囊材的浓度、喷雾的速率、喷雾方法及干燥速率等。

2. 喷雾凝结法

喷雾凝结法是将囊心物分散于熔融的囊材中,然后将混合物趁热再喷于冷气流中凝聚而成囊的方法。所得微囊粒径为 5～600 μm,本法所用囊材应为在室温为固体,但在高温下能熔融的材料,如蜡类、脂肪酸和脂肪醇等。

3. 多孔离心法

多孔离心法是利用圆筒的高速旋转产生的离心力,利用导流坝不断溢出囊材溶液形成液态膜,囊心物高速穿过液态膜形成微囊,再经过不同方法加以固化(用非溶剂、凝结或挥去溶剂等),即得微囊。该方法适用于固态或液态的药物。

4. 空气悬浮法

空气悬浮法又称为流化床包衣法,是利用垂直强气流使囊心物悬浮在包衣室中,囊材溶液通过喷嘴喷射于囊心物表面,囊心物悬浮的热气流将溶剂挥干,使囊心物表面形成囊材薄膜而成微囊。本法所得微囊粒径为 3.5～5 000 μm,囊材可用多聚糖、明胶、蜡、树脂、纤维素衍生物及聚醇类合成高分子材料等,适用于固态药物,在制备中为防止粘连,可加入滑石粉或硬脂酸镁等抗黏剂。本法所用设备与片剂悬浮包衣装置基本相同。

5. 锅包衣法

锅包衣法是利用包衣锅将囊材溶液喷在固态囊心物上而挥干溶剂形成微囊的方法,适用于固态药物的微囊化。

以上几种物理机械法均可用于水溶性和脂溶性、固态或液态药物的微囊化,其中以喷雾干燥法最常用。采用物理机械法时囊心物都有一定损失且微囊有粘连,但囊心物损失在 5% 左右、粘连在 10% 左右,生产中一般都认为是合理的。

工作步骤 3　化学法

化学法是指单体或高分子在溶液中通过聚合反应或缩合反应产生囊膜,而形成微囊的方法。本法通常先制成 W/O 型乳浊液,再利用化学反应交联固化,不需加入絮凝剂。常用的方法包括界面缩聚法、辐射化学法等。

1. 界面缩聚法

界面缩聚法也称界面聚合法,是指处于分散相的囊心物质与连续相界面间的单体发生聚合反应。其原理是两个不相溶的液相在界面处或接近界面处进行聚合反应,形成包囊材料,包于囊心物质的周围,从而形成单个的外形呈球状的半透性微囊,该方法适用于水溶性药物,特别适合于酶制剂和微生物细胞等具有生物活性的大分子物质的微囊化。由于反应过程有盐酸放出,不宜用于遇酸变质的药物。

2. 辐射交联法

辐射交联法是将聚乙烯醇或明胶等囊材制成乳浊液后,以 γ 射线照射使囊材发生交联形成微囊,然后将此微囊浸泡于药物的水溶液中使其吸收,待水分干燥后即得到含药物的微囊。此法工艺简单,容易成型,但由于辐射条件所限不易推广。

微囊制备举例

庆大霉素微囊制备

取明胶 2.5 g 加水 25 mL 浸泡融胀,70℃ 水浴溶解成胶浆,加入庆大霉素 1.0 g,搅拌均匀。另将液体石蜡 321.3 mL 倒入盛有司盘-80(50 g)的烧杯中,维持液温在 55℃,搅拌均匀。在中速搅拌下缓缓倒入明胶,搅拌 30 min 后迅速降温至 5℃,保持 20 min,再加入异丙醇

25 mL,使微囊进一步固化。静置,倾去上层液体石蜡后用异丙醇洗去残留的液体石蜡,抽滤,置烘箱中 55℃ 干燥即得。微囊粒径在 5～15 μm 之间。

巩固训练

1. 试制维生素固体微囊。
2. 试制维生素液体微囊。

知识拓展

一、影响微囊大小的因素

(一)囊心物的大小

通常如果要求微囊的粒径约为 10 μm 时,囊心物的粒径应达到 1～2 μm;要求微囊的粒径约为 50 μm 时,囊心物粒径应在 6 μm 以下。对于不溶于水的液态药物,用相分离法制备微囊时,如果先乳化,降低囊心物的粒径,微囊化后可得到小而均匀的微囊。

(二)囊材的用量

一般药物粒子越小,其表面积越大,而制成囊壁厚度相同的微囊,所需囊材就越多。

(三)制备方法

制备方法影响微囊粒径,见表 13-1。

表 13-1 微囊化方法及其适用性和粒径范围

微囊化方法	适用的囊心物	粒径范围/μm
空气悬浮	固态药物	35～5 000*
相分离	固态和液态药物	2～5 000*
多孔离心	固态和液态药物	1～5 000*
锅包衣	固态药物	5～5 000*
喷雾干燥和凝结	固态和液态药物	5～600

* 最大粒径可以超过 5 000 μm。

(四)制备温度

制备温度可显著影响微囊的大小。以乙基纤维素为囊材制备茶碱微囊为例,囊心物与囊材的质量比为 1:1,甲苯-石油醚为 1:4,采用溶剂-非溶剂法,搅拌速率为 380 r/min,成囊温度分别为 0、20、40℃,微囊粒径见表 13-2。

(五)制备时搅拌速率

在一定范围内高速搅拌,微囊粒径小,低速搅拌粒径大。但无限制地提高搅拌速度,微囊可能因碰撞合并而粒径变大。此外,搅拌速率又取决于工艺的需要,如明胶为囊材时,以相分离法制备微囊地搅拌速率不宜太高,所得微囊粒径约为 $50\sim80~\mu m$;因高速搅拌产生大量气泡会降低微囊的产量和质量。

表 13-2 温度对茶碱微囊粒径的影响

微囊粒径/μm	微囊总重/%			微囊粒径/μm	微囊总重/%		
	0℃	20℃	40℃		0℃	20℃	40℃
<90	12.0	2.2	0.5	<350	98.3	73.1	76.3
<150	49.8	15.7	3.9	<425	99.1	77.9	89.2
<180	95.8	42.1	10.3	<710	99.9	91.4	93.9
<250	97.8	84.7	62.0	<1 000	—	94.8	98.4

(六)附加剂的浓度

例如,采用界面缩聚法且搅拌速率一致,分别加入浓度为 0.5% 与 5% 的司盘 85,前者可得到粒径小于 $100~\mu m$ 的微囊,而后者则得到粒径小于 $20~\mu m$ 的微囊。

二、影响微囊中药物释放速率的因素

(一)微囊的粒径

在囊壁的材料和厚度相同的条件下,微囊粒径越小,表面积越大,释药速率也越大。例如磺胺嘧啶微囊,其累积释放速率随粒径减小而增高。

(二)囊壁的厚度

囊壁材料相同时,囊壁越厚释药越慢。例如,磺胺噻唑微囊,乙基纤维素为囊材,微囊的囊壁厚度分别为 5.04、13.07、20.12 μm,在人工胃液中做体外溶出速率测定,结果以 $t_{1/2}$ 表示,分别为 11、16 及 30 min。

(三)囊壁的物理化学性质

不同的囊材形成的囊壁具有不同的物理化学性质。如明胶所形成的囊壁具有网状结构,药物嵌入网状空隙中,空隙很大,因此药物能较快速释放。若囊壁由聚酰胺形成,其空隙半径小(约 1.6 nm),药物释放比明胶微囊慢得多。

(四)药物的性质

药物的溶解度与药物释放速率有密切关系,在囊材等条件相同时,溶解度大的药物释放较快。例如,用乙基纤维素为囊材,分别制成巴比妥钠、苯甲酸和水杨酸微囊。这 3 种药物在 37℃ 水中溶解度分别为 255、9、0.63 g/L,以巴比妥钠的溶解度最大,而药物的释放速率也正是巴比妥钠最大。

(五)附加剂的影响

为了使药物延缓释放,可加入疏水性物质,如硬脂酸、蜂蜡、十六醇以及巴西棕榈蜡等。

(六)工艺条件和剂型

成囊时虽采用其他工艺相同,仅干燥条件不同,则释药速率也不相同。例如,冷冻干燥或喷雾干燥的微囊,其释药速率比烘箱干燥的微囊要大些,大概是由于后者每个干燥颗粒中所含的微囊数平均比前两者多,表面积大大减小,因而释药变慢。剂型对微囊中药物释放也有影响,如微囊与微囊片剂相比,后者的释药可能较快,因为经过压片后的囊壁可能变薄或破裂。

(七)pH 的影响

在不同 pH 条件下,微囊的释药速率可能不同。

(八)溶出介质离子强度的影响

不同离子强度的相同介质,微囊释放药物的速率也不同。

任务4　透皮给药技术

基础知识

一、透皮给药的特点和在兽医临床的应用

透皮剂又称透皮给药系统,是指经皮肤给药,使药物透过皮肤进入血液循环而发挥全身治疗作用的剂型。透皮剂使用方便、快捷,非常适合动物使用,尤其是集约化饲养动物的给药。透皮剂在治疗上有很多优点:①避免了口服给药可能发生的肝脏首过效应及胃肠灭活,提高了治疗效果;②药物可以长时间持续扩散进入血液循环,以产生持久、恒定、可控制的血药浓度;③延长药物作用的时间,减少给药次数和总剂量;④给药方便。透皮剂作为一种全身用药的新剂型具有很多优点,但也有其局限性。由于皮肤是限制体外物质吸收进入体内的生理屏障,大多数药物透过该屏障的速度都很小,因此仅适用于一些药理作用强、剂量小的药物,要求药物对皮肤无刺激、无过敏性,相对分子质量一般要小于 1 000,熔点在 85℃以下较理想。

二、影响药物透皮吸收的因素

1. 皮肤的部位和状态

皮肤作为动物的最外层组织,具有保护机体免受外界环境中各种有害因素侵入的屏障作用,也阻留机体内体液和生理必需成分的损失,同时具有汗液和皮脂的排泄作用。从透皮制剂研制考虑,可以简单地将皮肤分为 4 个主要的层次,即角质层、生长表皮、真皮和皮下脂肪组织,同时还包括汗腺、毛囊、皮脂腺等附属器。角质层与体外环境直接接触,由无生命活性的多层扁平角质细胞形成,对于分子质量较大的药物、极性或水溶性较大的药物来说,在角质层中的扩散是它们的主要限速过程。生长表皮处于角质层和真皮之间,由活细胞组成,药物较容易通过,但在某些情况下,可能成为脂溶性药物的渗透屏障。真皮是由纤维蛋白形成的疏松结缔组织,其中分布有丰富的毛细血管、毛细淋巴管、毛囊和汗腺,从表皮转运至真皮的药物可以迅

速向全身转移而不形成屏障,但一些脂溶性较强的药物可能在真皮层的脂质中积累。皮下脂肪组织具有皮肤血液循环系统、汗腺和毛孔,一般也不成为药物吸收的屏障。皮肤的附属器总面积与皮肤总面积相比不到1%,多数情况下不成为药物的主要吸收途径,但大分子药物以及离子型药物可能经由这些途径转运。不同部位皮肤角质层的厚度不同,角质层厚度的差异也与年龄、性别等因素有关。在角质层受损时,其屏障功能也会相应受到破坏,如湿疹、溃疡或烧伤等创面上的渗透有数倍至几十倍的增加;某些可使皮肤角质层致密的疾病则可减少药物的渗透性。

2. 皮肤的水合作用

角质细胞能够吸收一定的水分,自身发生膨胀和减低结构的致密程度,高程度的水合最终可使细胞膜破裂。这种水合作用可使药物的渗透变得更容易。角质层的含水量达50%以上时,药物的渗透性可增加5～10倍,水合对水溶性药物的促进吸收作用较脂溶性药物显著。

3. 药物本身的理化特性

药物的理化性质包括药物的分子大小、熔点、溶解度与分配系数和药物的分子形式等,它们决定了药物在皮肤内的渗透速率。药物渗透通过皮肤的扩散系数与药物分子的直径成反比,由于分子直径与分子体积是立方根关系,分子体积小时对扩散系数的影响不大,而分子质量较大的药物,其分子大小显示出对扩散系数的负效应。药物的油/水分配系数是影响药物经皮吸收的最主要的因素之一。角质层类似脂质膜,脂溶性大的药物易通过角质层,药物穿过角质层后,需分配进入活性表皮继而被吸收,因活性表皮是水性组织,脂溶性太大药物难于分配进入活性表皮;水溶性药物经皮渗透系数较小,但当溶解度大时可能有较大的透皮速率。很多药物是有机弱酸或有机弱碱,它们以分子型存在时有较大的经皮渗透性能。

4. 药物与皮肤接触的时间和面积

一般情况下,药物和皮肤接触时间越长,药物吸收的量越多,但因受药物皮肤的亲和力改变和药物在局部达到饱和,而使吸收量不与用药时间成正比。

5. 透皮促进剂与赋形剂的配合使用

透皮促进剂与赋形剂的配合使用可以促进或控制药物渗透穿过皮肤,透皮促进剂可以降低皮肤的屏障性能而减少药物通过皮肤阻力,而配合使用赋形剂则可以通过调控药物通过皮肤的速率,如微孔骨架结构可以使液体在短时间内迅速扩散进入或离开,药物的释放速率主要与骨架中的溶剂有关。

6. 透皮给药载体的应用

透皮剂中除了主药成分、透皮促进剂和溶剂外,还需要控制药物释放速率的高分子材料,包括控释膜或骨架材料,以及使给药系统固定在皮肤上的压敏胶,另外还有背衬材料与保护膜等,不同的给药载体可以影响药物释放的速率。

三、药物透皮吸收促进剂

药物的透皮吸收促进剂是指能够渗透进入皮肤降低药物通过皮肤阻力的材料,它们应能可逆地降低皮肤的屏障性能,而又不损害皮肤的其他功能。理想的透皮吸收促进剂应具备的条件是:①对皮肤及机体无药理作用、无毒、无刺激性及无过敏反应;②应用后立即起作用,去除后皮肤能恢复正常的屏障功能;③不引起体内营养物质和水分通过皮肤损失;④不与药物及其他附加剂产生物理化学作用;⑤无色、无臭。常用的透皮吸收促进剂可分为如下几类。

（一）有机溶剂

1. 醇类

低级醇类在透皮剂中用作溶剂，既可以增加药物的溶解度，又常能促进药物的经皮吸收。醇类化合物包括各种短链醇、脂肪醇及多元醇等。结构中含 2～5 个碳原子的短链醇，如乙醇、丁醇等能溶胀和提取角质层中的类脂，增加药物的溶解度，从而提高极性和非极性药物的透皮吸收。但短链醇只对极性类脂有较强的作用，而对大量中性类脂的作用较弱。丙二醇、甘油及聚乙二醇等多元醇也常作为促进剂使用，但单独应用的效果一般不理想，如果与其他促进剂合用，则可以在起到增加药物及促进剂溶解度的同时发挥协同作用。如丙二醇及 2% 月桂氮䓬酮与 15% 癸基甲基亚砜能显著改善甘露醇的经皮渗透，不过高浓度的丙二醇水溶液可能对皮肤产生刺激和损害。丙二醇用作亲脂性药物的溶剂所产生的促渗透作用一般比用作亲水性药物好。

2. 酯类

醋酸乙酯对某些药物具有良好的透皮促进作用，毒性低，有一定的水溶性。用醋酸乙酯或醋酸乙酯的乙醇溶液作为溶剂能使雌二醇、氢化可的松通过大鼠皮肤的透皮速率成百倍地提高。

3. 二甲基亚砜及其同系物

二甲基亚砜（DMSO）是 20 世纪 60 年代应用很广泛的经皮吸收促进剂，为无色透明的油状液体，有较强的渗透促进作用。与角质层脂质相互作用和对药物的增溶性质是其主要促渗机理，它能与水及有机溶剂相混溶，具有较强的渗透性和运载能力。DMSO 的缺点是皮肤刺激性和恶臭，长时间及大量使用 DMSO 可导致皮肤受到严重刺激，引起皮肤红斑和水肿，甚至引起肝损失和神经毒性等。与之同类的二甲基甲酰胺（DMF），二甲基乙酰胺（DMA）等刺激性较小，但渗透促进效应作用也较小。

为了克服 DMSO 的一些缺点，甲基亚砜的一些烷基同系物被试用，其中癸基甲基亚砜（DCMS）具有较好的性能。DCMS 在低浓度即有经皮吸收促进作用，常用浓度是 1%～4%，刺激性、毒性和不适臭味都比 DMSO 小。DCMS 对极性药物的渗透促进效果大于非极性药物，由于 DMSOM 不分配进入皮肤脂质，故其作用受载体性质影响很大。用含 15%DCMS 的丙二醇溶液作溶剂可使甘露醇通过人离体皮肤的渗透速率提高 260 倍，而使氢化可的松提高 8.6 倍。在四氢大麻酚和尿氟嘧啶透过无毛小鼠皮肤的实验中，当在溶解药物的溶剂丙二醇—乙醇（1∶1）中加入 1%DCMS，对这 2 个药物的透皮速率均没有影响，当溶剂改为丙二醇—乙醇—水（3.5∶3.5∶3），1%DCMS 可使尿氟嘧啶的透皮速率提高 14 倍，而使四氢大麻酚的透皮速率下降 25%，因此 DCMS 的渗透促进作用还与溶剂有关。

（二）脂肪酸与脂肪醇

一些脂肪酸与脂肪醇在适当的溶剂中，能对很多药物的经皮吸收有促进作用。脂肪酸与长链脂肪醇能作用于角质层细胞间类脂，增加脂质的流动性，药物的透皮速率增大。油酸是应用得较多的促渗剂，为无色油状液体；微溶于水，易溶于乙醇、乙醚、氯仿和油类等。油酸与皮肤中的脂肪酸有类似的结构，使角质层细胞间类脂分子排列发生变化，增加类脂的流动性，皮肤的渗透性增大。油酸能促进阳离子药物、阴离子型药物以及很多分子型药物等的经皮渗透。

当油酸与乙醇和丙二醇等潜溶剂配伍时,能提高促渗透作用。如在丙二醇中加入 2% 油酸,雌二醇通过无毛小鼠皮肤的渗透系数与单用丙二醇没有差别,而相当情况可使阿昔洛韦的渗透系数增加 140 倍。当增加油酸在丙二醇中的浓度达 10% 时,雌二醇的渗透系数增加 6 倍。

(三)月桂氮䓬酮

月桂氮䓬酮(laurocapram)又称氮酮,化学名为 1-十二烷基-氮杂环庚烷-2-酮,国外商品名为 Azone,国内也批准其作为促进剂使用。月桂氮䓬酮为无色澄明油状液体,不溶于水,能与醇、酮、低级烃类混溶的强亲脂性化合物,大鼠和小鼠口服的半数致死量(LD_{50})>7 000 mg/kg,浓度高达 50% 也未对皮肤产生刺激性和致敏性。月桂氮䓬酮的透皮作用具有浓度依赖性,有效浓度常在 1%~6% 左右,如在羧链孢酸钠的丙二醇—异丙醇溶液中,月桂氮䓬酮浓度为 3% 时对药物的促渗透作用最大,大于 3% 作用降低,浓度高达 50% 时几乎没有渗透促进作用。制剂的处方成分能显著影响月桂氮䓬酮的经皮渗透促进作用。如在含 1% 的月桂氮䓬酮的甲硝唑乙醇溶液中加入 18% 丙二醇,月桂氮䓬酮的渗透促进作用可明显加强;如加入 18% 聚乙二醇 400,则抑制了月桂氮䓬酮的渗透促进作用。液状石蜡和凡士林等辅料也会削弱月桂氮䓬酮的渗透促进作用,这可能是因为这些辅料与月桂氮䓬酮具有较强的亲和力,降低了它向角质层的分配,影响了它的渗透促进作用。月桂氮䓬酮的起效较为缓慢,药物透过皮肤的时滞 2~10 h,但一旦发生作用,则能持续数日,这可能是月桂氮䓬酮自身在角质层中贮积的结果。月桂氮䓬酮与其他促渗剂合用常有更佳效果,如与丙二醇、油酸等都可以配伍使用。

其他氮酮类化合物促进剂还包括以下化合物:α-吡咯酮(NP),N-甲基吡咯酮(1-NMP),5-甲基吡咯酮(5-NMP),1,5-二甲基吡咯酮(1,5-NMP),N-乙基吡咯酮(1-NEP),5-羧基吡咯酮(5-NCP)等。此类促进剂用量较大时对皮肤有红肿、疼痛等刺激作用。

(四)表面活性剂

表面活性剂自身可以渗入皮肤并可能与皮肤成分相互作用,改变其渗透性质,对生物膜的作用是复杂的,可使药物的吸收速率和程度增加或降低。高浓度的表面活性剂往往使药物通过生物膜的速率降低,低浓度的有可能促进药物通过生物膜的渗透。

表面活性剂对皮肤的作用包括对皮肤的脱脂作用和与角质层作用两方面。如将皮肤浸泡在一定浓度的肥皂液中 1 min,测定浸泡前后皮肤表面皮脂的量,浸泡后皮脂损失 50.1%。表面活性剂能与角质层中的 α-角蛋白作用,使结构疏松,有利于药物通过极性通道。表面活性剂渗透通过角质层的能力是阳离子型>阳离子型>非离子型,对药物的渗透促进作用也是按如此顺序减弱。表面活性剂的渗透促进作用一般较弱,而对极性药物相对较强。同时应注意由于表面活性剂的水溶液长时间与皮肤接触,能提取角质层中的游离氨基酸与类脂,使角质层保湿能力下降,而致皮肤变得干燥。

(五)角质保湿剂

正常的皮肤即使环境的湿度有较大的变化,都能保持恒定的水分含量。这是因为含有一组称为天然保湿因子的化合物。天然湿润因子的主要成分有游离脂肪酸(40%),羟酸吡咯烷酮(12%)和尿素。尿素能增加角质层的水化作用,与皮肤长期接触后可引起角质溶解,制剂中用作渗透促进剂的尿素一般浓度较低,这时作用机制与水化作用有关。近来的研究表明,尿素能降低类脂相变温度,因而增加类脂的流动性。目前尿素已经用于一些临床药物的制剂中,如一些激素类霜剂,一般的浓度为10%。吡咯酮类衍生物能增加角质层与水的结合能力,2-吡咯烷酮和 N-甲基吡咯烷酮有较强的经皮渗透促进作用,能促进激素类、咖啡因、乙酰水杨酸、林可霉素等药物的经皮渗透,它们的作用可能是通过角质层内的极性途径。

(六)萜烯类

萜类是芳香油的一种成分,很多萜类有一定的医疗作用。现在已有一些研究表明,萜类对某些药物是较好的透皮促进剂。如薄荷醇能增大吲哚美辛、山梨醇、可的松的经皮渗透系数。以含有20%乙醇的磷酸盐缓冲生理盐水作介质,加入1%薄荷醇后山梨醇通过无毛小鼠皮肤的渗透系数增加63倍,吲哚美辛增加140倍,可的松约增加10倍。1,8-桉树脑能促进苯佐卡因、普鲁卡因、吲哚美辛、地布卡因的经皮渗透。柠檬烯也能促进吲哚美辛等药物的经皮渗透。另外研究表明,桉叶油和土荆芥油等芳香油也有透皮吸收促进作用。

四、透皮溶液(涂)剂

目前动物透皮制剂的应用还处于研究阶段,研究试用较多的是透皮溶液(涂)剂。由于动物生理和解剖特点的不同,使得动物透皮制剂研究应用受到诸多限制。兽医上常使用透皮促进剂来促进药物的吸收,水溶性氮酮的开发也为进一步研发多种新型透皮剂提供了保障。临床上已经使用的有阿苯达唑透皮溶液剂,是用40%二甲基亚砜和2%氮酮作为促进剂制成的透皮溶液剂,通过背部皮肤涂药,与不涂药对照组相比,平均虫卵减少率有显著差异。针对仔猪黄白痢过程中的免疫功能降低的特点,用抗菌药物制成透皮剂,同时加入免疫调节剂,制成诺氟沙星搽剂。在兽医临床试用的还有阿维菌素透皮溶液剂、左旋咪唑透皮溶液剂等。

透皮制剂举例

驱蛔搽剂制备

由左旋咪唑0.7 g,用适量二甲基亚砜和乙醇溶解,加水至100 mL 配制而成。

巩固训练

1. 试制诺氟沙星透皮搽剂。
2. 试制阿维菌素透皮溶液剂。

兽药制剂工艺实训内容

药剂学兼属于药物应用与工艺学学科的范畴,具有综合性强、应用性强、创新性强等特点。药剂学实验是教学的重要组成部分,是理论与实践相结合的主要方式之一。通过实验课不仅能印证、巩固和扩展课堂教学内容,还能训练基本操作技能,培养良好的职业素养。实验内容包含有课堂实验和课程教学实习,可根据实际情况予以适当调整。

◆◆◆ 实验一 青霉素 G 钾盐的稳定性加速实验 ◆◆◆

一、实验目的

1. 初步了解化学动力学在药物制剂稳定性考查中的应用。
2. 掌握恒温加速实验预测药物制剂贮存期或有效期的方法(经典恒温法)。

二、实验指导

青霉素 G 钾盐在水溶液中迅速破坏,残余未被破坏的青霉素 G 钾盐可用碘量法测定。即先经碱处理,生成青霉酸,后者可被碘氧化,过量的碘则用硫代硫酸钠溶液回滴,反应方程式如下:

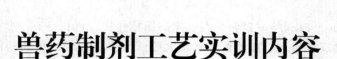

随着青霉素 G 钾盐溶液放置时间的增长,主药分解越来越多,残余未破坏的青霉素 G 钾盐越来越少,故碘液消耗量也相应减少,根据碘液消耗量的对数对时间作图,得到一条直线,表明青霉素 G 钾盐溶液的破坏为一级反应,因为这个反应与 pH 有关,故实际上是一个伪一级反应。

一级反应的速度方程式如下:

$$-\frac{dC}{dt} = KC \tag{1}$$

对式(1)进行积分即得:

$$\lg C = -\frac{K}{2.303}t + \lg C_0 \tag{2}$$

式中:C 为 t 时间尚未分解的青霉素 G 钾的浓度;C_0 为初浓度;K 为反应速度常数。

此式为一直线方程。其斜率为 $m = -\dfrac{K}{2.303}$,截距为 $\lg C_0$,有速度方程的斜线求出各种温度的反应速度常数。

反应速度常数和绝对温度 T 之间的关系可用 Arrhenius 公式表示:

$$\lg K = -\frac{E}{2.303R} \cdot \frac{1}{T} + \lg A$$

此式仍为一直线方程,若按照式(1)求得几个温度的 k 值,则可应用式(2),以 $\lg K$ 对绝对温度的倒数作图,可得一直线,再以外推法求出室温时(25℃)的 K 值根据 $t_{0.5} = \dfrac{0.693}{R}$;$t_{0.1} = \dfrac{0.105}{K}$ 即可求出,在室温时药物半衰期和有效期。

三、实验内容

精密称取青霉素 G 钾盐 70 mg,置 100 mL 干燥容量瓶中,用 pH 4 的缓冲液(枸橼酸-磷酸氢二钠缓冲液)定容,将此容量瓶置恒温水浴中,立即用 5 mL 移液管移取该溶液 2 份,每份 5 mL,分别置于两个碘量瓶中(一份为检品,另一份为空白),并同时以该时刻为零时刻记录取样时间,以后每隔一定时间取样一次,方法和数量同上。

实验温度及取样间隔时间见表 1。

表 1

实验温度/℃	30	35	40	45
间隔时间/min	90	30	20	15

每次取样后,立即按下法进行含量测定:

向盛有 5 mL 检品的碘量瓶中加入 1 mol/L 的氢氧化钠溶液 5 mL,放置 15 min,充分反应后,加入 1 mol/L 的盐酸溶液 5 mL,醋酸缓冲液(pH 4.5)10 mL,摇匀,精密加入 0.01 mol/L 碘液 10 mL,在暗处放置 15 min,立即用 0.01 mol/L 硫代硫酸钠溶液回滴,以淀粉液为指示剂,至蓝色消失,消耗硫代硫酸钠溶液的量记录为 b。

向盛有 5 mL 空白的另一个碘量瓶中加 pH 4.5 醋酸缓冲溶液 10 mL,精密加入 0.01 mol/L 碘液 10 mL,放置 1 min,用 0.01 mol/L 硫代硫酸钠溶液回滴,消耗硫代硫酸钠溶液的量记录为 a,"$a-b$"即为实际消耗碘液量。

实验温度选择 30℃、35℃、40℃、45℃ 4 个温度,取样时间应视温度而定,温度高,取样间隔宜短,一般实验温度为 30℃,两次取样间隔 60 min;实验温度为 35℃,间隔时间 30 min;实验温度 40℃,间隔时间 20 min;实验温度 45℃,间隔时间为 15 min。

四、实验数据记录

实验温度为 30℃,实验数据记录于表 2。

表 2

	取样时间/min	0	90	180	270	360
实验温度 30℃	a/mL					
	b/mL					
	$a-b$/mL					
	$\lg(a-b)$					

其他温度的数据均按此格式纪录。

五、实验数据的处理

(一)作图法求室温时的半衰期和有效期

1. 求各温度的反应速度常数 K

①求直线的斜率(m),可在直线上任取两点,他们的横坐标之差为 t_2-t_1,纵坐标之差为 $\lg(a_2-b_2)$ 则直线的斜率为

$$m=\frac{\lg(a_2-b_2)-\lg(a_1-b_1)}{t_2-t_1}$$

②求反应速度

根据 $m=\dfrac{K}{2.303}$ $K=-2.303\times m$

将如此求得的 4 个温度的 K 值与其绝对温度列于表 3。

表 3

T	273+30	273+35	273+40	273+45
$1/T\times10^3$				
K				
$\lg K$				

2. 求室温下的反应速度常数 K

用 $\lg K$ 对 $1/T \times 10^3$ 作图，得一直线，用外推法可求出室温的反应速度常数 K。

3. 求室温时的有效期和半衰期

$$t_{0.5} = \frac{0.693}{R} \qquad t_{0.1} = \frac{0.105}{K}$$

(二)用回归方程求室温时的半衰期和有效期

回归方程中直线的斜率 b，截距 a 的求算公式如下：

$$a = \frac{\sum x_i^2 y_i - \sum x_i \sum x_i y_i}{n \sum x_i - \left(\sum x_i\right)^2}$$

$$b = \frac{n \sum x_i y_i - \sum x_i \sum y_i}{n \sum x_i - \left(\sum x_i\right)^2}$$

由式(2)可知 $b = \dfrac{K}{2.303}$，则某一温度下的速度常数 $K = -2.303 \times b$，设加速实验中某温度下取样时间 t_i 为 x_i，检品实际消耗碘液量的对数 $\lg(a-b)_i$ 为 y_i，结果记录于下面回归计算表(表4)中。

表 4

温度	n	x_i(取样时间)	$\lg(a-b)$	x^2	xy
	1				
	2				
	3				
	4				
	5				
	$\sum$				
	$\sum^2$				

将此表值代入式(5)可求出斜率 b，从而求出 K 值，将 4 个温度的 K 值与其绝对温度的倒数列于表 5。

表 5

T	303	308	313	318
$1/T \times 10^3$				
K				
$\lg K$				

再设 x_i 为 $1/T \times 10^3$，y_i 为 $\lg K$，列于下列回归计算表(表 6)。

表6

n	$x_i(1/T \times 10^3)$	$y_i(\lg K)$	x^2	xy
1				
2				
3				
4				
5				
$\sum$				
$\sum^2$				

将此表之值代入式（5）和式（4）可求出斜率 b 和截距 a，由式（3）可知

$$b = \frac{E}{2.303R} \quad a = \lg A$$

从而求出活化能 E 与频率因子 A，将 E 和 A 代入式（3）便可求出室温时的 K，然后代入公式 $t_{0.5} = \frac{0.693}{R}$；$t_{0.1} = \frac{0.105}{K}$ 即可求出半衰期和有效期。

 # 实验二　溶液型和胶体型液体药剂的制备

一、实验目的

1. 了解各类液体药剂的分类及特点。
2. 掌握常用液体药剂的制备方法及稳定措施。
3. 熟悉影响液体药剂质量的因素以及评定质量的方法。

二、实验指导

液体药剂按分散系统分为溶液型、胶体型、混悬型和乳浊型液体药剂。属于同一分散系统的液体药剂，往往由于医疗上的作用和用途不同，其制法和组成等要求也不相同。这就出现了按给药途径与应用方法加以区别和命名的制剂，这类制剂在医疗实践中应用甚广。故制备时，可参考各类型液体药剂的制备方法进行。

溶液剂供内服和外用，除主药含量应准确外，还不得有沉淀混浊或异物。为增加药物的溶解度可加入助溶剂、增溶剂，为使溶液稳定可加入抗氧剂，如亚硫酸氢钠（0.05%～0.1%）、焦亚硫酸钠（0.05%～0.1%）、乙二胺四乙酸二钠（0.03%～0.05%）等。

溶液型液体药剂多采用溶解法制备，即把药物溶解于分散介质中，如水杨酸钠合剂采用此法制备。

制备亲水性胶体溶液,基本上和真溶液相同,只是将药物溶解时,首先要经过溶胀过程,即水分子进入亲水胶体分子间的空隙中,与亲水基团发生水化作用,最后使胶体分子完全分散在水中形成亲水胶体溶液,胃蛋白酶是亲水胶,制备时必须将其分次撒于水面,与水接触的胶体分子,被水化并分散到水中,最后形成胃蛋白酶合剂,否则胃蛋白酶外层吸水,水合,形成一层黏稠的胶体层,包围内层的胃蛋白酶,以致阻碍水分子进一步向胶体内扩散,延长胶体溶解制备的时间。

煤酚皂溶液中烟酚浓度为50%,而煤酚溶解度小(1∶50),要制成均匀澄明的水溶液可加入增溶剂(如软皂),软皂是阴离子型表面活性剂,它在水中浓度达到临界胶团浓度后形成胶团,使微溶于水的煤酚增溶而制成稠厚的红棕色胶体溶液。

三、实验内容

(一)溶液型液体药剂

1. 碘酊

处方:

碘	1.0 g
碘化钾	0.8 g
乙醇	25.0 mL
水	适量
全量	50.0 mL

制法:取碘化钾,加水约1 mL溶解后,加碘及乙醇,搅拌使溶解,再加水适量至50 mL,搅匀,即得。

注:碘在水中的溶解度为1∶2 950,加入碘化钾可与碘生成易溶于水的络合物KI_3,同时使碘稳定不易挥发,并减少其刺激性。

思考题:

(1)碘化钾在此方中起何作用?

(2)为何先用少量水溶解碘化钾和碘?

(3)请设计2%碘液的处方,并说明制备方法和原理。

2. 水杨酸钠合剂

处方:

水杨酸钠	10.0 g
碳酸氢钠	5.0 g
焦亚硫酸钠	0.1 g
乙二胺四乙酸二钠	0.02 g
蒸馏水	适量
全量	100.0 mL

制法:取碳酸氢钠、焦亚硫酸钠、乙二胺四乙酸二钠溶于适量蒸馏水中,加入水杨酸钠溶解,过滤,加蒸馏水至100 mL,搅匀,即可。

稳定性考察:

以上处方按以下两种情况配制。

A. 照原处方配制

B. 原处方不加稳定剂配制

将制得两种溶液在室内放置一周后比较 A、B 两组溶液变化情况,并说明原因及生成物(表 7)。

表 7

组别	变化情况	生成物

(二)胶体型液体药剂

1. 胃蛋白酶合剂

处方:

胃蛋白酶(1∶3 000)	2.0 g
稀盐酸	1.3 mL
橙皮酊	2.0 mL
甘油	17.0 mL
蒸馏水	适量
全量	100.0 mL

制法:取稀盐酸加水约 30 mL,混匀,将胃蛋白酶撒在液面上,自然膨胀,轻加搅拌使溶解,再加水、橙皮酊、甘油至 100 mL,搅拌均匀,即得。

注:胃蛋白酶极易吸潮,故称取时应迅速。胃蛋白酶在 pH 1.5~2.0 时活性最强,但盐酸的量若超过 0.5% 时会破坏其活性,不可直接加入未经稀释的稀盐酸。操作中的强力搅拌以及用棉花、滤纸过滤等,都会影响本品的活性和稳定性。

思考题:

(1)胃蛋白酶的消化力 1∶3 000 是指什么?

(2)处方中为什么要加稀盐酸?将稀盐酸与蛋白酶直接混合,是否合理?

2. 煤酚皂溶液

处方:

煤酚	25.0 mL
软皂	25.0 g
蒸馏水	适量
全量	50.0 mL

制法:将煤酚、软皂、水加在一起搅拌(必要时加热),使其混溶至足量,搅拌均匀,即得。

注解:煤酚原称煤馏油酚或称甲酚,与酚的性质相似,但杀菌力较酚强,在水中溶解度小(1∶50)。本实验依靠软皂的增溶作用,使煤酚在水中的溶解度增至 50%,故该溶液是钾肥皂的缔合胶体溶液。

检查:取本品加蒸馏水,配制成 25%、10%、5% 等浓度溶液,观察澄明度,并在放置 3 h 后再进行观察,如成品稀释后变混浊,分析原因。

思考题:软皂在此溶液中的作用是什么?

实验三   混悬剂的制备

一、目的和要求

1. 掌握亲水性、疏水性药物制成混悬剂的一般制备方法。

2. 了解助悬剂、润湿剂、絮凝剂等在混悬液中的应用。

二、实验指导

混悬液为不溶性固体药物微粒分散在液体分散媒中形成的非均相体系,可供口服、局部外用和注射。

混悬剂的配制方法有分散法(如研磨粉碎)和凝聚法(如化学反应和微粒结晶)。

分散法:将固体药物粉碎成微粒,再根据主药性质混悬于分散介质中,加入适宜的稳定剂。亲水性药物先干研至一定细度,再加液研磨(通常一份固体药物,加 0.4~0.6 份液体为宜);疏水性药物则先用润湿剂或高分子溶液研磨,使药物颗粒润湿,最后加分散介质稀释至总量。

凝聚法:将离子或分子状态的药物借助物理或化学方法凝聚成微粒,再混悬于分散介质中形成混悬剂。

混悬剂成品的标签上应注明"用时摇匀"。为安全起见,剧、毒药不应制成混悬剂。

三、实验内容

磺胺嘧啶合剂

处方一:磺胺嘧啶   10.0 g

　　　　尼泊金乙酯   0.04 g

　　　　1%糖精钠   适量

　　　　羧甲基纤维素钠   1.0~1.2 g

　　　　香精   适量

　　　　蒸馏水加至   100.0 mL

制法一:加助悬剂法。取 CMC-Na 加入 2/3 量的蒸馏水,待溶解后与 SD 再乳钵中充分研磨,然后加入其余成分并加蒸馏水至全量即可。

处方二:磺胺嘧啶   10.0 g

　　　　氢氧化钠   1.6 g

　　　　枸橼酸   2.9 g

　　　　枸橼酸钠   6.5 g

　　　　苯甲酸钠   0.2 g

　　　　1%糖精钠   适量

　　　　香精   适量

　　　　蒸馏水加至   100.0 mL

制法二:微粒结晶法

(1)取氢氧化钠加入经煮沸后的蒸馏水 25 mL 中搅拌溶解,然后趁热将 SD 分次加入,并不断搅拌使溶解,放冷,得淡黄色液体,为"甲液"。

(2)取枸橼酸加蒸馏水至 10 mL。搅拌溶解为"乙液"。

(3)取枸橼酸钠,苯甲酸钠及 1‰糖精钠一次加入蒸馏水约 30 mL 中,搅拌溶解为"丙液"。

(4)将甲液与乙液按 3∶1 的比例,分次交替加入丙液中,边加边搅拌,直至加完为止,并继续搅拌片刻,此时 SD 即以微粒结晶状态混悬于水,最后添加适量蒸馏水至 100 mL,搅拌均匀即得。

注解:①难溶性固体药物粒子大小,对溶解,吸收有一定的影响,一般粒子愈细则愈有利于溶解和吸收。②磺胺类药物不溶于水,可溶于碱液形成盐,但钠盐水溶液不稳定,极易吸收空气中的 CO_2 而析出沉淀,用时也易受光线、重金属离子的催化而氧化变色,所以实际工作中一般不用钠盐制成溶液剂供内服。然而,在其磺胺钠盐(碱性溶液)中用酸调解时即转变成磺胺类微粒结晶析出,利用此微晶直接配成分布均匀的混悬液,制成品种混悬粒子的直径约比原粉减小 4~5 倍(通常可得到 10 μm 以下的晶体)。故混悬微粒沉降缓慢,克服了用助悬剂法制备磺胺类混悬液所常出现的易分层黏瓶,不宜摇匀,吸收性差等缺点。

比较两法制品于表 8 中。

表 8

	制法一	制法二
外观		
流动性		
黏度		

四、思考题

比较两种制法制备的磺胺嘧啶合剂的质量状况,并进行讨论。

 实验四　混悬剂的稳定性评定

一、实验目的

1. 掌握混悬剂稳定性影响因素。
2. 熟悉助悬剂、润湿剂、絮凝剂及反絮凝剂等在混悬液中的应用。

二、实验指导

优良的混悬剂应符合一定的质量要求,药物颗粒细小,并且分散均匀,颗粒下降缓慢,颗粒沉降后,经振摇又能重新分散,而不宜结成硬块。

根据 Stokes 定律可以看出,减少颗粒半径,增加分散的黏度可降低颗粒的沉降速度。因此制备混悬液时,常用加液研磨法制备悬浊液以减小固体分散相粒径,并加入一些助悬剂等稳定剂以增加分散介质的黏度,降低沉降速度和增加稳定性。混悬剂的稳定剂一般分为 3 类:① 助悬剂;② 润湿剂;③ 絮凝剂与反絮凝剂。如为防止小颗粒的絮凝聚集,常用西黄蓍胶和甲基纤维素钠等反絮凝剂,除使分散介质黏度增加外,还能形成一个带电水化膜包在颗粒表面。

根据 $\Delta F = 6SL\Delta A$ 可知,降低界面张力可减少表面自由能,从而减少细小颗粒聚集的趋势,非离子界面活性剂和离子界面活性剂均可有效地减低固体颗粒和介质间的界面张力,减少离子聚集的倾向,重新再分散,使体系稳定。

一些固体离子在水中表面带电荷,由于粒子都带相同电荷,相互排斥而减少聚结,但悬浊液粒子是动力学不稳定型,防止过程中下沉而形成致密的不宜分散的结块,加入适量带相反电荷的电解质可降低粒子的 S 电位,使颗粒发生絮凝,ΔA 降低,混悬剂相对稳定。絮凝粒子形成网状疏松的聚集体,产生絮凝后可防止悬浊液沉降结块而易于重新分散,这类电解质成为絮凝剂。如三氯化铝可降低氧化锌和炉甘石悬浊液粒子表面的电位,而枸橼酸钠可增加其电位,磷酸二氢钠可降低碱式硝酸的电位。

一些疏水性药物的悬浊液,由于固体粒子表面难以被水湿润,如硫黄粉末分散于水中时,这种悬浊液在振摇时粒子会黏附在气泡周围而漂浮,使分散剂量不准确,加入表面活性剂后(助湿润剂)后降低界面张力,使粒子能被分散媒所湿润克服粒子漂浮现象。

三、实验内容

(一)亲水性药物混悬剂的制备及沉降容积比的测定

1. 处方

氧化锌混悬剂各处方见表 9。

表 9

项目	处方号			
	1	2	3	4
氧化锌/g	0.5	0.5	0.5	0.5
50%甘油/mL	—	6.0	—	—
甲基纤维素/g	—	—	0.1	—
西黄蓍胶/g	—	—	—	0.1
蒸馏水加至/mL	10	10	10	10

2. 操作

(1)处方 1、2 的配制:称取氧化锌细粉(过 120 目筛),置乳钵中,分别加 0.3 mL 蒸馏水或甘油研成糊状,再各加少量蒸馏水或余下甘油研磨均匀,最后加蒸馏水稀释并转移至 10 mL 刻度试管中,加蒸馏水至刻度。

(2)处方 3 的配制:称取甲基纤维素 0.1 g,加入蒸馏水研成溶液后,加入氧化锌细粉,研成糊状,再加蒸馏水研匀,稀释并转移至 10 mL 刻度试管中,加蒸馏水至刻度。

(3)处方 4 配制：称取西黄蓍胶 0.1 g，置乳钵中，加乙醇几滴润湿均匀，加少量蒸馏水研成胶浆，加入氧化锌细粉，以下操作同处方 3 配制。

(4)沉降容积比测定：将上述 4 个装混悬液的试管，塞住管口，同时振摇相同次数(或时间)后放置，分别记录 0、5、10、30、60、90、120 min 沉降物的高度(mL)，计算沉降容积比，结果填入表 3。根据表 3 数据，绘制各处方的沉降曲线。(加甘油做助悬剂，会出现两个沉降面，这是因为甘油对小粒子的助悬效果好，而对大粒子助悬效果差造成的，观察时应同时记录两个沉降体积)。

3. 操作注意

(1)各处方配制时，加液量、研磨时间及研磨用力应尽可能一致。

(2)用于测定沉降容积比的试管，直径应一致。

(3)由于甘油为低分子助悬剂，助悬效果不很理想，研时力度、时间应保持一致，否则不易观察。

(4)西黄蓍胶粉先加数滴乙醇润湿，再加蒸馏水研成胶液。

(二)疏水性药物混悬剂的制备，比较几种润湿剂的作用

1. 处方

硫黄洗剂的处方组成见表 10。

表 10

项目	处方号			
	1	2	3	4
精制硫黄/g	0.2	0.2	0.2	0.2
乙醇/mL	—	2.0	—	—
50%甘油/mL	—	2.0	—	—
软皂液/mL	—	—	1	—
聚山梨酯-80/g	—	—	—	0.03
蒸馏水加至/mL	10	10	10	10

2. 操作

称取精制硫黄置乳钵中，各处方分别按加液研磨法依次加入少量蒸馏水、乙醇、甘油、软皂液或聚山梨酯-80(加少量蒸馏水)研磨，再向各处方中缓缓加入蒸馏水至全量。振摇，观察硫黄微粒的混悬状态，记录。

3. 操作注意

为保证结果观察准确，硫黄称量要准确。

(三)絮凝剂对混悬剂再分散性的影响

1. 处方

(1)碱式硝酸铋　　　　　　　1.0 g

　　蒸馏水　　　　　　　　　适量

共制成	10.0 mL
(2)碱式硝酸铋	1.0 g
1%枸橼酸钠溶液	1.0 mL
蒸馏水	适量
共制成	10.0 mL

2. 操作

(1)取碱式硝酸铋 2.0 g 置乳钵中,加 0.5 mL 蒸馏水研磨,加蒸馏水分次转移至 10 mL 试管中,摇匀,分成 2 等份,一份加水至 10 mL,为处方(1);另一份蒸馏水至 9 mL,再加 1%枸橼酸钠溶液 1.0 mL。两试管振摇后放置 2 h。

(2)首先观察试管中沉降物状态,然后再将试管上下翻转,观察沉降物再分散状况,记录翻转次数与现象。

3. 操作注意

用上下翻转试管的方式振摇沉降物,两管用力要一致,用力不要过大,切勿横向用力振摇。

四、数据记录

(1)将沉降容积比测定结果填入表 11。

表 11

时间/min	处方号							
	1		2		3		4	
	H_u	H_u/H_0	H_u	H_u/H_0	H_u	H_u/H_0	H_u	H_u/H_0
5								
10								
30								
60								
90								
120								

注:H_0 为混悬液的高度;H_u 为沉降物的高度。

(2)根据表 3 数据,以 H_u/H_0(沉降容积比)为纵坐标,时间为横坐标,绘制各处方沉降曲线,比较几种助悬剂的助悬能力。

(3)记录碱式硝酸铋混悬剂 2 h 沉降物状态及再分散翻转次数,沉降物的状态。

(4)记录硫黄洗剂各处方的混悬情况,讨论不同润湿剂的稳定作用。

(5)记录分散法与凝聚法制备硫黄洗剂的混悬情况,讨论不同制备方法对制剂稳定性及分散状况的影响。

五、思考题

根据 Stokes 定律并结合处方分析影响混悬剂稳定性的主要因素有哪些?应采取哪些措施增强混悬剂稳定性?

◆◆◆ 实验五　乳剂的制备及油所需 HLB 值的测定 ◆◆◆

一、实验目的

1. 掌握乳剂的几种制备方法。
2. 通过对液体石蜡所需 HLB 值的测定,学习选择合适乳化剂的方法。
3. 熟悉乳剂类型的鉴别方法及了解乳剂转型的条件。

二、实验指导

乳剂是两种互不混溶的液体(通常为水或油)组成的非均相分散体系。制备时加乳化剂,通过外力做功,使其中一种液体以小液滴形式分散在另一种液体中形成的液体制剂。乳剂的类型有水包油(O/W)型和油包水(W/O)型等。乳剂的类型主要取决于乳化剂的种类、性质及两相体积比。制备乳剂时应根据制备量和乳滴大小的要求选择设备。小量制备多在乳钵中进行,大量制备可选用搅拌器、乳匀机、胶体磨等器械。制备方法有干胶法、湿胶法或直接混合法。乳剂类型的鉴别,一般用稀释法或染色法。

乳化剂的种类很多,早期选择乳化剂的方法多凭经验。Criffin 和 Daries 提出寻找混合乳化剂的 HJB 值和测定被乳化的油所需的 HLB 值的方法来选择适宜的乳化剂。这种方法是基于每种乳化剂都具有一定的 HLB 值,而每种被乳化的油又都有一个所需的 HLB 值,就可制得比较稳定的乳剂。但是单个乳化剂所具有的 HLB 值,不一定恰好与乳化的油所需的 HLB 值相适,所以常常将两种不同 HLB 值的乳化剂混合使用,以获得最适 HLB 值。

混合乳化剂的 HLB 值可按下式计算:

$$HLB_{混合} = \frac{HLB_A \times W_A + HLB_B \times W_B}{W_A + W_B}$$

式中,A 和 B 分别为两种已知 HLB 的单个乳化剂,W_A 和 W_B 分别为两个乳化剂的重量。本实验测定油所需的 HLB 的方法,是将两种已知 HLB 的单一乳化剂,按上式以不同重量比例配算成具有一系列 HLB 值的混合乳化剂,然后用来配备一系列乳剂,在室温条件或采用加速实验的方法(如离心),观察分散液滴的分散度,均匀度以及乳化速度,稳定性"最佳"的乳剂所用乳化剂的 HLB 值即为油所需的 HLB 值。

三、实验内容与操作

(一)液体石蜡乳

1. 处方

液体石蜡　　　　　　　　　　12.0 mL

阿拉伯胶	4.0 g
5%尼泊金乙酯醇溶液	0.05 mL
蒸馏水　加至	30.0 mL

2. 制法

①将阿拉伯胶粉置于干燥乳钵中分次加入液体石蜡，研匀，一次加水 8 mL，迅速向同一方向研磨至发劈啪声，即成初乳，再加水 5 mL 研磨后，加尼泊金乙酯醇液，蒸馏水边加边研至全量。

②高速捣碎机的应用示范。

(二)石灰搽剂

1. 处方

0.3%氢氧化钙溶液	15.0 mL
花生油	15.0 mL

2. 制法

将氧氧化钙溶液与花生油混合用力振摇使成乳浊液即得。

(三)乳剂类型的鉴别

1. 稀释法

取试管 2 支，分别加入液体石蜡乳和石灰搽剂各一滴，再加入蒸馏水约 5 mL，振摇观察是否能均匀混合，根据实验结果判断上述两种乳剂类型。

2. 染色法

将上述两种乳剂分别涂在载玻片上，加油溶性染料苏丹红染色和加水溶性染料亚甲蓝染色，在显微镜下观察染料分布情况，根据检查结果，判断乳剂类型。

(四)液体石蜡所需最适 HLB 值的测定

用吐温-80（HLB＝15.0）及司盘-80（HLB＝403）配成 HLB 值为 8.0、10.0、12.0 及 14.0 四种混合乳化剂各 5 g，计算各单个乳化剂的用量，填于表 12。

表 12

项目	8.0	10.0	12.0	14.0
吐温-80				
司盘-80				

取 4 支 25 mL 干燥有塞量筒，各加入 6.0 mL 液体石蜡，再分别加入上述不同 HLB 值的混合乳化剂 0.5 mL，剧烈振摇 10 s，然后再加蒸馏水 2 mL 振摇 20 次，最后沿管壁慢慢加蒸馏水使成全量 20 mL，振摇 30 次即可成乳。放置 5、10、30、60 min 后，分别观察并记录各乳剂分层毫升数（表 13）。

表 13

项目	8.0	10.0	12.0	14.0
5 min 后分层毫升数				
10 min 后分层毫升数				
30 min 后分层毫升数				
60 min 后分层毫升数				

根据以上观察结果,液体石蜡所需 HLB 值为_____,做成乳剂属_____型。

四、思考题

1. 乳化剂有哪几类?制备乳剂时应如何选择乳化剂?

2. 所制备的液体石蜡乳和石灰搽剂二处方中,分别以何物作为乳化剂?成品为何类型乳剂?

 # 实验六　注射用水的制备及质量控制

一、实验目的

1. 掌握几种制备注射用水方法的原理,了解所用设备的性能。

2. 熟悉注射用水质量控制的内容和方法。

二、实验指导

在普通制剂的制备过程中,无论是液体制剂还是固体制剂都必须使用蒸馏水,而注射剂、输液的制备过程中必须使用注射用水。

注射用水的质量要求比一般蒸馏水高,在《中国兽药典》2005 版中有严格规定。注射用水制备一般工艺流程为:自来水→细过滤器→电渗析装置或反渗透装置→阳离子树脂床→脱气塔→阴离子树脂床→混合树脂床→多效蒸馏水机或气压式蒸馏水机→热贮水器(80℃)→注射用水。其关键工艺流程为原水处理和蒸馏法制备注射用水。

1. 原水处理

原水处理方法有离子交换法、电渗析法及反渗透法。

2. 蒸馏法制备注射用水

蒸馏法是制备注射用水最经典的方法。主要有塔式和亭式蒸馏水器、多效蒸馏水器和气压式蒸馏水器。

不管用何种方法制备注射用水,都应进行质量检查,包括氯化物、酸碱度、碳酸盐、易氧化物,不挥发物,氨、重金属和热原等,并注意在制备过程中对 pH、热原、比电阻和电导率等 4 个方面加以控制。

三、实验内容

(一)用塔式蒸馏水器制备注射用水

所用设备为不锈钢蒸馏水器,熟悉操作方法。

(二)质量控制方法

注射用水生产过程中的质量控制主要通过控制其pH、热原、比电阻和电导率4项来实现。注射用水的实验室化学检验包括酸碱度、氯化物、硫酸盐与钙盐、硝酸盐与亚硝酸盐、二氧化碳、易氧化物,不挥发物,氨、重金属等。

1. 注射用水生产过程中的质量控制

(1)pH测定。照中国兽药典2005版附录中pH测定规定,用酸度计测定,应符合规定(一般控制其pH为5.0~7.0)。

(2)热原检查。照中国兽药典2005版附录中热原检查法,即家兔法和鲎试剂法进行检查。①家兔法。取本品,加入在250℃加热1 h或用其他方法除去热原的氯化钠使溶解成0.9%的溶液后,依法检查,剂量按家兔体重1 kg注射10 mL,应符合规定。②鲎试剂法。按操作规程进行。

(3)比电阻。采用比电阻测定仪测定练习。纯化水和蒸馏水的比电阻应分别在100万Ω·cm和300万Ω·cm以上。

(4)电导率。采用电导率测定仪测定练习。纯化水和蒸馏水的电导率测应分别在3 μs/cm和0.2 μs/cm以下。

2. 注射用水的实验室化学检验

在制剂分析与检验课程中完成。

四、思考题

1. 塔式蒸馏水器、去离子树脂交换法生产注射用水的原理如何?
2. 一般情况下塔式蒸馏水器和离子交换法生产的蒸馏水能否作为注射用水?
3. 注射用水中含有氯离子、氨盐、重金属离子时说明什么问题?

 实验七 注射剂的制备及质量评价

一、实验目的

1. 掌握注射剂的生产工艺过程和操作要点。
2. 掌握注射剂成品质量检查的标准和方法。
3. 掌握注射剂稳定化方法。

4. 了解注射剂灌装量的调节要求。

二、实验指导

注射剂又称针剂,是将药物制成供注入体内的无菌制剂。注射剂按分散系统可分为 4 类,即溶液型注射剂、悬型注射剂、乳剂型注射剂、注射用无菌粉末(无菌分装及冷冻干燥)。根据医疗上的需要,注射剂的给药途径可分为静脉注射、脊椎腔注射、肌内注射、皮下注射和皮内注射 5 种。由于注射剂直接注入人体内部,故吸收快,作用迅速,为保证用药的安全性和有效性,必须对成品生产和成品质量进行严格控制。

三、实验内容与操作

1. 处方

维生素 C	5.0 g
碳酸氢钠	约 2.4 g(调 pH 5.0~7.0)
乙二胺四乙酸二钠	0.005 g
焦亚硫酸钠	0.2 g
注射用水　　加至	100.0 mL

2. 制法

80 mL新沸水+维生素C —搅拌→ 溶液 —NaHCO₃　pH 5.0~7.0 / 分次缓慢加入→ 溶液 —焦亚硫酸钠→

溶液 → 注射用水至100 mL → 试纸测pH → 溶液 → 微孔滤膜过滤(0.45 μm)

安瓿 → 常水洗2次 → 去离子水洗2次 → 干燥(250℃) → 放冷 → 通CO₂

→ 灌装(2.15 mL) → 通CO₂ → 封口 → 灭菌(100℃, 15 min)

3. 操作

(1)空安瓿的处理。空安瓿在用前先用常水冲刷外壁,然后将安瓿中灌入常水甩洗 2 次(如果安瓿清洁度差,须用 0.5% 醋酸或盐酸溶液灌满,100℃加热 30 min),再用过滤的蒸馏水或去离子水甩洗两次,最后用澄明度合格的注射用水洗一次,120~140℃烘干,备用。练习安瓿注水机和甩水机的使用。

(2)配制用具的处理。

①垂熔玻璃滤器。常用的垂熔玻璃滤器有漏斗和滤球,处理时可先用水反冲,除去上次滤过留下的杂质,沥干后用洗液(1%~2%硝酸钠硫酸洗液)浸泡处理,用水冲洗干净,最后用注射用水过滤,至滤出水检查 pH 不显酸性,并检查澄明度至合格为止。

②微孔滤膜。常用的是由醋酸纤维素、硝酸纤维素混合酯组成的微孔滤膜。经检查合格的微孔滤膜(0.22 μm 可用于除菌滤过、0.45 μm 可用于一般滤过)浸泡于注射用水中 1 h,煮沸 5 min,如此反复 3 次;或用 80℃注射用水温浸 4 h 以上,室温则需浸泡 12 h,使滤膜中纤维充分膨胀,增加滤膜韧性。使用时用镊子取出滤膜且使毛面向上,平放在膜滤器的支撑网上,平放时注意滤膜不皱褶或无刺破,使滤膜与支撑网边缘对齐以保证无缝隙,无泄漏现象,装好盖后,用注射用水过滤,滤出水澄明度合格,即可备用。

③配制容器。配制用的一切容器使用前要用洗涤剂或硫酸清洁液处理洗净,临用前用新鲜注射用水荡洗,以避免引入杂质及热原。

④乳胶管。先用水揉洗,再用 $0.5\%\sim1\%$ 氢氧化钠液适量,煮沸 30 min,洗去碱液;再用 $0.5\%\sim1\%$ 盐酸水适量,煮沸 30 min,用蒸馏水洗至中性,再用注射用水煮沸即可。

⑤惰性气体。因维生素 C 极易氧化,故配制时需通惰性气体,常用的是二氧化碳或氮。使用纯度较低的二氧化碳时依次通过分别装有浓硫酸除去水分、1%硫酸铜除去有机硫化物、1%高锰酸钾溶液除去微生物,最后通过注射用水,除去可溶性杂质和二氧化硫。目前生产常用的高纯氮(含 N_2 99.99%),可不经处理,或仅分别通过 50%甘油、注射用水洗气瓶即可使用。

二氧化碳在水中溶解度及密度都大于氮气,故药物与二氧化碳不发生作用时通入二氧化碳比通入氮气好,但注意二氧化碳会使药液的 pH 下降,要考虑到 pH 对药物稳定性的影响,故对酸敏感的药物不宜通二氧化碳。

(3)注射液的配制。取注射用水 120 mL,煮沸,放置至室温,或通入二氧化碳(20~30 min)使其饱和,以除去溶解其中的氧气,备用。按处方,称取乙二胺四乙酸二钠加入到处方量 80%的注射用水中,溶解,加维生素 C 使溶解,分次缓慢加入碳酸氢钠固体,不断搅拌至完全溶解,继续搅拌至无气泡产生后,加焦亚硫酸钠溶解,加碳酸氢钠固体调节药液 pH 至5.8~6.2,最后加用二氧化碳饱和的注射用水至全量。用 G3 垂熔玻璃漏斗预滤,再用孔径 0.45 μm 的微孔滤膜精滤,检查滤液澄明度,合格后即可灌装。

(4)灌封。灌封机的调节包括灌注器、火焰、装量、充气等调节,练习拉丝灌封机的使用。

(5)灯检。练习澄明度检查仪的使用。

(6)灭菌与检漏。灌封好的安瓿,应及时灭菌,小容量针剂从配制到灭菌应在 12 h 内完成,大容量针剂应在 4 h 内灭菌。小容量针剂可采用100℃流通蒸汽灭菌 15 min。大容量针剂一般采用 115℃热压灭菌 30 min。灭菌完毕立即将安瓿放入 1%亚甲蓝或曙红溶液中,挑出药液被染色的安瓿。将合格安瓿外表面用水洗净,擦干,供质量检查用。

4. 操作注意

(1)配液时,将碳酸氢钠加入于维生素 C 溶液中时速度要慢,以防止产生大量气泡使溶液溢出,同时要不断搅拌,以防止局部碱性过强,造成维生素 C 破坏。

(2)维生素 C 容易氧化,致使含量下降,颜色变黄,金属离子可加速这一反应过程,同时 pH 对其稳定性影响也较大。因此在处方中加入抗氧剂、通入二氧化碳、加入金属离子络合剂,同时加入碳酸氢钠。在制备过程中应避免与金属用具接触。

5. 质量检查与评定

(1)装量。按《中国兽药典》2005 版一部附录检查方法进行,不大于 2 mL 安瓿检查 5 支,每支装量均不得少于其标示量装量;2~50 mL 者检查 3 支。

(2)澄明度。除另有规定外,按《澄明度检查细则和判断标准》的规定检查,应符合规定。

(3)热原。除另有规定外,静脉用注射剂按各品种项下的规定,按《中国兽药典》2005 版一部附录热原检查法检查,应符合规定。

(4)无菌检查。按《中国兽药典》2005 版一部附录检查,应符合规定。

(5)不溶性微粒。除另有规定外,溶液型静脉注射液按《中国兽药典》2005 版一部附录规定检查,应符合规定。

（6）有关物质。按各品种项下规定，按《中国兽药典》2005 版一部附录注射剂项下检查。

四、实验结果与讨论

1. 澄明度检查结果见表 14。
2. 将质量检查各项结果进行分析讨论。

表 14

检查总数	废品数/支						合格数/支	合格率/%
	玻屑	纤维	白点	焦头	其他	总数		

五、思考题

1. 制备易氧化药物的注射液应注意哪些问题？
2. 制备维生素 C 注射液为什么要通入二氧化碳，不通可以吗？
3. 制备注射剂的操作要点是什么？
4. 为什么可以采用分光光度法检查颜色，目的是什么？

实验八　影响注射液稳定性因素的考察

一、实验目的

1. 掌握影响维生素 C 注射液稳定性的主要因素。
2. 了解处方设计中稳定性实验的一般方法。

二、实验指导

药物制剂的基本要求应该是安全、有效、稳定。药物若分解变质，不仅可使疗效降低，有些药物甚至产生毒副作用，故药物制剂的稳定性对保证制剂安全有效是非常重要的。注射剂的稳定性更有重要的意义。若有变质的注射液注入人体，则非常危险。药物的不稳定性主要表现为放置过程中发生降解反应。药物由于化学结构不同，其降解反应也不相同。水解和氧化是药物降解的两个主要途径。

维生素 C 分子结构中，在羰基毗邻的位置上有两个烯醇基，很容易被氧化，氧化过程极为复杂，在有氧条件下，先氧化成去氢维生素 C，然后水解为 2,3-二酮古罗糖酸，此化合物进一步氧化为草酸与 L-丁糖酸。

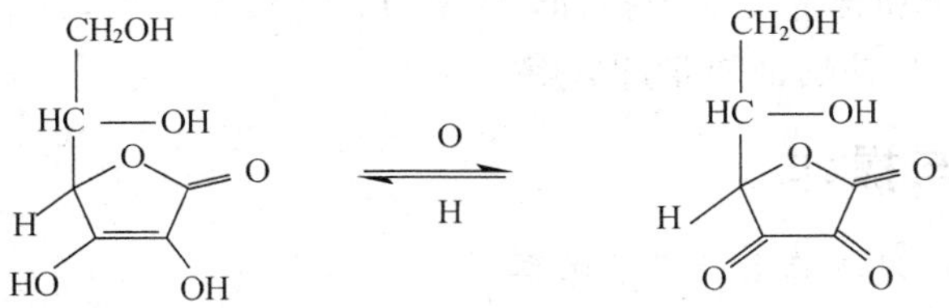

维生素C   去氢维生素C

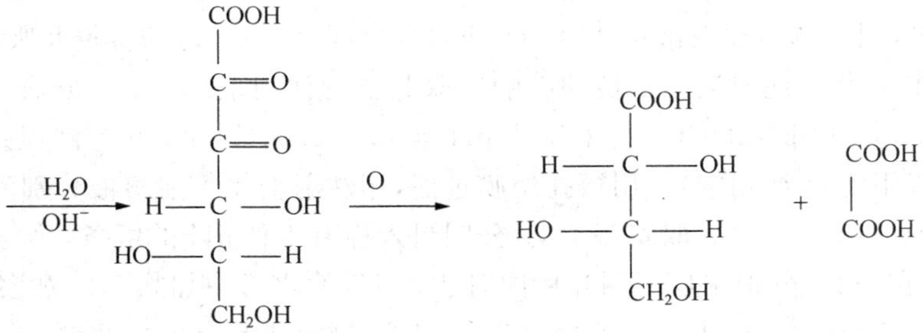

2,3-二酮古罗糖酸 L-丁糖酸   草酸

在无氧条件下，发生脱水作用和水解作用生成呋喃甲醛和二氧化碳。由于 H^+ 的催化作用，在酸性介质中脱水作用比碱性介质中快。

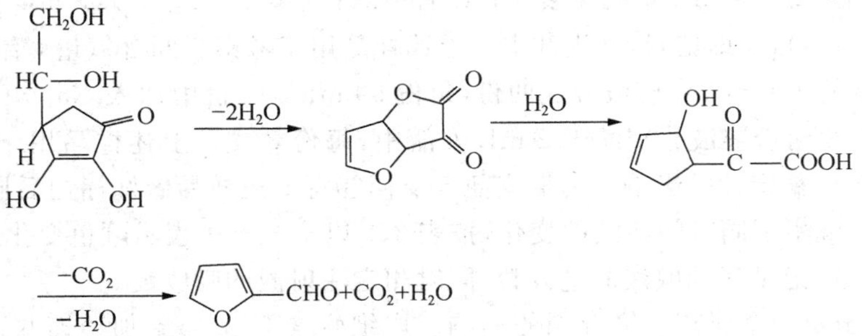

呋喃甲醛

影响维生素 C 溶液稳定性的因素，主要有空气中的氧、pH、金属离子、温度及光线等，对固体维生素 C，水分与湿度影响很大。维生素 C 的不稳定主要表现在放置过程中颜色变黄和含量下降。中国药典规定，对于维生素 C 注射液应检查颜色，按照分光光度法在 420 nm 处测定，吸收度不得超过 0.06。维生素 C 的含量测定采用碘量法，主要利用维生素的还原性，可与碘液定量反应，反应式如下：

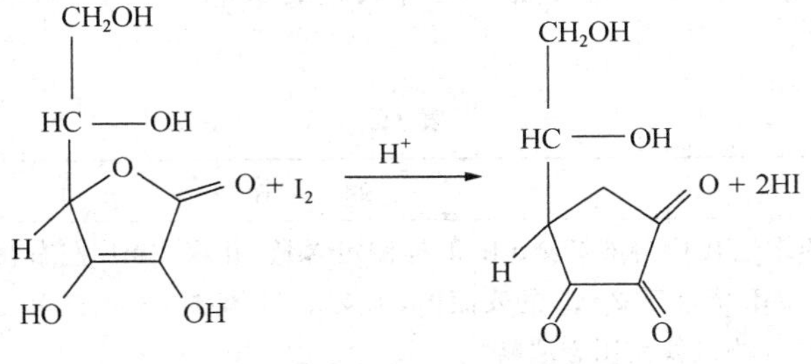

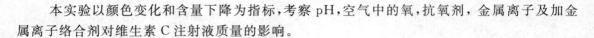

本实验以颜色变化和含量下降为指标,考察 pH,空气中的氧,抗氧剂,金属离子及加金属离子络合剂对维生素 C 注射液质量的影响。

三、实验内容与操作

1. 影响维生素 C 注射液稳定性因素考察

(1)维生素 C 注射液的制备。取注射用水 500 mL 煮沸,放冷至室温,备用。取维生素 C 20 g,加放冷至室温的注射用水溶解并稀释至 400 mL 制成 5% 的维生素 C 注射液,备用。取样进行含量测定,同时测定注射液在 420 nm 处的吸收度,作为 0 时的含量及吸收度。

(2)pH 对维生素 C 注射液稳定性的影响。取制备的注射液 200 mL 分成 4 份(容器应干燥),每份 50 mL,分别用 NaHCO₃ 粉末调节 pH 至 4.0,5.0,6.0,7.0(允许误差为 ±20%,先用 pH 试纸调,后用 pH 计测定)。用微孔滤膜过滤,用注射器将上述溶液分别灌入 2 mL 安瓿中,每个 pH 溶液灌装 8 支。另取安瓿 4 支,分别封入标有 4 种 pH 的纸条,再与已灌装的对应 pH 的注射液放在一起,分别用皮套捆扎后同时放入 100℃ 水浴中加热 1 h,观察不同时间溶液颜色变化,按表 1 以 +++… 表示颜色变化进行记录,测定 1 h 时的药物含量,记录消耗碘液的毫升数,同时测定注射液的吸收度。

(3)空气中的氧及抗氧剂对维生素 C 注射液稳定性的影响。取配制的注射液 150 mL,加 NaHCO₃ 粉末调节 pH 至 6.0,方法同前。取其中 50 mL,分成 3 份:①于 2 mL 安瓿灌装 2 mL 后熔封,共灌 8 支;②于 2 mL 安瓿灌装 1 mL 后熔封,共灌 12 支;③于 2 mL 安瓿灌装 2 mL 后,通入 CO₂(约 5 s),立即熔封,共灌 8 支。上述样品用于考察不同含氧量对维生素 C 稳定性的影响。取剩余的 100 mL 注射液分成两份,每份 50 mL。一份中加入 Na₂S₂O₅ 0.12 g,第二份作对照。将上述两份溶液分别灌于 2 mL 安瓿中,每份 8 支。上述样品用于考察加与不加抗氧剂对维生素 C 稳定性的影响。另取安瓿 5 支同③将上述样品做好标记后同时放入 100℃ 水浴中加热 1 h,观察不同时间溶液的变化,按表 2,3 以 +++… 表示颜色变化进行记录,测定 1 h 时的药物含量,记录消耗碘液的毫升数,同时测定注射液的吸收度。

(4)金属离子及加金属离子络合剂的影响。取维生素 C 12.5 g 加蒸馏水适量搅拌溶解,加蒸馏水至 100 mL。分别精密量取 20 mL 放入 50 mL 容量瓶中,共 4 份样品。第 1、2 样品为 A 组,第 3、4 号样品为 B 组,于第 1、2 号样品中分别加入 0.000 1 mol/L CuSO₄ 溶液 10 mL,第 3、4 号样品中分别加入 0.000 1 mol/L CuSO₄ 溶液 5 mL(用移液管量取)再于第 2、4 号样品加入 5%EDTA-2Na 溶液 1 mL,最后 4 份样品分别加蒸馏水至 50 mL 摇匀,取出其中任意一份样品立即测定含量作为原始含量,然后将 4 份样品分别灌于 2 mL 安瓿中,做好标记放沸水浴中加热,按表 3 所示观察色泽与含量。

(5)分解类型的确定。溶液中及安瓿空间含氧量的影响,100℃ 加速实验,时间对维生素 C 溶液色泽的影响(表 15)。

表 15

样品号	操　作
1	配制 5% 的维生素 C 溶液 250 mL,取样测定含量,并取 4 mL 左右在波长 430 nm 处测定透光率,取 40 mL 灌注于 2 mL 的安瓿内,每支 2 mL 熔封,标上样品号,并测定溶液及安瓿空间的含氧量。测氧仪使用方法略

续表15

样品号	操　　作
2	取 1 号剩余维生素 C 溶液 50 mL,灌于 2 mL 安瓿内,每支灌 1 mL,共灌 45 支左右,熔封,标上样品号
3	取 1 号剩余维生素 C 溶液 50 mL,灌于 2 mL 安瓿内,每支灌 2 mL,安瓿空间充 CO_2 或 N_2 30 s,立即熔封,标上样品号并测定溶液及安瓿空间氧含量
4	取 1 号剩余维生素 C 溶液 100 mL,并通过 CO_2 或 N_2 2~3 min,立即灌装于 2 mL 安瓿,其中 25 支熔封,标上样品号并测定溶液及安瓿空间氧含量
5	取 4 号上下的 25 支灌好的安瓿,在安瓿空间通以 CO_2 或 N_2,立即熔封,标上样品号并测定溶液及安瓿空间氧含量

将上述 5 种样品分别装于布袋同时放入沸水浴进行加速试验,按时取样测透光率(同时与标准色比较,标准比色液的配置略)。

2. 维生素 C 含量测定方法

精密吸取 5% 维生素 C 注射液 2 mL(约相当于 0.1 g 维生素 C),加蒸馏水 15 mL 及丙酮 2 mL,振摇,放置 5 min,加稀醋酸 4 mL,淀粉指示液 1 mL,用 0.1 mol/L 碘液滴定,至溶液呈持续的蓝色 30 s 不褪即得,记下消耗碘液的毫升数(1 mL 碘液相当于 8.806 mg 的维生素 C)。

3. 操作注意

(1)碘量法测定维生素 C 含量多在酸性溶液中进行,因为在酸性介质中维生素 C 受空气中氧化作用减弱,较为稳定。但供试品溶于稀酸后仍需立即滴定。制剂中常有还原性物质的存在,对此测定方法有干扰,如注射剂中常含有作为抗氧剂的亚硫酸氢钠,应在滴定之前加入丙酮,使之与亚硫酸反应生成加成物掩蔽起来,以消除滴定的干扰。

(2)配液时,将碳酸氢钠加入于维生素 C 溶液中时速度要慢,以防止产生大量气泡使溶液溢出,同时要不断搅拌,以防局部碱性过强,造成维生素 C 破坏。

四、实验结果与讨论

(1)将上述实验结果列于表 16 至表 20。

pH 对维生素 C 注射液稳定性的影响列于表 16。

表 16

样品号	pH	颜色变化					含量(耗 I_2)/mL		吸收度
		10′	20′	30′	45′	60′	0′	60′	(420 nm)
1									
2									
3									
4									
结论									

空气中氧对维生素 C 注射液稳定性质量的影响列于表 17。

表 17

| 样品号 | 条件 | 颜色变化 | | | | | 含量(耗 I_2)/mL | | 吸收度 |
		10′	20′	30′	45′	60′	0′	60′	(420 nm)
1									
2									
3									
结论									

抗氧剂对维生素 C 注射液稳定性质量的影响列于表 18。

表 18

| 样品号 | 抗氧剂 | 颜色变化 | | | | | 含量(耗 I_2)/mL | | 吸收度 |
		10′	20′	30′	45′	60′	0′	60′	(420 nm)
1									
2									
结论									

金属离子及加金属离子络合剂的影响列于表 19。

表 19

| 样品 | | 0.000 1 mol/L $CuSO_4$/mL | 5%EDTA-2Na/mL | 煮沸时间与色泽变化 | | | | | | |
组别	编号			0′	15′	30′	60′	5 h	0 h	5 h
A	1									
	2									
B	3									
	4									

时间对维生素 C 溶液色泽与含量的影响列于表 20。

表 20

| 样品号 | 含氧量/% | | 100℃不同时间加速实验结果 | | | | | | | | | | | | | | | | |
| | 溶液 | 安瓿空间 | 0 min | | | 15 min | | 60 min | | 90 min | | 120 min | | 150 min | | 180 min | | | 180 min |
			色号	透光率	含量	色号	透光率	色号	透光率	色号	透光率	色号	透光率	色号	透光率	色号	透光率	含量	含量下降值
1																			
2																			
3																			

续表20

样品号	含氧量/%		100℃不同时间加速实验结果																
			0 min			15 min		60 min		90 min		120 min		150 min		180 min			180 min
	溶液	安瓿空间	色号	透光率	含量	色号	透光率	色号	透光率	色号	透光率	色号	透光率	色号	透光率	色号	透光率	含量	含量下降值
4																			
5																			

五、思考题

1. 维生素 C 注射液的稳定性主要受哪些因素的影响?
2. 讨论所得结果,是否与理论相符,并对结果进行分析。

 # 实验九　输液剂的制备

一、实验目的

1. 通过实验建立无菌概念,掌握无菌制剂输液剂的关键操作。
2. 熟悉输液剂的质量检查内容和方法。

二、实验指导

一个合格的输液剂必须是澄明度合格、无菌、无热原、安全性合格(无毒性、溶血性和刺激性)、在贮存期内稳定有效,pH、渗透压(大容量注射剂)和药物含量应符合要求。输液的 pH 应接近体液,一般控制在 4～9 范围内,特殊情况下可以适当放宽,如葡萄糖注射液的 pH 为 3.2～5.5,最稳定的 pH 为 3.6～3.8,葡萄糖氯化钠注射液的 pH 为 3.5～5.5。具体输液剂品种的 pH 的确定主要依据以下 3 个方面,首先是满足临床需要,其次是满足制剂制备、贮藏和使用时的稳定性,最后要满足生理可承受性。凡大量静脉注射或滴注的输液,还应调节其渗透压与血浆渗透压相等或接近,且不能加非生理性的附加剂。

三、实验内容与操作

(一)5%葡萄糖的制备

1. 处方

葡萄糖(注射用)	50.0 g
盐酸	适量
注射用水	加至 1 000.0 mL

2. 操作

(1)容器的准备。

①输液瓶的处理。先以水冲洗,再用2％氢氧化钠溶液(50～60℃)或2％～3％碳酸氢钠溶液(50～60℃)浸泡并刷洗,再用水冲洗至中性,最后用蒸馏水或去离子水冲洗。临用前尚需用注射用水冲洗两次。忌用旧瓶。

②橡皮塞处理。橡皮塞先用水搓洗,用0.5％～1％氢氧化钠溶液煮沸约30 min,热水洗净,再用0.5％～1％盐酸煮沸约30 min,水洗净酸,用蒸馏水或去离子水漂洗并煮沸30 min,临用前再用注射用水至少洗3次。

③隔离膜的处理。将膜用75％～95％乙醇浸洗或用注射用水煮沸30 min,再用注射用水反复漂洗,至漂洗后的注射用水仍澄明无异物为止。

(2)配制。按处方量称取葡萄糖,加适量热注射用水溶解,配成50％～60％的浓溶液,用盐酸调节pH至3.8～4.0;加上述浓溶液量的0.1％～0.3％(g/mL)注射剂用炭,活性炭要求必须用针用级别,用前应活化。搅匀、加热煮沸15 min,趁热过滤除炭。滤液加注射用水至配制量,测pH及含量合格后用适宜滤器预滤,最后用微孔滤膜(孔径0.8 μm)过滤,检查澄明度合格,即可灌装。

(3)灌装。输液瓶临用前用新鲜的澄明度合格的注射用水再冲洗两次。将合格滤液立即灌装,并随即用漂洗合格的涤纶膜盖好,加橡皮塞,铝帽封口。此过程要求在100级洁净条件下无菌生产。

(4)灭菌与检漏。灌封好的输液应及时于115℃热压灭菌30 min。灭菌过程严格按照操作规程,预热时排尽锅内空气再使温度上升,并控制好灭菌温度和时间。灭菌结束后立即停止加热,并缓慢放气使压力表指针回复至零,温度表降温至90℃以下,开启锅盖,取出输液,冷却至50℃,将药瓶轻轻倒置,不得有漏气现象。

3. 操作注意

(1)配制前注意原辅料的质量、浓配、加热、加酸、加注射剂用炭吸附以及包装用输液瓶、橡皮塞、涤纶膜的处理等,都是消除注射液中小白点,提高澄明度,除去热原、霉菌等的有效措施。

(2)本品易生长霉菌等微生物,又不能添加任何抑菌剂,故在全部制备过程应严防污染,从配制至灭菌,应严密控制时间以免产生热原反应。

(3)输液的过滤要求滤速快、澄明度好。过滤除炭,要防止漏炭。预滤常用砂滤棒,垂熔玻璃滤棒或漏斗,最后用微孔滤膜(孔径为0.8 μm)作终端滤器。近年来有用单向复合膜滤器(用1.2,0.8,0.65 μm 3种孔径的滤膜分3层同放在一个滤器中),输液可以一次过滤完成除炭、预滤和精滤。

(4)灭菌温度超过120℃,时间超过30 min,溶液开始变黄,色泽的深浅与5-羟基糖醛产生的量成正比。故应注意灭菌温度和时间。灭菌完毕后,及时打开锅盖冷却。但要特别注意降温降压后才能启盖。

(5)葡萄糖溶液在灭菌后,常使pH下降,故经验认为溶液pH先调节至3.8～4.0,再加热灭菌后pH降低0.1～0.2。

(二)输液剂质量检查与评定

(1)澄明度。按农业部关于注射剂澄明度检查的规定检查,应符合规定要求。

（2）pH。应为 3.6～3.8，注意灭菌前后 pH 变化。

（3）不溶性微粒。除另有规定外，溶液型静脉注射液，按照不溶性微粒检查法（《中国兽药典》2005 版附录 83 页）检查，均应符合规定。

（4）热原或细菌内毒素。除另有规定外，静脉注射剂按各品种项下的规定，按照细菌内毒素检查法（《中国兽药典》2005 版附录 112 页）或热原（《中国兽药典》2005 版附录 111 页）检查，应符合规定。

（5）装量。注射液装量按《中国兽药典》2005 版附录 102 页检查，应符合规定。

四、思考题

1. 输液灭菌的温度和时间如何控制？
2. 输液中为什么不能加非生理性的附加剂？
3. pH 对葡萄糖溶液的色泽有什么影响？产生的色泽是什么物质？

 实验十　粉散剂的制备

一、实验目的

1. 掌握粉散剂的制备工艺流程及制备方法。
2. 熟悉等量递增的混合方法与散剂的常规检查方法。

二、实验提要

1. 含义

粉散剂是指药剂或与适宜辅料经粉碎均匀混合而制成的干燥粉末状剂型，供内服或外用。按药物性质分为一般散剂、含毒性成分散剂、含液体成分散剂、含共熔成分散剂。其外观应干燥、疏松、混合均匀、色泽一致且装量差异限度、水分及微生物限度应符合规定。

2. 制备工艺流程

粉散剂：物料准备→粉碎→过筛→混合→分剂量→质检→包装。

3. 制备要点

混合操作是制备散剂的关键。目前常用的混合方法有研磨混合法、搅拌混合法和过筛混合法。若药物比例相差悬殊，应采用等量递增法混合；若各组分的密度相差悬殊，应将密度小的组分先加入研磨器中，再加入密度大的组分进行混合；若组分的色泽相差悬殊，一般先将色深的组分先加入研磨器内，再加入色浅的组分进行混合；易吸湿物料混合，则控制空气含湿量低于物料的临界相对湿度；易挥发性物料先用吸收剂密闭饱和后，再与其他组分混合制备；若含低共熔成分，一般先使之产生共熔，再用其他成分吸收混合制剂。对中草药的散剂，为了减少体积，可用适当的方法提取有效成分，或制成浸膏，再与其他成分混合，制成散剂。

三、实验内容

(一)粉散剂的制备

1. 口服补液盐

处方:氯化钠   1 750.0 g

   碳酸氢钠   1 250.0 g

   氯化钾   750.0 g

   葡萄糖   11 000.0 g

   制成   1 000 包

制法:取葡萄糖、氯化钠粉碎成细粉,混匀,分装于大袋中;另取氯化钾、碳酸氢钠碎成细粉,混匀,分装于小袋中;将大小袋同装于一包,即得。

2. 地克珠利予混剂(等量递增法)

处方:地克珠利   2.0 g

   淀粉 加至 1 000.0 g

制法:本品为地克珠利与淀粉等配制成。取地克珠利原粉适量,采用等量地增法加淀粉,研匀,过筛,分装成10个包装即得。

3. 止痢散

处方一:雄黄   40.0 g

    藿香   110.0 g

    滑石   150.0 g

制法:以上3味,粉碎,过筛,混匀,每100 g制成1包装即得。

(二)粉散剂的装量差异检查(按《中国兽药典》2005 版附录 102 页最低装量)

取供试品 5 包(50 g 以上取 3 个),除去外盖和标签,容器用适宜的方法清洁并干燥,分别精密称定重量,除去内容物,容器用适宜的溶剂洗净并干燥,再分别精密称定空容器的重量,求出每个容器内容物的装量和平均装量,均应符合下标的有关规定。如有 1 个容器装量不符合规定,则另取 5 个(或 3 个)复试,应全部符合规定(表 21)。

表 21

标示装量	平均装量	每个容器装量
20 g 以下		不少于标示装量的 93%
20～50 g	不少于标示装量	不少于标示装量的 95%
50～500 g		不少于标示装量的 97%
500 g 以上		不少于标示装量的 98%

四、思考题

1. 写出散剂的制备工艺流程。

2. 若粉散剂成分中有剧毒药、含量少的药物、小量易挥发液体,不挥发药物的酊剂,浸膏等时,如何制备?

3. 粉散剂在存放过程中结块或变色是为什么?

实验十一　颗粒剂的制备

一、实验目的

1. 掌握颗粒剂的制备方法。
2. 熟悉中药颗粒剂制备的工艺流程与方法。

二、实验指导

颗粒剂是新兽药剂型,其优点非常适合应用于兽医临床。在粉散剂的基础上进一步制得,而且还可加工成片剂等其他固体制剂。

三、实验内容与操作

1. 甲磺酸培氟沙星颗粒

处方:甲磺酸培氟沙星　　　　　　200.0 g

　　　淀粉　　　　　　　　　　　6 000.0 g

　　　蔗糖　　　　　　　　　　　3 000.0 g

　　　10%淀粉浆　　　　　　　　800.0 g

　　　食用香精　　　　　　　　　适量

制法:蔗糖粉碎,过 100 目筛,细粉备用;甲磺酸培氟沙星、淀粉分别过 100 目筛,备用;冲成 10%的淀粉浆,放凉至 50℃以下,备用;将以上各部分在混合机中混合 15~30 min,再加入淀粉浆制成软材,用制颗粒机制成适宜大小的颗粒,60℃干燥,在缓慢搅拌下喷入食用香精,并闷 30 min,含量测定合格后,然后分装成 100 克包装,密封,包装,即得。

2. 板蓝根颗粒剂的制备

处方:板蓝根　　　　　　　　　　500.0 g

　　　蔗糖　　　　　　　　　　　适量

　　　糊精　　　　　　　　　　　适量

制法:取板蓝根 500 g,加水适量浸泡 1 h,煎煮 2 h,滤出煎液,再加水适量煎煮 1 h,合并煎液,滤过。滤液浓缩至适量,加乙醇使含醇量为 60%,搅匀,静置过夜,取上清液回收乙醇,浓缩至相对密度为 1.30~1.33(80℃)的清膏。取膏 1 份、蔗糖 2 份、糊精 1.3 份,制成软材,过 16 目筛制颗粒,干燥、每袋 10 g 分装即得。

附注:由于本实验煎煮、精制等费时间较长,可安排与前一个实验交叉进行,或每组直接分给板蓝根清膏 50 mL。

四、思考题

兽药颗粒剂的应用特点有哪些?

实验十二　片剂的制备及质量检查

一、实验目的

1. 通过片剂制备,掌握湿法制粒压片的工艺过程。
2. 掌握单冲压片机的使用方法及片剂质量的检查方法。

二、实验指导

片剂是应用最为广泛的药物剂型之一。片剂的制备方法有制颗粒压片(分为湿法制粒和干法制粒),粉末直接压片和结晶直接压片。其中,湿法制粒压片最为常见。

1. 原辅料的处理

制备片剂的药物和辅料在使用前必须经过干燥,粉碎和过筛等处理,方可投料生产。为了保证药物和辅料的混合均匀性以及适宜的溶出速度,药物的结晶须粉碎成细粉,一般要求粉末细度在 100 目以上。碳酸氢钠是多晶型药物,须经粉碎成细粉,过筛后再与其他过筛成分混合均匀,实验室小量生产的粉碎工具一般采用乳钵,混合操作则在等量递加混合的基础上,反复通过 40 目筛 3 次即可达到混合均匀的目的。

2. 制软材、制粒

向已混匀的粉料中加入适量的黏合剂或润湿剂,用手工或混合机混合均匀制软材,软材的干湿程度应适宜,除用微机自动控制外,也可凭经验掌握,即以"握之成团,轻压即散"为度。软材可通过适宜的筛网制成均匀的颗粒。过筛制得的颗粒一般要求较完整,如果颗粒中含细粉过多,说明黏合剂用量过少,若呈线条状,则说明黏合剂用量过多。这两种情况制成的颗粒烘干后,往往出现太松或太硬的现象,都不符合压片对颗粒的要求。

颗粒大小可根据片重大小由筛网孔径来控制,一般大片(0.3~0.5 g)选用 14~16 目,小片(0.3 g 以下)选用 18~20 目,筛制粒。

3. 干燥、整粒

制好的湿颗粒应尽快干燥,干燥的温度由物料的性质而定,一般为 50~60℃,对湿热稳定者,干燥温度可适当提高。湿颗粒干燥后,需过筛、整粒以便将黏结成块的颗粒散开,同时加入润滑剂和需外加法加入的崩解剂并与颗粒混匀。整粒用筛的孔径与制粒时所用筛孔相同或略小。

4. 压片

压片前必须对干颗粒及粉末的混合物进行含量测定,然后根据颗粒所含主药的量计算片重。

$$片重 = \frac{每片应含主药量(标示量)}{干颗粒中主药百分含量(测得值)}$$

根据片重选择筛目与冲膜直径,其之间的常用关系可参考表 22。根据药物密度不同,可进行适当调整。

表 22

| 片重/mg | 筛目数 | | 冲膜直径/mm |
	湿粒	干粒	
50	18	16～20	5～5.5
100	16	14～20	6～6.5
150	16	14～20	7～8
200	14	12～16	8～8.5
300	12	10～16	9～10.5
500	10	10～12	12

5. 检查

制成的片剂需按照中国兽药典规定的片剂质量标准进行检查。检查的项目,除片剂的外观应完整、光洁、色泽均匀、硬度适当、含量准确外,必须检查重量差异和崩解时限。对有些片剂产品药典还规定检查溶出度和含量均匀度,并规定凡检查溶出度的片剂,不再检查崩解时限,凡检查含量均匀度的片剂,不再检查重量差异。

另外,在片剂的制备过程中,所施加的压片力不同,所用的润滑剂、崩解剂等的种类不同,都会对片剂的硬度或崩解时限产生影响。

片剂制备要点如下:①原料药与辅料应混合均匀。含量小或含有剧毒药物的片剂,可根据药物的性质采用适宜的方法使药物分散均匀。②凡具有挥发性或遇热分解的药物,在制片过程中应避免受热损失。③凡具有不适的臭和味、刺激性、易潮解或遇光易变质的药物,制成片剂后,可包糖衣或薄膜衣。对一些遇胃液易破坏或需要在肠内释放的药物,制成片剂后应包肠溶衣。为减少某些药物的毒副作用,或为延缓某些药物的作用,或使某些药物能定位释放,可通过适宜的制剂技术制成控制药物溶出速率的片剂。

三、实验内容

(一)片剂的制备

1. 崩解剂外加法制碳酸氢钠片(手工单冲法)

处方(100 片用量):

碳酸氢钠	30.0 g
薄荷油	0.2 mL
淀粉(干)	1.5 g(干颗粒的 5%)
10%淀粉浆	适量
硬脂酸镁	0.15 g

制法:取碳酸氢钠通过 80 目筛,加入 10%淀粉浆拌和制成软材,通过 14 目筛制粒,湿粒于 50℃以下烘干,温度可逐渐增至 65℃,使快速干燥,用快速水分测定仪测水分,之后干粒通过 14 目筛,再用 80 目筛筛出部分细粉,将此细粉与薄荷油拌匀,加入干淀粉与硬脂酸镁混合,

与干粉混合,在密闭容器中放置 4 h,使颗粒将薄荷油吸收后压片。

注意事项:

(1)本品用 10％淀粉浆作黏合剂,用量约 50 g,也可用 12％淀粉浆。淀粉浆制法:①煮浆法。取淀粉徐徐加入全量的水,不断搅匀,避免结块,加热并不断搅拌至沸,放冷即得。②冲浆法。取淀粉加少量冷水,搅匀,然后冲入一定量的沸水,不断搅拌,至半透明糊状。此法适宜小量制备。

(2)湿粒干燥温度不宜过高,因其在潮湿情况下受高温易分解,生成碳酸钠,使颗粒表面带黄色。$2NaHCO_3 \rightarrow Na_2CO_3 + H_2O + CO_2$。为了使颗粒快速干燥,故调制软材时,黏合剂用量不宜过多,调制不宜太湿,烘箱要有良好的通风设备,开始时在 50℃以下将大部分水分排出后,再逐渐升高至 65℃左右,使完全干燥。

(3)本品干粒中须加薄荷油,压片时常易造成裂片现象,故湿粒应制得均匀,干粒中通过60 目筛的细分不得超过 1/3。

(4)薄荷油也可用少量稀醇稀释后,用喷雾器喷于颗粒上,混合均匀,在密闭容器中放置24～48 h,然后进行压片,否则压出的片剂呈现油的斑点。

(5)黏合剂用量要适当,使软材达到以手握之可成团块、手指轻压时又能散裂而不成粉状为度。再将软材挤压过筛,制成所需大小的颗粒,颗粒应以无长条、块状和过多的细粉为宜。

2. 崩解剂内加法制备碳酸氢钠片(手工单冲法)

处方:同 1

制法:取碳酸氢钠 30 g,与干淀粉混合,加 10％淀粉浆制软材,14 目筛制粒,干燥,测水分,整粒。加薄荷油,再加入硬脂酸镁,混匀压片。

3. 大黄碳酸氢钠片制备(全机械制片法)

处方:(100 片用量)

大黄	15.0 g
碳酸氢钠	15.0 g
薄荷油	0.2 mL
淀粉(干)	1.5 g
10％淀粉浆	适量
硬脂酸镁	0.15 g
滑石粉	0.15 g

制法:将大黄粉碎成细粉,过 80 目筛,与过 80 目筛的碳酸氢钠混合均匀,然后按照 1 项下制备软材和颗粒,干燥整粒,吸收挥发性薄荷油,加辅料后采用全机械法压片。

(二)质量检查

将上述 3 种片剂成品按下述方法进行质量检查。

1. 片重差异

取 20 片精密称定总重,求得平均片重,再分别精密称定各片的重量(凡无含量测定的片剂,每片重量应与标示片重比较)。按照下表中的规定,超出重量差异限度的不得多于 2 片,并不得有 1 片超出限度 1 倍(表 23)。

表 23

平均片重或标示片重	重量差异限度
0.3 g 以下	±7.5%
0.3 g 至 1.0 g 以下	±5%
1.0 g 及 1.0 g 以上	±2%

$$片重差异 = \frac{平均片重 - 单个片重}{平均片重} \times 100\%$$

2. 崩解时限

吊篮法:应用智能崩解仪进行测定,按《中国兽药典》附录 95 页规定方法检查出各种片的崩解时限标准。取 3 种片剂各 6 片,分别置于崩解仪吊篮的 6 个玻璃管中,开动仪器使吊篮浸入(37±1.0)℃水中,并按一定的频率和幅度往复运动(每分钟 30～32 次)。从片剂置于玻璃管时为开始计时,至片剂全部或崩解成碎片并全部通过玻璃管底部的筛网(ϕ2.0 mm)为止,该时间即为片剂的崩解时间,应符合规定崩解时限(一般压制片为 15 min)。如有 1 片不符合要求,应另取 6 片复试,均应符合规定。

四、实验记录与结果

复方碳酸氢钠压制片硬度和崩解时限列于表 24。

表 24

项目 \ 编号 \ 片剂组别		1	2	3	4	5	6	平均	结论
硬度/kg	崩解剂外加法制碳酸氢钠片				—	—	—		
崩解时限/min									
硬度/kg	崩解剂内加法制碳酸氢钠片				—	—	—		
崩解时限/min									
硬度/kg	大黄碳酸氢钠片				—	—	—		
崩解时限/min									

五、思考题

1. 崩解剂内加、外加对片剂的影响?

2. 说明制湿颗粒的操作要点和对颗粒的质量要求。

3. 各种类型片剂的崩解时限为多少?

4. 片剂的崩解时限合格,是否还需要测定其溶出度?

◆◆◆ 实验十三　浸出制剂 ◆◆◆

一、实验目的

1. 掌握用浸渍法制备酊剂方法。
2. 熟悉浸出制剂的类型和常用制备方法。

二、实验指导

1. 含义

浸出制剂是指用适当的浸出溶剂和方法从药材（动、植物）中浸出有效成分所制成的供内服或外用的药物制剂。可采用煎煮法、浸渍法、渗漉法制备。

流浸膏剂是指药材用适宜的溶剂浸出有效成分，蒸去部分或全部溶剂，调整浓度至规定标准的制剂。除另有规定外，流浸膏剂 1 mL 应相当于原药材 1 g，即浓度为 1∶1（mL∶g）。流浸膏剂大多作为半成品，供配制酊剂、合剂、糖浆剂等使用，少数可直接使用。

2. 制备方法与工艺流程

流浸膏剂多用渗漉法制备，某些以水为溶剂的中药流浸膏也可用煎煮法制备，亦可用浸膏加规定溶剂稀释制成。渗漉法制取流浸膏剂的工艺流程为：药材粉碎→润湿→装筒→排气→浸渍→渗漉→浓缩→调整含量。

3. 影响因素

药材粉碎度应适宜，过细易堵塞，过粗浸出效果差、溶剂消耗量大，一般用药材的粗粉为宜。药粉装渗漉筒前应先用浸提溶剂润湿，使其充分膨胀，以免在筒内膨胀，造成渗漉障碍。药粉装筒时应均匀、松紧适宜。药粉装量一般不超过渗漉筒容积的 2/3。添加溶剂时应先打开浸液出口以利排气，避免粉柱冲动而影响浸出效果。渗漉前应浸渍 24～48 h，使溶剂充分渗透扩散，提高浸出效率。渗漉的速度应适当，既要使成分充分浸出，又不至于影响生产效率。

4. 其他

流浸膏至少含 20% 以上的乙醇，若以水为溶剂的流浸膏，成品中需加 20%～25% 的乙醇作防腐剂，以利贮存。成品应检查乙醇含量。

三、实验内容

橙皮酊的制备

处方一：橙皮（粗粒）　　　　　　　　20.0 g

　　　　60% 乙醇　　　　　　　　　适量

　　　　共制成　　　　　　　　　　100.0 mL

制法一：取橙皮粗粒，置磨口广口瓶中，加入 60% 乙醇 100 mL，密闭浸渍 24 h 以上，以脱脂棉过滤，挤压残渣过滤，即得。

处方二：橙皮（粗粉）　　　　　　　　20.0 g
　　　　60％乙醇　　　　　　　　　　适量
　　　　共制成　　　　　　　　　　　200.0 mL

制法：用渗漉法制备，称取橙皮粗粉，置有盖容器中，加 60％乙醇 30～40 mL，均匀湿润后，密闭，放置 30 min，另取脱脂棉一块，用溶剂润湿后平铺渗漉筒底部，然后，分次将已湿润的粉末投入渗漉筒内，每次投入后，用木槌均匀压平，投完后，在药粉表面盖一层滤纸，纸上均匀铺压碎瓷石，然后将橡皮管夹放松，将渗漉筒下连接的橡皮管口向上，缓缓不间断地倒入适量 60％乙醇并始终使液面离药物数厘米，待溶液自出口流出，夹紧螺丝夹，流出液可倒回筒内（量多时，可另器保存）加盖，浸渍 24 h 后，缓缓渗漉（3～5 mL/min）至渗漉液达酊剂需要量的 3/4 时停止渗漉，压榨残渣，压出液与渗漉液合并，静置 24 h，过滤，测含醇量，然后添加适量乙醇至规定量，即得。

注意事项：

（1）橙皮中含有挥发油及黄酮类成分，用 60％乙醇能使橙皮中的挥发油全部提出，且防止苦味树脂等杂质的溶出。

（2）新鲜橙皮与干燥橙皮的挥发油含量相差较大，故规定用干橙皮投料。

四、思考题

1. 橙皮酊除用浸渍法制备外，还可用哪些方法以增加浸出效率？

2. 渗漉法制备浸出制剂时，粗粉先用溶媒润湿膨胀，浸渍一定时间并先收集药材量 85％的初漉液另器保存，去除溶媒须在低温下进行，说明原因。

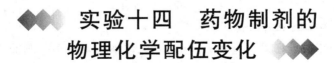

实验十四　药物制剂的物理化学配伍变化

一、实验目的

1. 了解注射液产生物理化学配伍变化的因素，并初步掌握配伍变化处方的处理方法。

2. 初步掌握药物配伍变化的实验方法。

二、实验指导

注射液的配伍变化有药理的配伍变化和物理化学的配伍变化。物理化学的配伍变化通常是指注射液在注射前配伍后产生的物理化学反应。注射液的物理化学变化可分为可见的配伍变化和不可见的配伍变化，可见的配伍变化是指配伍后产生用肉眼能够观察到的变化如浑浊、沉淀、变色、产生气体等等，而不可见的配伍变化通常是指一些在水溶液中不稳定的药物，配伍后药物渐渐分解失效，但这个过程用肉眼观察不到。

使注射液产生物理化学配伍变化的原因很多，如溶液的 pH，溶媒性质的改变，以及药物之间相互反应等。

凡产生可见的配伍变化的注射液的混合液,不宜供静脉注射用。而产生不可见的配伍变化的注射液应根据其失效多少分解毒性情况来决定。

可见的配伍变化应按原处方配伍比例进行试验和观察,亦可按比例减少进行试验,不可见的配伍变化需要按处方配伍后进行试验。

三、实验内容

(一)注射液可见的配伍变化

1. 磺胺嘧啶钠注射液配伍变化

(1)取磺胺嘧啶钠注射液 1 mL(含 20%SD),加 5% 葡萄糖注射液(pH 3.5)25 mL,观察结果(测定溶液的 pH)。

(2)取磺胺嘧啶钠注射液 1 mL(含 20%SD),加 5% 葡萄糖注射液(pH 3.5)25 mL,观察结果(测定溶液的 pH)再加维生素 C 注射液 1 mL,观察结果(测定溶液的 pH),再加入 1 mL 注射液,观察结果,测定混合溶液的 pH。

2. 盐酸四环素注射液的配伍变化

取 1 mL 含盐酸四环素 20 mg 的注射液 1 mL,加 5% 葡萄糖注射液 10 mL,观察结果(测定溶液的 pH)。再加入抗坏血酸注射液 0.5 mL(测定溶液 pH),放置,观察现象,再加抗坏血酸注射液 1 mL(测定溶液 pH)观察结果。

3. 氯霉素注射液的配伍变化

取氯霉素注射液 1 mL 于干燥的三角烧瓶中,用滴定管滴加 0.9% 氯化钠注射液,仔细观察记录开始出现混浊时所需加 0.9% 氯化钠注射液的体积(mL),继续滴加 0.9% 氯化钠注射液,观察使沉淀完全溶解所需氯化钠注射液的体积(mL)。

4. 枸橼酸小檗碱注射液的配伍变化

(1)取枸橼酸小檗碱注射液 0.5 mL 与 0.9% 氯化钠注射液 10 mL 混合(于试管中),放置观察变化情况。

(2)取枸橼酸小檗碱注射液 0.5 mL 与 5% 葡萄糖注射液(pH 约 5.0)10 mL 混合(于试管中)防止观察变化情况,再加入 0.5 mL 盐酸氯丙嗪注射液,观察变化情况。

(二)静脉滴注药物变化的实验方法

(1)药物溶液的配置方法。药物溶液的配置方法见表 25。

表 25

药物名称	规格	用量	浓缩液配制方法	稀溶液配制方法	分装瓶 x mL/瓶	与其他药液配伍时取浓溶液的量/mL
碳酸氢钠	5% 500 mL/瓶	1 瓶	原液	原液	6×50	
青霉素 G 钾	80 万 U/瓶	3 瓶	每瓶各加水 5 mL 溶解	浓液 9.47 mL ± 5%GS 至 300 mL	5×50	1.56

续表25

药物名称	规格	用量	浓缩液配制方法	稀溶液配制方法	分装瓶 x mL/瓶	与其他药液配伍时取浓溶液的量/mL
强力霉素	0.2 g/支	2 支	原液	原液 2.5 mL±5%GS 至 250 mL	4×50	0.56
硫酸卡那霉素	0.5 g/2 mL	4 mL	原液	原液 1.6 mL±5%GS 至 2 000 mL	3×50	0.40
磺胺嘧啶钠	0.4 g/2 mL	6 mL	原液	原液 3.0 mL±5%GS 至 150 mL	2×50	1.00
复方冬眠灵	氯丙嗪、异丙嗪各 25 mg/mL	4 mL	原液	原液 0.8 mL±5%GS 至 100 mL	2×50	0.40

(2)药物配伍变化实验方法。药物配伍变化实验顺序按表26进行,即取某液的稀释溶液 50 mL,加入欲配合药物的浓溶液适量(即表25最后一栏规定的浓度液量)使配合后药物浓度如表26中所示浓度,配伍后取配伍之单药药液 50 mL 作对照,立即在灯检台下仔细观察,对比有无沉淀、混浊颜色、乳光、气体等现象发生,3 h 后再如法检查,若两次检查均无上述变化产生,则可以认为基本无可见的配伍变化,碳酸氢钠 5% 以"+"(有变化)、"-"(无变化)填入表26内。

表 26

5%碳酸氢钠

11	青霉素 G 钾 0.5 万 U/mL				
		强力霉素 0.4 mg/mL			
			硫酸卡那霉素 2 mg/mL		
				磺胺嘧啶钠 4 mg/mL	
					复方冬眠灵

氯丙嗪、异丙嗪各 0.05 mg/mL

(3)变化点 pH 的测定。精密取表25中6种药物的稀释溶液各 20 mL,分别用 pH 计测定其 pH,此即单一药物溶液的 pH,然后用 0.1 mol/L HCl 滴定有机盐酸,再用 0.1 mol/L NaOH 滴定有机碱的盐,每次滴定均滴至溶液发生外观变化,如沉淀、浑浊、变色、乳光等,记录所用酸碱的量,并测定其 pH。若消耗酸或碱的量使药液 pH 低于2或高于11时仍无变化,则认为该药液对酸碱液较为稳定,将此数据和观察到的现象填入表27。

(4)测定配合药液 20 mL,于 pH 计上测定其 pH,将结果填入表28并于单一药物溶液 pH 及变化点的 pH 比较说明测定该 pH 有何实际意义。

表 27

药物名称	酸碱浓度取用量	药液 pH	变化点 pH	变化情况
碳酸氢钠				
青霉素 G 钾				
强力霉素				
硫酸卡那霉素				
磺胺嘧啶钠				
复方冬眠灵				

表 28

5％碳酸氢钠				
11	青霉素 G 钾 0.5 万 U/mL			
		强力霉素 0.4 mg/mL		
			硫酸卡那霉素 2 mg/mL	
				磺胺嘧啶钠 4 mg/mL
				复方冬眠灵　0.1 mg/mL

(三)举例(表 29)

表 29

组号	A 注射剂	B 注射剂	混合后现象
1	2.5％氨茶碱 5 mL	20％磺胺嘧啶钠 5 mL	
	2.5％氨茶碱 5 mL	5％盐酸四环素 5 mL	
2	12.5％氯霉素 1 mL	5％葡萄糖 1 mL	
	12.5％氯霉素 1 mL	5％葡萄糖 1 mL	
3	2％维生素 C 2 mL	0.25％碘解磷定 mL	
	2％维生素 C 2 mL	0.25％碘解磷定、1％亚硫酸氢钠、1％EDTA 各 1 mL	

四、思考题

1. 药物制剂配伍变化的类型有哪些?

2. 为什么非离子型药物的注射剂配伍变化较少?而离子型药物的注射剂配伍变化较多?

◆◆◆ 实验十五 滴丸剂的制备 ◆◆◆

一、实验目的

1. 学会滴制法制备滴丸的基本操作。

2. 了解滴丸制备的基本原理。

二、实验指导

滴丸剂是指固体或液体药物与基质加热熔融后溶解、乳化或混悬于基质中,再滴入不相混溶、互不作用的冷凝液中,由于表面张力的作用使液滴收缩成球状而制成的制剂。主要供口服,也可外用。

常用的基质有聚乙二醇 6000、聚乙二醇 4000、硬脂酸钠和甘油明胶等。有时也用脂肪性基质,如用硬脂酸、单硬脂酸甘油酯、虫蜡、氢化油及植物油等制备成缓释长效滴丸。

冷却剂必须对基质和主药均不溶解,其比重轻于基质,但两者应相差极微,使滴丸滴入后逐渐下沉,给予充分的时间冷却。否则,如冷却剂比重较大,滴丸浮于液面;反之则急剧下沉,来不及全部冷却,滴丸会变形或合并。

滴丸制备一般的工艺流程为:药物+基质→均匀分散→滴制→冷却→洗丸→干燥→选丸→质量检查→包装。

三、实验内容

1. 氧氟沙星滴丸

处方:氧氟沙星　　　　　　　　4.0 g

　　　聚乙二醇 6000　　　　　　17.0 g

　　　聚乙二醇 400　　　　　　　3.0 g

制法:取氧氟沙星适量过 5 号筛,加入已在水浴上加热熔融的聚乙二醇 6000 和聚乙二醇 400 的混合液体,充分搅拌,使之均匀,装入滴液瓶中,于 85±2℃ 的条件下滴制,用直径约 3 mm 的滴管滴入盛有 4～6℃ 的液体石蜡的玻璃冷凝柱中,调节出口与冷却剂间的距离,控制滴速为每分钟 30～35 滴,每粒重 50 mg,成型后取出,除去冷却剂干净即可。

注解:(1)滴丸应大小均匀,色泽一致,不得发霉变质。

(2)滴丸的成型与基质种类、含药量、冷却液以及冷却温度等多种因素有关。

(3)根据药物的性质与使用、贮藏的要求,滴丸还可包糖衣或薄膜衣,也可使用混合基质。

2. 冰片滴丸

处方:冰片　　　　　　　　　　2.0 g

　　　聚乙二醇 6000　　　　　　7.0 g

制法:(1)安装仪器。贮液器外壁通 80～85℃ 循环水(由超级恒温水浴供给);冷却柱中加液体石蜡,外壁通凉水加碎冰块冷却。

(2)药物分散。将聚乙二醇 6000 置蒸发皿中,于水浴上加热至全部熔融,加入冰片搅拌至熔化。

(3)滴制成丸。将上述药液转移至贮液器中,通入 80~85℃循环水保温,打开贮液器下端开关,调节出口与冷却剂间的距离,控制滴速为每分钟 30~35 滴,每粒重 50 mg。待滴丸完全冷却后,取出滴丸,摊于滤纸上,擦取表面附着的液体石蜡,装于瓶中,即得。

四、思考题

1. 滴丸为什么属高效、速效制剂?
2. 制备滴丸时应注意些什么?

参 考 文 献

[1]屠锡德.药剂学.3版.北京：人民卫生出版社,2002.10.

[2]雍德卿.实用医院制剂注解.北京：人民卫生出版社,1997.03.

[3]郑俊民.经皮给药新剂型.北京：人民卫生出版社,1997.12.

[4]陆彬.药物新剂型与新技术.北京：人民卫生出版社,1998.04.

[5]崔德福.药剂学.5版.北京：人民卫生出版社,2003.08.

[6]孙耀华.药剂学.北京：人民卫生出版社,2006.06.

[7]胡功政.兽医药剂学.北京：中国农业出版社,2008.05.

[8]孙彤伟.液体制剂技术.北京：化学工业出版社,2009.01.

[9]李凤生.药物粉体技术.北京：化学工业出版社,2007.05.

[10]陆彬.药剂学实验.北京：人民卫生出版社,1997.10.

[11]官崎正三.图解药剂学.北京：中国医药科技出版社,1989.12.

[12]杨茂春.制剂岗位标准操作规程.北京：中国医药科技出版社,2005.02.

[13]龙晓英.流程药剂学.北京：中国医药科技出版社,2003.12.

[14]沈宝亨等.应用药物制剂技术.北京：中国医药科技出版社,2000.12.

[15]唐燕辉.药物制剂生产专用设备及车间工艺设计.北京：化学工业出版社,2003.

[16]朱盛山.药物制剂工程.北京：化学工业出版社,2003.08.

[17]赵宗艾.药物制剂机械.北京：化学工业出版社,2003.08.

[18]徐燕利.表面活性剂的功能.北京：化学工业出版社,2004.07.

[19]罗明生.药剂辅料大全.2版.成都：四川科学技术出版社,2006.01.

[20]谢麟.动物药剂的应用与制作.成都：四川科学技术出版社,2002.08.

[21]李强.兽药制剂学.长春.延边人民出版社,2003.03.

[22]何仲贵.药物制剂注解.北京：人民卫生出版社,2009.10.

[23]孙玲.动物药品制剂.北京：中国农业出版社,2006.02.

[24]韩丽.实用中药制剂新技术.北京：化学工业出版社,2003.05.

[25]中国兽药典委员会.中华人民共和国兽药典,2010版.